기후변화와 환경의 미래

어 떻 게   대 응 하 고   적 응 할   것 인 가

기후변화와 환경의 미래

이승은 · 고문현 공저

21세기북스

| 서문 |

지구상의 모든 생물은 주어진 자연 생태계에 적응하고 그것을 이용해 생존, 번식하고 있다. 자연 생태계는 태양, 대기, 기후, 토지, 물 등과 같은 존재하에서 생존하고 번식할 수 있는 동식물과 미생물의 분포를 말한다. 생태계 안의 모든 에너지와 원소들은 일정한 기능을 갖고 있으며 동시에 상호 규칙적인 관계성을 유지하고 있다. 그렇게 질서 있는 생태계Ecosystem를 구성하고 있는 것이다. 인류도 이 생태계에서 벗어나서는 생존할 수 없으며, 인류 역사는 비교적 풍부한 생태계를 기반으로, 이 생태계를 최대한 이용하며 발전해왔다. 그러나 인간이 지구의 자연환경을 이용하는 과정에서 급속한 생태계 변화로 인한 기후변화가 생겨나게 되었고, 기후변화는 해수면의 상승, 수자원 공급, 식량 생산, 자연재해, 이상기후 현상 등 지구 환경과 인간 생태계의 다양한 분야에 영향을 주게 되었다.

지구온난화가 초래할 수 있는 생태-경제적인 영향은 온도 변화의 폭에 따라 크게 차이가 난다. 지구의 기후 체계는 빙하기와 간빙기를 반복해왔다. 그리고 그 변화의 폭도 ±6℃ 정도로 작지 않았다. 그러나 IPCC Intergovernmental Panel on Climate Change (기후변화에 관한 정부 간 협의체) 등 기후 전문가들이 예측하고 있는 기후변화 전망은 매우 심각하다. 지구 역사상 그리고 인간이 지구에 출현한 이래 이같이 급격한 온난화 현상은 흔치 않았다. 특히 현재보다 2~3℃를 넘는 온난한 기후 시대를 우리는 겪어보지 못했다. 그 영향이 어떠할지 상상하기 어려울 정도다.

이처럼 향후 지구온난화에 따른 기후변화 현상이 심화될 경우 매우 심각하고 다양한 지구 환경의 물리적인 변화가 예상된다. 그리고 그 물리적인 변화는 다시 인간 생활과 밀접하게 관련된 식량 등 자원 문제와 함께 질병 등의 사회 문제까지 악화시킬 것이다. 기후변화 문제는 인류 문명의 지속성 여부가 걸린 인류 공동의 문제이면서도 국제사회의 경제발전이 걸린 문제이기도 하다.

기후 체계는 지구의 공공재라고 할 수 있으므로 국제적인 정책과 제도에 대한 합의, 그리고 이것을 각 국가 차원에서 구현하고자 하는 노력이 잘 조화되고 결합될 수 있는 방향을 찾아야 한다. 기후변화에 어떻게 대응하고 적응하는지와 관련된 정책과 합리적인 통합이 매우 중요한 것이다.

자연환경을 이용하는 과정에서 이룬 급속한 과학기술의 발전은 자연자원의 이용을 훨씬 더 큰 규모로 가능하게 하였다. 편익과 부를 위하여 한정된 자연환경을 무질서하게 이용하고 변화시키며 파괴해온 것이다. 한편 자연환경 파괴를 더욱 가속화시킨 것은 인구 증가, 도시화, 산업 개발 등이다. 생활수준 향상으로 대량생산 · 대량구매 · 대량

소비(3M, Mass Production · Mass Sales · Mass Consumption) 등 이른바 3M 경제가 가속화되면서 각종 매연, 오수, 유독가스, 유독 폐기물 등이 자연 생태계의 정화 능력을 초과해 배출되어 환경을 오염시켰다. 그 결과는 생물종의 멸종, 자원의 고갈, 농수산물의 폐사, 산림 파괴, 재해 증가 등 생태계 균형의 파괴와 자연의 생산력 저하를 초래했다. 이와 같은 현상이 지속되고 확대된다면 인류 생존에 중대한 위협이 될 것임이 자명하다.

자연환경은 인류가 생존하기 위한 기반이며 자원이다. 지속가능한 생존과 발전을 위해서는 자연환경을 영구히 보전해야 하며 특정 이익을 위한 독점, 무질서한 남용은 허용되어서는 안 된다. 또한 자연환경을 이용하는 행위가 일시적인 편익을 가져온다 할지라도 지속가능한 보전 대책이 따르지 않는다면 편익 이상의 공적 피해를 유발할 것이라는 사실도 잊어서는 안 된다.

자연이 인류에 전하는 메시지에 귀 기울여야 한다. 인류가 직면하고 있는 위험은 자연의 힘으로부터 생겨난 것이 아니다. 그것은 인류 스스로 만든 힘에서 비롯된 것이며 인류 자신에 유래하고 있다. 오늘날 환경 문제는 인간이 가해자이면서 동시에 피해자가 될 수 있다는 점에 그 심각성이 있다고 할 수 있다.

이러한 문제를 해결하기 위한 접근법으로 '환경 윤리'라는 명제가 주어졌다. 이는 '지속가능한 생활을 위한 윤리'에 관한 광범위하며 심원한 규약을 만드는 일이다. 우리의 행동을 지구가 허용하는 범위 내로 설정하는 것, 사람들이 어느 곳에서든 건강하고 만족한 생활이 가능하도록 개발하는 것에 관한 일이다. 이와 관련하여 자연과 인간의 형평성, 세대 내의 형평성, 세대 간의 형평성을 생각해야 하는 철학이 환경 윤리다.

기후 및 환경 문제는 21세기를 살아가는 우리가 오랫동안 고민하면서 풀어가야 할 숙명적 과제임을 잊어서는 안 된다. 물론 그 해결책을 찾는 것은 결코 쉽지 않다. 하지만 기후 및 환경 문제는 결코 피할 수 없기 때문에 반드시 해결해야 할 문제이다. 이 책이 우리 사회의 최대 문제인 기후 및 환경 문제를 함께 고민하고 해결하는 데 사막의 오아시스와 같은 역할을 할 수 있으면 하는 바람이다.

2019년 5월

저자

차례

3장 어떻게 대응하고 적응할 것인가?

4장 지속가능한 환경과 에너지복지

5장 미래 세대를 위한 길

1장

인간이 만든 위기, 기후변화

일러두기

본 연구는 산업통상자원부(MOTIE)와 한국에너지기술평가원(KETEP)의 지원을 받아 수행한 연구 과제입니다. (No. 20174010201440)

기후변화, 무엇이 문제인가?

기후변화 현상은 이제 인류 문명의 장래를 결정할 수 있는 중요한 사안이다. 그런데 이렇게 심각한 문제에 대해 지구 공동체는 해결에 제대로 나서지 못하고 있다. 왜일까?

1992년 리우회의Rio Summit(브라질 리우데자네이루에서 각국 대표들과 민간 단체들이 지구 환경 보전을 위하여 개최한 회의)에서 기후변화 협약이 채택된 이래 국제 사회는 끊임없이 지구온난화를 극복할 수 있는 방안을 모색하여왔다. 하지만 아직까지 크게 달라진 것은 없다. 여전히 선진국과 후진국은 책임 문제로 다투고 있고, 학자들 간에도 견해가 갈리며, 산업계도 각기 다른 생각을 하고 있다. 정부 관료나 정치인들도 다들 기후변화와 환경 문제를 중시한다고는 하지만 구체적인 행동은 미흡한 수준이다.

더욱이 문제가 되고 있는 것은 어떻게 하는 것이 진정 지구의 기후변화 위기를 극복하는 것인지에 대하여 우리는 잘 알고 있지 못하다는 것이다. 기후변화가 일어나는 원인, 그 영향 그리고 이와 관련된 대책 등에 대한 논란은 여전히 매우 무성하다. 그러나 그 논의들이 제대로 정리되지 못하고 있을뿐더러 기후변화 논의의 특수성 때문에 실효성 있는 대응 방안도 강구되지 못하고 있다. 다양한 학문 분야가 관련되어 있는 데다 수많은 집단의 이해관계를 조정해야 하기 때문이다. 다양한 주체들의 심각한 이해관계가 걸려 있는 만큼 관련된 논의의 참여 구조 또한 복잡할 수밖에 없다.

그렇다면 우리가 기후변화 문제에 현명하게 대응하기 위하여 취할 수 있는 방안에는 무엇이 있을까? 가장 중요한 것은 지금의 기후변화 현상과 그 영향 그리고 대응 방안들에 대해 보다 정확한 정보를 모으고 분석하는 것이다. 보다 정확한 지구 기후 조율 체계 분석, 기후변화와 관련된 정보의 수집과 분석, 기후변화의 예측 모델과 대응 정책 등 기후변화 현상을 정확하게 알고 행동하는 것이다.

그런데 불확실성과 비가역성이 높고 그 영향이 광범위한 기후변화 문제를 완벽하게 파악해 행동에 옮기는 것은 극히 어렵다. 그래서 비록 정보는 조금 부족하더라도 실천을 미뤄서는 안 된다는 주장이 강한 설득력과 실질적인 당위성을 갖고 있고, 인간 활동에 의한 기후변화로부터 지구를 구하고자 다양한 의견들이 등장하고 있다.

지구온난화의 진행을 막기 위해서는 지구의 기후 조율 체계에 대한 이해를 바탕으로 온난화를 초래하는 요인을 제거하고 치유해야 한다. 여기에는 크게 다음의 네 가지 방향에서 대안이 제시되고 있다.

첫째는 기후 조율 체계에 직접적으로 개입하는 공학적인 방법이다.

지구 공학적인 기법Ego-engineering or earth system engineering and management 으로 온실효과와 영향을 줄이는 방법이 여기에 해당한다. 대표적인 방법이 태양에너지의 유입을 차단하는 방안이다. 태양으로부터 유입되는 에너지의 양이 줄어들면 이산화탄소 농도가 높아져도 지구온난화의 진행은 약화될 것이기 때문이다.

둘째, 대기 중에 배출되는 온실가스를 직접 줄이는 것이다. 이산화탄소를 줄이기 위하여 화석연료 이용 시 발생하는 탄소를 포집하여 저장하는 것이다. 이산화탄소 이외의 온실가스도 이러한 방법으로 배출을 저감할 수 있을 것이다.

셋째, 탄소를 흡수해주는 지구 환경 능력을 활용하는 방안이다. 바다 생물들과 산림은 광합성을 통하여 이산화탄소를 흡수하여 저장한다CCS, Carbon Capture and Storage. 이들 생물의 활동을 촉진시켜서 대기 중 이산화탄소를 대량으로 제거하는 방법이다.

넷째, 경제활동에 따른 이산화탄소 배출을 줄이는 방법이다. 에너지원 그 자체를 바꾸거나 에너지를 적게 쓰는 방안이 있을 수 있다. 이 방법이 현재 기후변화 대응 정책의 근간이 되고 있다.

기상 현상과 기후

전 세계적으로 기상 현상과 기후변화 연구는 기온과 강수량과 같은 물리적 변수의 변화뿐만이 아니라 21세기 최대의 화두인 지구환경(식량, 물, 토양, 에너지, 보건, 생태계 등) 변화에 대한 전 지구와 국가 전략적 대응에 목표를 두고 진행되고 있다. 그리고 기후 문제는 독립적인 쟁점이 아니라 인류가 직면한 인구 증가와 에너지 문제와 긴밀하게 연결된다. 우리가 일반적으로 감지할 수 있는 평균적인 기후변화가 아니라 인간의 삶에 큰 영향을 줄 수 있는 홍수, 가뭄, 폭염 등과 같은 극한 현상이다.

최근 들어 호우와 가뭄, 폭염 등과 같은 서로 상반된 극한 현상이 전 지구적으로 자주 발생할 것으로 전망되고 있다. 이는 우리 몸이 심한 감기에 걸리면 발열과 오한을 오가면서 안정을 찾아가는 것처럼, 온실가스 증가로 인하여 지구가 충격을 받게 되면 새로운 기후로 변하는 과정에서 극한 기후의 발생 횟수가 늘어나기 때문이다.

가장 큰 피해를 일으키는 변화는 물 순환과 관련되어 있다. 전 지구의 평균 기온이 1℃ 상승하면 대기 중 수증기 함유량이 증가해 강수량이 약 1.5% 늘어나지만, 이 강수량의 증가는 시간과 공간에 따라 고르게 나타나지 않는다. 일반적으로 온난화에 의해 물 순환이 강화되어 현재 비가 많이 오는 지역에서는 더욱 많은 비가 내리고 이에 따라 호우의 가능성이 더욱 증가된다. 그러나 강수의 패턴 변화는 지역과 계절에 따라 상당히 다를 것으로 예상된다. 일부 지역에서는 강화된 수문 순환이 더욱 심각한 가뭄과 홍수를 일으킬 것이다.

또한 습한 지역과 건조한 지역 간의 차이는 전체적으로 커질 것이며 극지방으로 올라갈수록 나타나는 고위도 육지의 강한 온난화가 대규모 대기 순환을 변경할 수 있고 이에 따라 강수 패턴이 광범위하게 이

동될 수 있다. 전 지구적으로 많은 강수량을 동반한 몬순Monsoon(계절풍)이 발생할 것이며, 그 지속 기간도 길어질 가능성이 높다. 호우는 더욱 강하고 자주 발생될 것이며 이는 물 자원 관리 및 홍수 조절에 중요한 영향을 미칠 수 있다.

강수량이 증가할 것으로 예상되는 고위도에서는 건조한 기간이 줄어드는 반면, 아열대와 낮은 중위도 사이에서는 건조한 기간이 길어질 가능성이 있다. 빙하로 인하여 공급되는 하천 수량도 감소될 것으로 예상한다. 가뭄은 아프리카, 유럽, 대부분의 북미 대륙 내부, 특히 미국 남서 지역에서 증가할 것으로 예상된다. 이러한 기후 관측 자료 분석은 수십 년 지속되는 장기간 가뭄이 온난화를 초래할 가능성이 될 수 있음을 보여준다.

날씨는 우리 생활에 직접적인 영향을 미치기도 하지만 농업, 에너지, 수자원, 물류, 수송, 산업에도 영향을 끼쳐 세계 경제에 미치는 파급도 크다. 또한 날씨는 계절에 따라 매일매일 변동이 지속되지만, 특정 패턴과 극한 기후의 빈도는 지구온난화의 영향을 받으며, 태풍의 발생 빈도는 크게 변화되지 않을 것이지만, 강한 태풍이 발생할 가능성이 증가된다. 중위도 폭풍 진로가 극쪽으로 이동할 것이고, 중요한 대규모 기후 현상(엘리뇨와 라니냐 등)의 경년 변화Secular change는 지속될 것이다. 물론 그 강도와 빈도 및 발생 위치와 같은 특성 변화는 있을 수 있다.

또한 열파와 한파, 그리고 이와 관련된 기상 현상도 계속 발생할 것이며, 온난화와 비례하여 더욱 길어진 뜨거운 날들과 더욱 짧아진 추운 기간이 예상된다. 서리인 날(동결 온도 이하의 날)은 더욱 줄어들고, 작물의 성장 기간은 길어질 것이다. 특히, 미국 남부와 남부 유럽은 여름철에 더욱 건조하게 되어 심각한 열파가 발생될 것으로 예상되며, 이로 인하여 생태계와 작물의 재배와 수확에 심각한 피해를 입히게 될 것이다.

기후변화의 크기 · 빈도와 함께 기후변화의 속도 역시 중요한데, 이는 기상 및 기후변화에 생태계가 적응하는 시간이 필요하기 때문이다. 오늘날의 기후변화 속도는 자연적으로 변화가 가장 컸던 빙하기 말보다 30배 빠르다. 온난화로 인하여 다음 세기 전 지구의 평균 기온이 2~4℃ 상승하면, 이는 기후가 인간 활동으로 변화되는 속도가 자연 속도의 20~40배에 달한다는 것을 의미한다. 10배의 속도도 거의 상상할 수 없는 가속화다. 마치 시속 100킬로미터로 고속도로를 달리다가 갑자기 엑셀과 브레이크가 작동이 안 되어 시속 1000킬로미터로 질주하게 되는 것과 마찬가지이기 때문이다. 아마 시속 100킬로미터 속도에 도달하기도 전에 인류는 지구에서 생존할 수 없게 될 것이다.

기후변화 시나리오

기후변화 시나리오란 최근 발생하는 기후변화(지구온난화)의 발생 원인이나 그 영향에 대한 주류 이론에 의문을 제기하는 주장이라고 정의할 수 있다. 이들 주장 가운데에는 기후변화에 관한 주류 이론의 한계와 불확실성을 짚는 것도 있지만, 사실 근거가 미약하여 학계로부터 타당성을 인정받지 못하는 경우가 대부분이다.

기후변화에 대한 주류 이론은 인간 활동으로 인하여 지구가 더워진다는 관측과 증거들을 일컫는다. 이는 지난 한 세기 동안 수많은 과학자들의 노력에 의한 것으로 한두 명의 전문가들이 만들어낸 것이 아니다. 주류의 연구 결과를 평가한 2007년 IPCC의 제4차 평가보고서에는 지구 기후시스템의 온난화는 명백하며, 20세기 후반에 나타난 온난화의 원인은 이산화탄소 등 온실가스 증가에 의한 것일 가능성이 매우 높다고 보고하고 있다.

또한 세계 온실가스 배출을 감축하지 않으면, 21세기 말까지 지구의 평균 기온 변화는 20세기에 나타난 변화보다 커서 자연 생태계 및 사회 경제에 심각한 영향을 미칠 수 있다고 예상한다. 그러므로 필연적으로 발생하는 지구온난화로 인한 피해를 줄이기 위한 적응 조치와 온난화의 크기를 줄이기 위한 온실가스 감축이 상호보완적으로 추진되어야 한다고 주장하고 있다. 이러한 주류의 과학적 의견에 반대되는 기후변화 회의론은, 주장하는 내용에 따라 다음의 네 가지 유형으로 구분할 수 있다.

첫 번째 유형은 '기후변화(온난화)가 일어나지 않는다'고 주장하는 그룹이다.[1] 이들은 대체로 기온이 상승하지 않은 일부 기간이나 지역의 시계열 자료를 제시하면서 온난화가 나타나지 않는다고 주장한다. 또한 일부 지역에서 기온이 상승하는 중요한 원인은 도시화 효과라고 주장한다. 그러나 2007년 IPCC 보고서는 기후변화로 인하여 기온 상승

뿐만 아니라 해수면 상승, 해수온도 상승, 빙하와 적설의 감소 등을 온난화의 명백한 증거로 제시한 바 있다. 『회의적 환경주의자』의 저자 비외른 롬보르Bjorn Lomborg도 2007년 발간한 『쿨잇』에서 온난화가 일어나고 있다는 것을 인정했다.[2]

두 번째 유형은 온난화가 발생하는 것을 부정하지는 않으나 '온난화의 원인이 자연적인 원인(태양 활동, 변동성)에 있다'라고 주장하는 경우다. 이들은 과거의 기후변화(빙하기와 간빙기 등)도 자연적인 원인으로 발생하였으며, 그 변화가 매우 큰 폭으로 진행되었다는 것을 강조한다. 과거에 자연적으로 기후변화가 일어났으므로 현재 발생하는 온난화도 자연적인 원인에 의한 것이라는 주장이며, 그 근거로 태양에너지의 변화, 우주선Cosmic ray 이론, 자연 변동성 등을 들고 있다.

그러나 태양에너지는 20세기 전반에는 증가하였지만 후반에는 거의 변화가 없다는 것이 관측되고 있다. 즉 20세기 후반에 나타난 온난화는 태양에너지가 변하지 않았는데도 계속 상승하였으므로 단순히 태양에너지만으로 온난화 현상을 설명할 수 없다.

우주선 이론의 신뢰도 약해졌다. 우주선 이론이란, 대기 상층에 우주선이 증가하면 공기분자가 이온화하여 구름이 증가하게 되고 온도가 내려가며, 반대로 우주선이 줄어들면 구름이 감소하여 온도가 올라간다는 가설이다. 처음에는 우주선에 따른 기온 변화 자료를 제시하며 어느 정도 과학적 객관성을 제시하는 것처럼 보였지만, 추가적 관측이 이뤄지면서 그 상관계수는 크게 감소했고, 우주선이 기후변화에 미치는 영향에 대한 타당성도 약해진 것이 사실이다.

한편, 지난 한파와 폭설 이후 등장했던 미니 빙하기 이론처럼 기후변화에서 해양의 장주기 변화가 중요하다는 것을 강조하는 경우도 있다. 그러나 미니 빙하기를 예측했다고 한 독일의 기후 전문가 모집 라티프Mojib Latif 교수는 본인의 연구 결과가 잘못 인용되었다는 인터뷰를 한 바 있다.[3] 라티프 교수는 자신의 논문을 통하여 "지구 평균 기온의 상승 추세가 주춤하는 것은 해양 순환에 의한 수십 년 주기 변동이 냉각기이기 때문일 수 있다"고 분석하면서 "만약 자연적 주기가 다시 온난화 주기에 들게 되면 다시 빠르게 온도가 상승할 수 있다"고 주장[4]했는데, 회의론자들이 이 논문의 앞부분만 조명하여 미니 빙하기를 주장하는 데 활용한 것이다.

세 번째 유형은 '인위적 원인으로 온난화가 발생하지만 그 영향은 긍정적이다'라고 보는 것이다. 예를 들면 겨울의 온도가 올라가면 난방에너지 사용이 감소하고, 추위로 인한 사망자가 줄어들기 때문에 온난화는 좋은 것이라고 주장한다. 한대 지방에서 온도가 상승하면 식물의 생장 기간이 늘어나서 식량 생산이나 숲의 면적이 늘어나고 전체적으로 부정적 영향보다 긍정적 영향이 더 크다는 것을 강조한다.

그러나 현재 발생하는 온난화의 문제는 변화 자체보다는 온난화의 속도가 빠르다는 것이 가장 큰 위협이다. 100년 동안 4°C가 상승한다면 이는 수백만 년 동안 가장 빠른 속도라고 할 수 있으며, 이로 인하여 생물종의 멸종이 가속화되고 홍수와 가뭄과 같은 재해가 빈발하여 사회경제적으로 심각한 영향을 미칠 수 있다. 그러나 온난화와 그 영향이 부정적이라는 것을 부정하지는 않으면서도 온실가스 감축의 경제적인 부담이 커서 감축보다는 개도국가에서 발생하는 문제를 해결하는 것이 중요하다고 주장하기도 한다.

마지막 유형은 '과학적 불확실성'을 강조하는 그룹이다. 이 유형의 전문가들은 기후 시스템 내의 피드백 현상에 대한 과학적 이해가 미흡하고, 기후변화를 예측하는 데 사용하는 지구 시스템 모델의 한계를 지적한다. 그러나 IPCC 보고서에서 활용한 모델의 결과는 10여 개국의 전문연구기관에서 실험한 결과를 종합한 것으로 온난화 자체에 대한 불확실성보다는 온난화의 크기에 대한 불확실성을 평가하고 있다. 앞으로 온난화의 크기는 모델이 진보함에 따라 어느 정도 달라질 수 있으나 모든 모델에서 온실가스의 농도에 따라 온난화가 커진다는 결과를 보여준다는 사실은 의미하는 바가 크다.

또한 이 유형의 전문가들은 과거 지구의 기후 기록을 보면 '기온이 상승하여 이산화탄소의 농도가 증가하였다'고 주장한다. 과학적으로 공감대를 갖는 이론이지만 산업혁명 이전의 온실가스 증가가 화산 활동이나 해양과 지표로부터 배출된 것이라면, 산업혁명 이후는 석탄, 석유와 같은 화석연료 사용 증가 및 토지 이용도와 환경 변화에 의해 대기 중에 막대한 양의 온실가스가 배출되어 발생한 것이다. 과거의 메커니즘으로 기후변화를 설명할 수 없다는 맹점이 있다. 또한 주류 과학자들은 대기 중에 배출되는 막대한 양의 이산화탄소는 해양과 식물에 의해 반 정도가 흡수되고 있으나, 해양의 온난화가 지속되면 이산화탄소의 흡수율이 점차 줄어들어 농도 증가가 더 빨라질 수 있다는 것을 경고한다.

회의론자들이 말하는 '20세기 후반에 발생한 지구온난화의 원인에 대하여 과학자들 사이에 일치된 의견이 없다'는 주장[5] 역시 근거가 없다. IPCC 보고서는 현재까지 밝혀진 과학적 근거(학술지, 연구보고서)를 기반으로 수천 명의 전문가들이 공개적이고 투명하게 평가한 결과이며, 이는 인간 활동으로 인한 기후변화가 일어나고 있다는 공감대가 형성되었다는 것을 의미한다. IPCC 보고서는 막대한 양의 자료에 근거한 반면, 기후변화에 대한 일부 회의론자들의 반론은 과학적인 근거가 미흡한 것으로 판단될 수밖에 없다. 물론 기후변화의 불확실성은 완전히 해소된 것은 아니므로 앞으로도 과학적 불확실성을 해소하기 위한 지속적인 노력과 관심은 여전히 필요하다.

기후변화가 불러올 광범위한 비극

기후변화는 자연생태계는 물론 인간의 건강, 주거환경, 농업, 축산 및 산업 활동 등 사회, 경제적인 차원까지 광범위하게 영향을 주고 있다. 기후변화가 초래하는 물리적 환경 변화는 기온 및 강수량의 급격한 변화를 시작으로 국지적 강수량 분포의 변화, 지역 식생의 변화, 해수 온도와 해수면 상승 및 지진의 잦은 발생 등이 있으며, 이로 인하여 지역에 따라 다양한 손실과 이익이 발생한다.

기후변화가 지역적으로 어떻게 진행될 것인지, 어떤 영향을 미칠 것인지에 대해서는 아직 불확실성이 존재하며 결론을 내리기가 어렵지만 지금까지의 연구 결과를 보면 기후변화와 지구온난화가 환경에 미치는 영향은 매우 광대할 것이다.

IPCC의 제5차 평가 보고서[6]는 해수면 상승으로 인하여 21세기에는 연안 저지대가 가장 큰 피해를 입을 것이고 홍수, 침식 등의 영향을 받게 될 것이라고 예측하고 있다. 육지 생태계에서는 평균 온도의 상승과 강수량의 증가로 식물의 계절 시기 변화, 식물 및 동물들의 분포 변화 및 종 구성의 변화가 나타날 것으로 파악되고 있다. 해양 생태계에서는 전 세계적으로 종의 재분배가 발생할 것이고, 특히 토착종이 큰 영향을 받을 것으로 추정하고 있다.

최근 이슈로 떠오르는 식량안보의 측면에서는 열대 지역이 특히 악영향을 받을 것이며, 모든 식량 생산이 기후변화로 인하여 영향을 받을 것으로 전망하고 있다. 도시 지역은 기후변화로 인하여 받을 수 있는 다양한 위험 요소가 존재하는 지역으로 회복 탄력성을 높이고 지속가능한 개발을 꾀하는 것이 중요할 것으로 파악하고 있다. 한편 농촌 지역은 수자원의 공급 및 수요, 수질에 대한 시스템 변화가 발생할 것이며, 이로 인하여 식량안보에도 영향을 미칠 것으로 추정된다.

보건 분야는 현재부터 미래까지 지속적으로 영향을 받을 것으로 추정되며, 특히 개도국에서 피해가 클 것으로 예측된다. 국가별, 지역별 차이에서 발생하는 형평성 문제로 지역 간의 갈등을 초래할 수 있어, 이에 대해서도 국제적 대응이 필요할 것으로 예측하고 있다.

기후변화의 영향을 일반화하고 종합적으로 보는 데 좋은 기준이 되는 경제 분야는 기후적 요소보다 비 기후적 요소인 인구, 성별, 수입, 기술, 가격, 생활방식, 규제, 정부의 역할 등에 영향을 받을 것으로 파악되고 있다.

이처럼 기후변화의 영향은 연안, 육지 및 해양 생태계, 식량안보, 농업, 보건, 경제 등의 다양한 부문에 걸쳐 발생한다. 부문별 영향을 종합하여 그것을 현재 가치로 환산하면 어떻게 될까? 지구 기온의 상승과 시간 경과에 따라 연간 순비용이 증가할 것이 분명하며, 기후변화의 영향이 커질수록 관련 비용도 늘어날 수밖에 없을 것이다.

생태계에 미치는 영향

지구온난화에 따른 기후변화 현상이 심화되면 다양하고 심각한 지구 환경의 물리적인 변화가 따를 것이다. 인간 생활과 관계된 식량 등 자원 문제와 함께 질병 등의 사회 문제를 악화시킬 가능성이 있고, 인간 생활에 필요한 각종 자원의 수급에도 적지 않은 위협이 되고 있다.

지구온난화에 따른 영향 중 인류가 가장 먼저 체감하게 될 것은 물 수급 문제다. 극지방 및 내륙지방의 고지대에 형성된 빙하는 겨울철에 얼고, 봄철이 되면 녹아내려 저지대의 곳곳에 물을 공급해준다. 그런데 온난화에 따라 빙하가 줄어들게 되면 봄철 이후 저지대의 물 공급원은 줄거나 사라지게 된다. 이는 내륙 빙하에 의존하는 지역(인도 및 중국 일부, 남아메리카 안데스산맥, 아프리카 킬리만자로 등)의 물 부족을 심화시켜 저지대의 농업, 목축 및 생활용수 공급을 어렵게 할 것이다.[7]

또한 극지방의 빙하 해빙은 해수면 상승을 일으키고 해안지역의 침수를 초래한다. 이와 함께 집중 호우, 폭설, 한파 및 열파 등 기후 변동성 증가는 일부 지역에서는 홍수 리스크를 높이고, 다른 지역에서는 물의 공급을 감소시킨다. 생태계는 기후변화에 특히 취약할 수밖에 없다. 기온이 2℃ 상승할 때 생물종의 약 15~40%가 잠재적 멸종에 처할 수 있다. 이산화탄소 농도 증가에 따라 유발되는 해양 산성화는 어류의 서식 환경을 악화시킴으로써 해양생태계에 심각한 영향을 미치게 된다.

한편, 기후변화의 영향은 지역적으로 고르게 나타나지 않는다. 지구온난화는 현재 선진국 지역보다 평균적으로 더 덥고 큰 강우 변동을 겪고 있는 개도국에 상대적으로 더 큰 위협으로 다가올 것이다. 특히 농업은 기후에 민감하기 때문에 농업 의존도가 높은 개도국에는 더 심각한 영향을 주며 빈곤을 감소시키는 데에도 장애요인이 될 것이다. 더욱이 불충분한 보건 대책과 열악한 공공서비스는 이러한 영향을 더욱 심화시킬 것이다.[8]

지구온난화에 따른 기온 상승의 수준도 기후변화 영향의 발생 범위와 정도에 있어서 큰 폭의 차이를 가져올 것이라는 예측이다. 이미 경험하고 있는 1℃ 미만의 평균 온도 상승에도 잦은 폭설, 한파, 폭염, 가뭄 등 빈번한 이상 기후 현상이 발생하고 있다. 소규모의 기후변화는 일부 지역, 일정 분야에는 긍정적인 영향을 줄 수도 있다. 예를 들면 캐나다, 러시아, 스칸디나비아와 같은 고위도 지역은 2~3℃의 기온 상승이 농업 부문의 생산량 증가와 한파에 의한 사망Winter mortality 을 줄이고, 난방 수요 절감 및 관광 증대 등의 이익을 가져올 수 있다.

그러나 이러한 지역에서도 온난화가 빠르게 전개될 경우에는 사회적 인프라, 주민의 보건 · 위생, 생태계의 건강성 등에 부정적인 영향을 줄 것이다. 지구의 유기적이고 복합적인 생명 유지 메커니즘을 고려할 때 실제로 발생할 물리적, 생태적 영향에 대한 인류의 지식에는 한계가 있다. 예를 들어, 지구 기온 상승은 먹이사슬의 가장 밑바닥에 있는 미생물의 서식 환경에 영향을 미치고, 이는 차상위의 먹이사슬 단계에 있는 곤충류 등의 종류와 개체수의 변화를 초래할 것이다. 그리고 곤충류의 변화는 농업 및 여타 분야에도 막대한 영향을 주기 마련이다. 이러한 먹이사슬 구조 내에서 발생하는 복잡하고 연쇄적인 영향 구조에 대하여 명확히 아는 것은 현재로서는 대단히 어렵다.

사회 · 경제에 미치는 직 · 간접적 영향

지구온난화는 이러한 지구의 환경서비스를 직접적으로 약화시키거나 환경서비스의 매개 기능을 무력화시켜 지구의 메커니즘을 제대로 수행할 수 없도록 교란한다. 이러한 지구 기능의 약화는 필연적으로 인간 생활, 산업 구조, 인류와 생태계의 건강성 등 경제의 다양한 분야에 직 · 간접적인 영향을 미치게 될 것이다.[9]

첫째, 기후변화는 물 수급에 부정적인 영향을 미쳐 곡물 수확량의 감소를 가져올 것이다. 이는 특히 아프리카 지역에서 심하게 나타날 것으로 예상된다. 중위도에서 고위도 지역은 2~3℃ 상승에서 곡물 수확량이 증가하지만 4℃ 이상의 평균 기온 상승에는 식량 생산이 심각하게 감소할 것이다.

둘째, 기후변화는 에너지 수급에도 영향을 미치게 될 것이다. 겨울철의 난방 연료 사용은 감소하는 반면 여름철 냉방 수요는 증가할 것이다. 난방은 1차 에너지를 다량 소비하는 반면 냉방은 2차 에너지인 전력을 사용한다는 점을 감안할 때 에너지 공급 구조에도 변화가 있을 수 있다. 이와 같은 에너지 사용 증가는 다시 대기 오염 물질의 배출 증가와 산성 강하물(산성비) 증가를 초래할 것이다.

셋째, 기후변화는 인구 이동의 가속화를 가져올 것이다. 저지대 연안지역의 침수에 따라 고지대 내륙지역으로의 인구 이동이 발생할 것이다. 특히 3℃ 이상 상승의 경우 미국 뉴욕 등 해안 대도시 등이 타격을 받고 대규모의 인구 이동을 초래할 가능성도 있다. 이를 막기 위한 댐과 제방 설치 증가는 추가적인 사회기반시설 설치에 따른 이용 부담 증가를 가져온다. 가뭄에 시달리는 농촌 지역 주민들이 도시로 이동할 가능성도 크다. 경작 문제에 따른 인구 이동이 발생할 경우 식량 수급 문제를 가져올 우려도 있다.

넷째, 기후변화는 수송 부문에도 영향을 미치게 된다. 지역적 강수량 및 하천 유량 변화는 선박 수송에 영향을 미친다. 도로, 교량, 제방 등 인프라에 대한 수요도 바뀔 것이다. 또한 기후변화에 따라 산업 부문과 도시가 재배치될 경우 수송 부문의 추가적 투자가 필요해질 것이다.

다섯째, 기후변화는 산업 구조의 변화를 초래할 것이다. 해수면 상승과 가뭄으로 인한 수자원 부족은 농림업의 재배치를 가져올 것이다. 관광 · 위락 산업도 직접적인 영향을 받게 될 것이다. 반면 일부 지역에서는 이러한 산업에 긍정적인 영향을 받게 될 수도 있다. 기후변화가 심화되면 대응 정책이 강화될 텐데, 이러한 정책의 영향은 산업 부문별로 차등적으로 나타날 것이기 때문이다. 철강, 알루미늄 등 1차 금속 제조업, 시멘트 제조업 등 에너지 집약적인 산업은 부정적인 영향을 받을 수 있는 것에 반해 태양광, 풍력, 지열 등 신-재생에너지 관련 산업과 연료 전지 산업, 이산화탄소 포집 및 저장CCS, carbon capture and storage, 에너지 효율성 관련 산업 및 기술 등은 긍정적인 영향을 받을 것이다.

끝으로 기후변화의 물리적 · 생태적 영향은 건강과 질병 문제로도 연결된다. 심한 홍수, 가뭄, 폭풍우 등으로 이상 기후 현상이 늘어나면 개도국 등 위생 조건이 좋지 않은 국가를 중심으로 질병 확산에 취약

| 표 1 | 기후변화가 지구 환경에 미치는 영향의 주요 사례

기온, 기상	• 지난 100년 동안 지구 평균 기온은 0.74℃ 상승. 1990년대는 관측사상 가장 온난했던 10년. 2010년은 2005년과 더불어 가장 더운 해로 기록. • 기온이 30℃ 이상인 혹서 일수가 1991년 33일에서 2000년 53일로 증가(우리나라). • 집중적인 강우 현상, 폭설 등 기상 이변 증가, 한파 · 서리 일수는 감소, 열파 발생빈도 증가, 태풍 · 허리케인 강도는 증가. • 2013년 8월 한국 등 이상 고온 현상 지속.
빙하, 강우, 홍수	• 1850~1980년대 알프스산맥의 빙하 면적은 전체의 약 3분의 1, 그 부피가 절반이 줄었으며, 2003년도 폭염으로 인해 알프스 빙하가 10% 감소. • 강우 형태 변화로 북반구는 습해지고 남반구는 건조해짐. • 1975~2001년까지 유럽에서 218번의 홍수가 발생한 것으로 기록됨. 연간 홍수 발생 수는 뚜렷하게 증가. • 남극의 전례 없는 얼음 감소, 남극 서부 빙상에서 얼음 감소의 규모는 1996년과 2006년 사이에 60%나 커진 것으로 추산(유엔환경계획, 2009). • 2010년 호주 · 파키스탄(홍수), 러시아(폭염), 서유럽 · 북미(폭설) • 2011년 미국 미시시피강, 중국 중남부, 태국(홍수), 필리핀(태풍).

해양	• 1961년부터 2003년 사이에 해수면이 연평균 1.3mm씩 상승하여 총 7.7cm 상승, 1993년에서 2003년 사이는 연평균 3.1mm 상승하여 상승폭 증가. • 해수면 상승으로 해안지역 침식, 방글라데시는 지난 30년간 3m 상승하여 영토의 많은 부분이 침수되었음. • 동물성 플랑크톤이 최대 1000km 북상함. • 산호 지역의 백화 현상과 근해의 적조 발생 증가(한국).
생물 다양성, 새의 생존	• 지난 36년 동안(1970~2006) 지구상에 서식하는 생물종의 31%(열대지역 59%, 청정해역 41%)가 멸종됨(UN 생물다양성협약 3차 보고서, 2010). • 아마존 정글 30% 감소가 기후변화의 직접적인 원인(UN 생물다양성협약 3차 보고서, 2010). • 향후 세계적으로 다수의 종이 멸종할 것이라고 전망, 열대성 종이 북상하는 등 종 분포가 상당한 영향을 받음. • 겨울을 나는 다양한 조류 종의 생존율은 지난 수십년간 상승했음. • 가뭄과 고온으로 산림 병해충 피해지역 확대.
식물 생장 시기, 작물 수확량	• 생육가능 최저온도 대상지역 확대로 주요 작물 주산지 및 작물별 생산성 변화, 경작 면적 북쪽으로 확장. • 기후변화는 작물의 수확량에 큰 영향을 주지 않고 주로 생산기술 발전으로 수확량이 증가. • 아열대 병해충 영향지역 확대 및 가축 전염병 발생 증대. • 기후변화에 따라 국제곡물 수급 구조 불안 및 곡물가 지속 상승. 쌀 787%, 콩 557%, 밀 307%, 옥수수 232% 상승(2000년 대비 2008년 8월 기준)
인간 건강과 매개 질병	• 2003년 유럽 150년만의 최악의 폭염으로 약 3만 5000명 사망. • 더위로 인해 2만 명 이상 초과 사망(특히 노령 인구) 발생. • 진드기, 매개 뇌염 발생, 렙토스피라, 말라리아 등 열대성 질병이 증가 추세. • 기후변화로 인해 꽃가루 계절 장기화 및 꽃가루 알레르기 증상 심화. 미국의 경우, 알레르기 및 천식으로 발생되는 비용은 직접적인 의료비용, 노동 손실, 생산성 저하 등을 합쳐 연 320억 달러 추산(국가기후변화적응대책, 2010). • 2010년 7월 러시아 폭염으로 1주간 300명 사망.

출처: 신기후체제에 대비한 기후변화의 미래(환경부 2015)

한 조건이 형성될 수 있다. 기후변화는 식량과 식수 사정을 악화시켜 영양실조와 불안전한 식수 공급에 노출되는 인구를 증가시킬 수 있다. 이렇게 되면 염수와 말라리아모기의 내륙 침투가 심화돼 국민 건강에 위협을 초래할 수 있다.

| 표 2 | **지구 기온 상승의 수준별 영향**

1℃	• 기후변화 부적응 작은 동식물 멸종: 미국 대평원 등 곡창지대 훼손. • 킬리만자로의 빙하와 목마른 아프리카 : 좁아지는 북극 빙하. • 빈번해진 기상 이변(집중호우, 폭설, 한파, 가뭄).
2℃	• 빈번해지는 폭염(Heat Wave), 초거대 가뭄. • 북극의 빙하가 녹으면서 북극항로 개척: 북극곰의 멸종. • 바닷물의 변화(이산화탄소 용해 → 산성화 진전). • 해양 환경 변화 : 먹을거리 부족 현상.
3℃	• 아마존의 사막화, 불타는 캘리포니아. • 인간 생존의 한계점(가뭄, 사막화, 거대홍수, 굶주림 발생). • 해안지역의 '슈퍼허리케인', 열대지역은 벌레에게 점령. • 뉴욕이 가라앉는다 → 민족 대이동.
4℃	• 따뜻한 시베리아 → 영구 동토층이 녹아감. • 얼음 없는 남극. • 유럽은 모래밭, 알프스 빙하는 흔적이 사라짐. • 한국은 강수량 25% 증가, 육지의 기온 상승으로 땅은 더 건조.
5℃	• 해수면 상승과 쓰나미 → 해안도시의 멸망. • 해저의 메탄(메탄 하이드레이트) 분출 → 해안사면 붕괴로 쓰나미 발생. • 문명의 종언: 식량과 물을 확보하기 위한 생존자의 투쟁.
6℃	• 갑작스런 온실 상태에 적응하지 못한 생물체 멸종. • 동 · 식물 사체가 썩으면서 유독한 활화수소 발생: 멸종 가속화. • 미래 선사시대: 인류의 대멸종.

*출처 : 신기후체제에 대비한 기후변화의 미래(환경부, 2015)

1℃ 상승할 때마다 예상되는 변화

저널리스트인 마크 라이너스Mark Lynas는 그의 저서 『6도의 악몽』에서 지구 평균 기온이 1℃에서 6℃까지 상승할 때 나타날 수 있는 시나리오를 기존 문헌의 종합적인 정리와 분석을 통하여 체계화했다.[10] 그는 지구 평균 기온이 1℃ 상승하면 만년빙이 사라지고 사막화가 심화되면서 기상 이변 현상이 더욱 빈번하게 나타날 것이라고 했다. 바로 현재 우리가 경험하고 있는 것이다.

지구 평균 기온이 2℃ 상승하면 대가뭄과 대홍수가 닥치고, 북극의 빙하가 녹으면서 북극 항로가 개척된다. 가까운 미래에 닥칠 수 있는 상황이다. 3℃ 상승은 아마존의 사막화와 뉴욕의 침수로 대변된다. 해안 지역의 침수는 민족의 대이동을 초래한다.[11] 4℃ 상승은 시베리아의 영구 동토층을 녹게 하고, 남극의 얼음을 사라지게 한다. 영구 동토층에 갇혀 있던 메탄이 분출하면서 지구 온도는 5℃ 상승한다. 5℃ 상승은 살아남은 사람들 사이에 식량과 물을 확보하기 위한 투쟁을 유발한다. 또한 해저에 갇혀 있던 메탄 하이드레이트Methane Hydrate(메탄가스가 심해저의 저온 고압 상태에서 물과 결합해 형성된 고체 에너지원)가 분출하면서 지구 기온은 6℃ 더 올라가고 해양사면 붕괴로 쓰나미가 발생한다. 평균 기온이 6℃ 상승하면 인류를 포함한 모든 동식물들은 멸종하게 된다.

환경의 역습과 위협

인간과 환경 그리고 '환경윤리'

인간 환경Human Environment 은 인간을 주체로 하여 그를 둘러싸고 있는 주위의 일체를 말한다. 즉 넓게는 자연의 발전 과정에서 나오는 여러 가지 요소와 문화를 가지고 인간이 만들어낸 모든 요소들의 행렬을 인간 환경이라 할 수 있고, 좁게는 물리적 환경만을 국한하여 인간이 생존을 영위하고 있을 뿐만 아니라 인간의 건강과 삶의 향유에 필요하고 인간의 개성과 삶의 목표를 개발시키는 데 긴요한 물리적 상황의 결합이라고 정의할 수 있다.

지구상의 모든 생물은 주어진 자연 생태(태양광선, 대기, 기후, 토지, 물)를 이용하여 생존한다. 인류 역시 이 생태계 안에서 벗어나 생존할 수 없다. 다른 생물이 생존할 수 없는 환경에서는 생명 유지는 물론 문화도 발전할 수 없다.[12] 인류의 문화와 역사는 풍부한 생태계를 최대한 이용하고 보전하면서 발전해왔다. 그러나 19세기 이후 급속한 과학기술의 발전은 자연자원의 이용을 더욱 대규모로 촉진시켰고, 한정된 자연환경을 편익과 부를 위하여 무질서하게 이용, 변화, 파괴시켜왔다. 그 결과 생태계의 균형이 파괴되고 자연의 생산력은 저하되어 생물의 멸종, 자원의 고갈, 농수산물의 폐사, 산림파괴, 재해 증가로 나타났다. 현대 경제가 지향하는 이와 같은 현상이 지속되어 확대될 때에는 인류 생존에 중대한 위협이 될 것이다.

환경 보전의 중요성은 이미 기원전부터 인식되어왔다. 히포크라테스의 선서에도 물, 흙 그리고 공기의 질이 인간의 수명과 질병에 깊은 관계가 있다는 점이 지적되어 있고, 원시사회에서도 인간 행위에 따르는 자연의 재앙을 믿어왔다. 자연환경은 인류가 생존하기 위한 기반이며 자원이므로 계속적인 생존과 발전을 위하여 자연환경을 영구히 보존하여야 하고, 어느 특정인의 이익을 위하여 독점되거나 무질서하게 남용되어서는 안 된다. 설령 자연환경을 이용한 행위가 일시적인 편익을 가져온다고 하더라도 지속가능한 보전 대책이 따르지 않는 행위는 편익 이상의 공적 피해를 유발할 수 있다.

우리나라도 급격한 산업발전이 이루어진 1960년대 후반부터 대규모 공업단지가 전국 각지에 조성되고 도시 인구가 크게 증가하면서 생산 · 소비의 증대, 자원 · 토지 · 수자원의 수요 증대에 따라 매연, 유독가스, 오수, 유독 폐기물의 배출이 대폭 증가해왔다. 이로 인하여 도시, 공업단지와 인근 농촌산지의 대기오염, 전국 주요 하천과 연안해수의 수질오염은 심화되고 있고, 그 피해도 현실적으로 나타나고 있다. 산업발전과 더불어 환경오염 역시 더욱 심해지고 있는 것이다.

인간 활동으로 인한 제반 환경오염으로부터 환경을 보호하기 위해서는 환경관리 계획, 즉 환경 정책(경제, 사회, 인구, 통계)과 환경 기술(설계, 방지시설 운전, 오염 방지 기술 개발) 등을 통하여 환경의 질을 개선해 인간의 건강 및 행복을 찾아야 하고, 미래 세대까지 쾌적한 자연환경을 물려주어야 한다. 그러기 위해서는 다음의 관점을 유념해야 할 것이다.

첫째, 현재 세대와 같이 미래 세대를 위해서도 '생존할 권리와 삶의 욕구 충족의 가능성을 확보해야 한다'는 지속적이고 건전한 환경적 개발이 이루어져야 한다. 둘째, 인간 이외의 생물에게도 생존할 권리가 있다. 현재와 같이 인간들만의 행동으로 자연에 존재하는 생물의 생존권을 훼손하고 침해해서는 안 된다는 것이다. 셋째, 인간이 생각하는 것은 무한해도 자원은 유한하다는 생각과 지구 환경 문제를 인식하는 것이 중요하다고 하겠다.

요컨대, 환경윤리를 바탕에 둔 환경 보전이 이뤄져야 한다. 미래 세대와 인간이 아닌 다른 생물도 배려하는 사람, 자신이 생활하는 지역뿐만 아니라 세계 속의 다른 지역을 생각하는 사람으로 살아가기 위한 가치관을 지니고 그에 따른 규범을 지키는 보전을 말한다.

환경 위기와 안보의 상관관계

기후변화는 화석 에너지, 특히 석유의 고갈 문제와 관련되어 있을 뿐만 아니라 식량 및 식수 문제와 직결된 것이다. 이렇기 때문에 단순히 폭염과 가뭄, 태풍과 홍수, 해수면 상승으로 인한 환경난민의 문제만이 아니라 석유와 식량, 식수를 확보하기 위한 지역적 및 국제적 갈등과 전쟁의 원인이 되기도 한다.

미국은 안보적 관점에서 기후변화에 대응하기 위하여 2009년 CIA 안에 기후변화 센터를 설립해 사막화와 해수면 고도 상승, 기후난민 발생 등의 영향을 분석하고 있다. 미 국방부가 2003년 발간한 「돌발적인 기후변화 시나리오가 미국 안보에 미치는 영향」이라는 보고서에는 급격한 기온 변화가 일으키는 상황에 대한 영향을 다루었는데,[13] "유럽은 아프리카와 중동으로부터 밀려 들어오는 기후난민 때문에, 아시아는 심각한 식량과 물 부족 위기 때문에 내부적으로 큰 혼란에 빠져 곳곳에서 분열과 갈등이 만연할 것이다"라고 분석했다. 즉, 기후 재앙으로 식량난, 식수난, 에너지난 등이 겹친 혼란이 지구 곳곳에서 일어날 것으로 예측하고 이에 따른 강력한 '안보 태세'를 강조한 것이다.

사회심리학자 하랄트 벨처Harald Welzer는 『기후전쟁』에서 아프리카 수단에서 벌어진 악명 높은 인종 청소가 피상적으로 보면 아랍계와 아프리카계 간의 종족 갈등이지만, 그 이면에는 기후변화로 인한 생존 갈등에 의한 것이라고 주장했다.[14] 기후변화 피해가 나타나기 시작한 1970년대 초반부터 유목 문화를 가진 아랍계와 정착농업 문화에 속한 아프리카계 사이에는 식수원과 목초지를 차지하기 위한 종족 간 긴장이 고조되고 있었다. 그러던 중 만성화된 식량난과 식수난이 서로 다른 사회문화적 갈등과 접목되면서 종족과 종교라는 허울을 뒤집어쓴

최악의 분쟁이 탄생한 것이다.

또 다른 예로, 세계 3대 곡물 수출국이었던 러시아는 2010년의 가뭄으로 식량 수출 금지 조치를 취했다. 이에 따라 전 세계적으로 식량 가격이 폭등했고, 민주적 체계가 취약한 북아프리카와 중동 국가에서는 폭동과 시위에 의해 기존 정권이 무너지는 사태가 연속적으로 일어났다. 이는 기후변화가 기존 갈등 요인과 사회 변화를 만나 어떻게 전화되는지를 단적으로 보여주는 사례들이다.

안보와 관련된 또 다른 하나의 주제는 기후변화와 에너지 안보와의 상관관계다. 석탄 · 석유 · 천연가스 등 3대 주요 에너지원은 모두 화석연료이다. 이들은 대량으로 온실가스를 발생시킨다. 우리가 화석연료에 대한 의존도를 줄이지 않는 한 기후변화를 완화시킬 가능성은 전혀 없다. 지금 주요 국가들은 화석연료가 고갈됐을 때를 대비해 에너지원 확보 쟁탈전을 벌이고 있다. 영국의 사회학자 앤서니 기든스Anthony Giddens는 『기후변화의 정치학』에서 에너지 자원을 둘러싼 국가 간 분쟁은 역사에서 수없이 확인할 수 있는데, 이런 '에너지 안보 전쟁'이 기후변화로 인하여 증폭될 수도 있다고 전망했다.[15]

오늘날의 농업 생산성은 기계화와 더불어 비료와 농약의 대량 투입으로 인하여 석유에 기반하고 있다. 1980년대 말 북한은 소련과 중국으로부터 값싼 연료 공급이 중단되고 국제 에너지 가격 수준으로 연료를 수입하게 되자 큰 충격을 받았다. 북한의 경직된 경제체제에서는 에너지 가격 상승으로 인한 식량 생산 감소에 대처할 능력이 없었기 때문이다. 이 상황에서 1995년 홍수로 인해 급류가 표토를 쓸어가고 그 자리에 돌과 나무가 덮쳐 논 경작지의 40% 이상이 불모지가 되었고, 이후 극심한 기아 사태가 일어났다. 이처럼 화석연료 부족에 따른 에너지 가격 상승, 이로 인한 농업 생산성 저하, 여기에 기후변화로 인한 식량 생산 감소는 국가를 위기로 몰고 갈 수 있다.

유엔식량농업기구FAO, Food and Agriculture Organization of the UN가 2009년에 발간한 「2050년 인류 생존」 보고서에 따르면 70억을 돌파한 세계 인구가 2050년이 되면 91억 명으로 34% 늘어나고, 1인당 소비도 증가해 이를 먹여 살리려면 식량 생산이 70% 이상 증가하여야 할 것으로 전망했다.[16] 그리고 전 세계적인 산업화와 도시화로 화석연료 에너지 사용량을 감소시키기는 어려울 것이다. 이처럼 취약한 지구 환경하에서 기후변화로 인한 식량 부족과 난민 발생, 그리고 화석연료 확보와 저감 정책을 둘러싼 국가 간의 갈등은 더욱 증가할 것이다.

오늘날의 국가안보는 더 이상 영토 범위나 무기 기반의 위협에 한정되지 않는다. 우리나라는 식량 자급률이 27%, 에너지 자급률은 3%에 불과하여 기후변화에 매우 취약한 나라다. 그러므로 기후변화의 직·간접적 영향으로 발생하는 안보 위협에 대한 보다 높은 이해가 필요하고, 이에 대응할 수 있는 국가 전략 기반 체계가 필요하다.

2장

국제 사회는 무엇을 하고 있는가?

지구온난화 문제에 대한 논점들

기후변화 문제에는 매우 복잡한 국제적인 정치, 경제, 그리고 기술적인 요소가 개입되어 있다. 그리고 환경에 대한 철학과 가치관에 따라 매우 다른 관점에서 다른 결론을 내릴 수 있는 문제이기도 하다. 또한 과학적인 연구 결과에 대한 신뢰도에 따라 다른 입장을 취할 수도 있다. 그러나 기본적으로 국제 사회의 기후변화 문제에 대한 논의는 현재 다음과 같은 몇 가지 의제를 중심으로 진행되고 있다.[17]

첫째는 지구 평균 온도의 상승(또는 대기 중의 온실가스 농도)을 얼마로 억제해야 하느냐의 문제다. '공유 비전'이라는 표현을 쓰기도 하는데 지구 온도 상승을 어느 선에서 억제해야 안전한가, 즉 지구온난화 억제의 정책 허용치를 어느 정도로 설정해야 하는가에 대한 논의를 말한다. 온도 상승 허용치를 너무 낮게 의욕적으로 잡으면 막대한 경제적 비용과 희생을 각오해야 하고, 너무 느슨하게(온도 상승 허용치를 높게)

잡으면 기후변화 위험을 제어할 수 없다.

둘째는 온실가스를 누가, 얼마만큼, 언제까지 감축해야 하느냐의 문제다. 이른바 감축 행동에 관한 것이다. 지구 평균 온도의 상승 허용치(또는 대기 중의 온실가스 최대 농도치)에 대하여 합의를 이루었다 하더라도 누가 어떻게 그 목표치를 달성하느냐 하는 것은 별개의 논의 과제이기 때문이다.

우선 중점 관리 대상이 되는 온실가스의 종류에 대한 국제적 합의는 이루어졌다. 그러나 온실가스 배출원을 누가 얼마나 감축하느냐, 온실가스 흡수원인 산림 등을 복원하는 것 또는 삼림 벌채에 대해서는 어떻게 대응해야 하느냐 등의 문제도 충분히 검토되어야 한다. 이러한 문제에 대하여 각자 처한 자연적, 사회 · 경제적 상황에 따라 각국이 서로 다른 입장을 갖고 있기 때문에 합의에 도달하기가 쉽지 않다.

셋째는 기후변화 문제 해결을 위하여 개도국의 협력을 이끌어내기 위한 방안에 관한 것이다. 기후변화 문제는 선진국의 노력만으로는 극복할 수 없다는 데 모든 국가가 공감하고 있다. 중국, 인도, 브라질 등 신흥 개도국의 온실가스 배출량이 빠른 속도로 증가하고 있으며, 중국의 경우 최근 세계 최대의 배출국이 되었기 때문이다.

그래서 기후변화에 관한 협약은 '공통의 차별화된 책임'과 '사전 예방의 원칙'이 강조된다. 개도국 참여 문제는 '개도국이 기후변화 문제 대응에 동참하도록 하기 위하여 선진국이 무엇을 어떻게 지원하느냐'를 두고 논의가 집중되고 있다. 개도국의 감축과 적응을 용이하게 하기 위한 재정적, 기술적인 지원 문제가 주요 쟁점인 셈이다.

끝으로 각국의 이행 상황을 검토하고 기후변화에 대한 영향을 재평가해서 정책을 새롭게 수립하는 문제다. 감축 목표와 대상에 대하여 국제 사회가 합의하더라도 개별국가가 이를 잘 준수할 것이라는 보장은 없다. 따라서 각 국가가 감축해야 할 목표량을 달성했는지를 판단하고, 그렇지 못했을 경우 이행을 강제할 수 있는 제재 수단이 있어야 한다.[18]

온난화의 자기 증식 효과

현재 진행되고 있는 지구온난화는 그 속도가 지구 역사에서 유래를 찾을 수 없을 만큼 빠르다. 더구나 향후 기후변화 속도가 더욱 빨라질 우려가 있다는 점도 문제다. 지구의 기후 체계는 온도가 상승하게 되면 자동적으로 상승 속도를 가속화하는 자기 증식 체계를 가지고 있는 것으로 알려져 있기 때문이다. 앞서도 언급한 바 있듯이, 전문가들이 지적하고 있는 지구온난화의 자기 증식 효과는 다음과 같다.[19]

지구 평균 온도 상승치가 2℃를 넘어 3℃에 이르게 되면 아마존의 열대우림 지대가 붕괴되면서 토양에 묻혀 있던 막대한 양의 탄소가 대기 중으로 배출될 가능성이 높다. 이에 따른 이산화탄소 농도의 증가는 지구 온도 상승치를 4℃까지 끌어올린다. 지구 평균 온도 상승치가 4℃에 이르게 되면 시베리아 지방의 동토가 녹으면서 지하에 묻혀 있던 이산화탄소와 메탄이 다량으로 대기 중으로 배출될 수 있다. 이렇게 되면 지구 기온 상승치가 5℃에 이를 것으로 추정된다. 만일 지구 온도 상승이 5℃를 넘어서면 심해에 갇혀 있던 메탄 하이드레이트가 분출되어 메탄과 산화수소가 대량 방출될 것이고, 지구 기후와 환경을 걷잡을 수 없이 변화시킬 것이다.

지구온난화 억제를 위한 목표

생태 전문가들은 지구 평균 온도의 상승폭이 2℃를 넘어서면 생물종의 대멸종이 발생할 가능성이 높다고 한다. 지구 평균 온도의 2℃ 이상 상승은 빙하 해빙, 급격한 해류 변화 등 예측할 수 없는

| 표 3 | 기후 전환 요소

전환 요소	예상 결과
여름철 북극해의 빙하 감소	지구 평균온도 증가와 생태계 변화
그린란드 대빙원의 붕괴	지구 해수면이 7m까지 상승하고 지구 평균 온도가 상승
남극 소부 대빙원의 붕괴	지구 해수면이 5m까지 상승하고 지구 평균 온도가 상승
남극 해류의 붕괴	걸프 해류의 교란과 기상 패턴의 변화
엘리뇨 발생의 증가	가뭄 증가를 포함하여 기상 패턴의 변화(특히 동남아시아)
한대 산림의 고사	한대 산림 생태계의 심각한 변화
아마존 산림의 고사	대량 멸종과 강우 감소
인도 여름 몬순의 변화	광범위한 가뭄과 기상패턴의 변화
사하라사막/사헬과 서부 아프리카 모순의 변화	사하라 사막과 사헬(사하라 남부의 대초원)의 녹화 가능성을 포함하여 기상 패턴의 변화(몇 안 되는 긍정적인 전환 요소들 가운데 하나임)

출처 : 월드워치연구소, 『기후의 역습』, 2014년 지구 환경보고서

| 표 4 | 위험한 기후 변화 영향을 피하기 위한 잠재적 안정화 지점

잠재적 안정화 지점	세부 내용
지구 온도의 섭씨 2℃ 증가	• 지구 온도가 2℃(3.6℉) 이상 상승하면 기후변화의 위험과 위협이 급격하게 증가(IPCC)
향후 10~20년 이내 전 세계 온실가스를 기준선 수준 대비 15~20% 저감	• 지구 온도 상승을 2~3℃로 제한하기 위해 필요한 저감량(IPCC) • 이 목표는 이산화탄소가 2015~2020년 사이에 정점에 도달한 다음에 감소함을 시사
대기 중 이산화탄소 농도 350ppm	• NASA의 기후과학자 제임스 한센과 동료들은 이미 여러 가지 지구온난화 티핑 포인트를 지나버렸다고 주장 • 현재 대기 중 이산화탄소 농도는 380ppm을 초과했지만 가능한 한 빨리 350ppm 또는 그 이하로 감소시켜야 한다고 주장
대기 중 이산화탄소 농도 450~550ppm	• 니콜라스 스턴은 전 세계 경제의 붕괴를 막기 위해 대기 중 이산화탄소 농도의 최고 안정화 수준이 450~550ppm을 초과해서는 안 된다고 충고 • 이 안정화 지점은 기후 모형에 기반을 두었으며 기술 발전에 대한 예측과 대폭적인 행동에 필요한 시간을 고려

출처 : 월드워치연구소, 『기후의 역습』, 2014년 지구 환경보고서

대재앙을 초래할 수 있다는 우려도 있다. 특히 대서양 해류 흐름의 변화가 우려되고 있다. 이에 유럽연합은 기후변화 협상에서 이산화탄소 농도를 위험 수위인 450ppm, 온도 상승 2℃ 이하로 억제하는 것을 목표로 삼자고 강력히 주장했으며, 2009년 코펜하겐 당사국총회에서 이 목표가 채택되었다. 2015년 12월 채택된 파리 협정에서도 장기 목표를 '산업화 이전 대비 2℃ 보다 상당히 낮은 수준으로 유지하고, 1.5℃ 이하로 제한하기 위한 노력을 추구'하는 것으로 설정했다.

지구 평균 온도 상승폭을 확실하게 2℃ 이내로 유지하기 위해서는 이산화탄소 농도를 400ppm 이내로 안정시켜야 한다. 대기 중 이산화탄소 농도를 400ppm 이하로 안정시키기 위해서는 향후 10년 이내에 온실가스 배출을 60% 이하로 감축해야 한다. 그러나 이러한 급격한

감축은 현재의 국제 사회 여건을 볼 때 실현가능성이 매우 낮다. 영국의 경제학자 니콜라스 스턴Nicholas Stern이 550ppm 수준으로 안정시키는 것을 제안했지만, 이 경우 지구 온도가 2℃ 상승에 그칠 가능성은 단지 20% 정도밖에 되지 않는다고 한다.

세계기상기구WMO, World Meteorological Organization와 유엔환경계획UNEP, United Nations Environment Programme의 후원으로 2009년 코펜하겐 회의에서는 이산화탄소를 비롯한 온실가스로 인한 기후변화, 즉 지구온난화가 발생된다는 사실에 대한 합의가 이루어져 '인간 활동에 의한 기후변화' 문제가 정치적인 문제로 떠오르게 되었다. 1992년 유엔환경개발회의에서 의결된 '유엔기후변화협약UNFCCC, United Nations Framework Convention on Climate Change'의 실행기구들도 계속 발전해왔다.

WMO는 1979년 제1회 세계기후총회World Climate Conference를 개최하여 기후변화가 "긴급한 세계의 문제"라는 것을 최초로 선언했다. 이 총회는 기후변화에 대한 미래를 검토하고, 그 결과를 바탕으로 인간 사회의 발전을 위하여 계획을 수립하는 데 협력할 것을 국제 사회에 요청했다.[20] 유엔환경계획과 국제학술연구회ICSU, International Council of Scientific Unions는 WMO와 함께 세계 기후 프로그램World Climate Program을 설립했고, 이후 10년간 계속된 과학적 연구 프로그램과 다수의 정부 간 회의는 1988년 "기후변화는 인류 공동의 관심사"라고 선언한 유엔총회결의안UN General Assembly Resolution으로 나타났다. 이 결의안은 같은 해 WMO와 UNEP에 의해 기후변화에 관한 정부 간 협의체IPCC 설립으로 이어졌다.

기후변화에 관한 국제기구와 협약

기후변화에 관한 정부 간 협의체, IPCC

기후변화에 관한 정부 간 협의체인 IPCC는 기후변화에 대한 객관적인 정보를 제공함으로써 국제적 대책을 마련하기 위한 전담 기구로 1988년에 설립됐다. IPCC의 역할은 '인류가 초래한 기후변화 위험에 대한 이해'를 돕고, '기후변화에 대한 적응과 완화를 위하여 관측되고 예상된 영향과 관련하여 전 세계적으로 생산된 최근의 과학, 기술, 그리고 사회 경제적 문헌의 총체적이고 객관적, 그리고 투명한 근거에 대한 평가'를 하는 데 있다. IPCC는 국가가 지명한 과학자와 행정 관료로 구성된 정부 간 조직이다. 이후 유엔총회의 요구에 의해 제1실무 작업반은 '과학적 지식과 예측'을, 제2실무 작업반은 '기후변화의 환경 · 사회 경제적 영향'을, 제3실무 작업반은 '기후변화의 대응'을 검토하여 1990년 5월 31일 제1차 평가보고서를 작성했다. 이

보고서는 많은 불확실성에도 불구하고 인류의 활동이 대기 중 이산화탄소의 증가와 기후변화의 증대를 가져올 것이라고 경고했다. 만약 IPCC 보고서가 없었다면 유엔의 기후변화에 관한 협약도 없었을 것이다. 2013년 스톡홀름에서 발표된 기후변화의 과학적 근거에 관한 IPCC 평가보고서 이후 논문이나 연구보고서 등 과학적 연구 결과를 종합한 보고서가 지속적으로 발표되고 있다.[21]

기후변화를 위한 협약, UNFCCC

유엔기후변화협약UNFCCC은 1992년 리우 지구회의로 알려진 유엔환경개발회의에서 154개국의 당사국에 의해 공식 채택되어 1994년 3월 발효되었다. 기후변화협약은 '기후체제가 위험한 인위적 간섭을 받지 않을 수준으로 대기 중 온실가스 농도를 안정화'하는 것을 궁극적 목표로 삼으며, 이를 위하여 '공통되지만 차별화된 책임과 개별적 능력Common but differentiated responsibilities and respective capabilities' 원칙에 의거하여 협의가 진행되고 있다. 기술적, 경제적 능력이 있는 선진국이 선도적 역할을 하면서 개도국의 사정을 배려한다는 원칙하에 당사국들을 '부속서 I' 국가와 '부속서 II' 국가, 개도국으로 구분하여 각기 다른 의무를 부과하고 있다.

이러한 원칙은 개도국과 선진국의 입장 차이를 보여주는 것으로, 개도국은 그들의 경제개발에 필요한 온실가스 배출에 대한 권리 보장으로 해석하고, 선진국의 역사적인 배출 책임을 근거로 기후변화 대응에 선도적 역할을 할 것을 요구한다. 반면, 선진국은 공통적인 책임과 개별적 능력과 관련하여 개도국의 온실가스 배출량이 선진국의 배출량을 추월했고, 다수 개도국의 경우 상당한 경제적 능력이 있음을 거론하며 주요 개도국도 선진국과 함께 온실가스 감축 의무를 부담해야 한다고 지속적으로 주장하고 있다.

UNFCCC는 선진국이 과거 및 현재의 온실가스 배출에 대하여 더 큰 책임이 있음을 분명히 하고 있으며, 이들 국가의 선도적 역할을 제안하고 있다. OECD 회원국과 동구권 국가로 구성된 '부속서 I' 국가들은 2000년까지 온실가스 배출을 1990년 수준으로 안정화하는 자발적 확약Voluntary commitment 을 한 반면, 개도국(비부속서 I 국가)은 이러한 의무를 지키지 않고 있다. 또한 부속서 I 국가들은 비부속서 I 국가에 온실가스 저감 행동을 위한 재정 지원을 하기로 했으며, 이는 개도국에 이미 제공되고 있는 재정적 지원에서 추가돼야 함을 명시하고 있다. 협약에 규정된 주요 기구는 당사국총회COP, Conference of the Parties 와 사무국Secretariat , 과학기술자문부속기구SBSTA, Subsidiary Body for Scientific and Technological Advice , 이행부속기구SBI, Subsidiary Body for Implementation 등이 있다.

당사국총회는 협약의 최고 결정기구로서 협약의 이행과 관련 법적 문서를 정기적으로 검토하고 협약의 효과적인 이행에 필요한 결정을 내린다. 사무국은 당사국총회와 부속기구의 회의를 준비하고, 제출된 보고서를 정리 · 전파하며, 사무국의 활동에 관한 보고서를 작성하여 당사국총회에 제출하는 역할을 한다. 과학기술자문부속기구는 당사국 총회와 다른 부속기구에 협약 관련 과학 · 기술사항에 대한 정보와 자문을 제공하며, 모든 활동에 대하여 당사국총회에 정기적으로 보고한다. 이행부속기구는 협약의 효과적인 이행에 대한 평가와 검토에 있어서 당사국총회를 지원하며, 모든 활동에 대하여 당사국총회에 정기적으로 보고하는 역할을 한다.

협약 이행에 관한 정보 공개와 관련하여 모든 당사국은 사무국을 통하여 온실가스 배출에 관한 국가 목록, 협약 이행을 위하여 당사국이 취한 조치, 당사국이 협약 목적 달성을 위하여 적절하다고 판단하거나 국가보고서National communication에 포함시키는 것이 적절하다고 판단되는 다른 정보를 당사국총회에 제출한다. '부속서 I' 국가들은 국가보고서에 온실가스 감축에 관한 정책 및 조치의 세부적인 설명과 그 정책 및 조치가 온실가스 배출에 미치는 영향에 관한 구체적인 예측을 포함시켜야 한다. '부속서 II' 국가들은 개도국의 온실가스 배출 목록 및 협약 이행 관련 조치 정보의 제출에 대한 재원 제공과 개도국의 적응 비용 지원 등에 관한 상세 내용을 포함하도록 하고 있다.

온실가스 감축을 위한 '교토의정서'

1995년 3월, 독일 베를린에서 개최된 기후변화협약 제1차 당사국총회는 협약 제4조에 따라 당사국의 의무에 대한 적정성Adequacy을 검토했고, '베를린 맨데이트Berlin Mandate'로 알려진 당사국총회 결정문COP decision을 채택해 2000년 이후 기간에 대하여 부속서 I 국가의 감축 목표 설정을 포함한 적절한 행동을 취하도록 하는 협상을 개시했다.[22] '베를린 맨데이트'에 따라 1995년 8월부터 협상그룹 회의AGBM, Ad Hoc Group on the Berlin Mandate가 수차례 개최되어 새로운 의정서 문안을 작성했고, 1997년 12월 일본 교토에서 개최된 제3차 당사국총회에서 교토의정서Kyoto Protocol가 최종 채택됐다. 교토의정서에는 기후변화협약에 비해 선진국의 온실가스 감축 의무가 명시적으로 설정되었고, 유럽연합의 공동달성 체제, 온실가스 감축 활동에 유연성을 부여하는 '교토 메커니즘' 등이 추가되었다. 교토의정서의 주요 기구와 교토의정서 개정 절차 등은 기후변화협약의 그것들과 유사하다. 2012년 이후 기후체제에 관한 협상은 교토의정서의 연장, 또는 이를 바탕으로 한 새로운 협약 또는 의정서 채택에 관한 것이므로 교토의정서의 핵심적인 내용에 대하여 보다 자세히 검토하고자 한다.[23]

선진국의 감축

부속서 I 국가는 2008~2012년의 제1차 공약기간 중 온실가스 배출량을 1990년 수준 대비 평균 5.2% 감축하기로 했고, 개별적으로 또는 공동으로 6개 온실가스의 이산화탄소 환산 배출량이 부속서 B(교토의정서에서 채택한 온실가스 감축 목표에 합의한 국가들로 기후변화협약의 '부속서 I' 국가 중 터키와 벨라루스를 제외한 38개 선진국으로 구성되어 있음)에 수록된 수량적 감축목표치Assigned amount를 초과하지 않아야 한다고 규정했다.

부속서 B에서 국가별로 1990년 배출량 대비 8% 감축에서 10% 증가에 이르는 감축량이 배정된 것이다.

부속서 I 국가의 2013년 이후 기간에 대한 감축 의무는 의정서 부속서 B의 개정을 통하여 설정돼야 하며, 의정서 당사국총회COP/MOP는 제1차 공약기간이 만료되기 7년 전부터 후속 기간의 감축 의무에 대한 논의를 개시하기로 규정했다. 이에 따라 2005년 캐나다 몬트리올에서 개최된 1차 의정서 당사국총회는 교토의정서 부속서 I 국가의 추가 감축에 관한 협상회의AWG-KP, Ad Hoc Working Group on Annex I Parties' Further Commitments를 개시하기로 결정하였다. 부속서 I 국가는 공약 기간 개시 1년 전까지 온실가스 배출량 계산을 위한 국가 체계를 구축해야 하며, 배출량 계산 방법론은 IPCC에서 수락되어 제3차 의정서 당사국총회에서 합의되도록 규정했다.

개도국의 감축

모든 국가는 '공통적이지만 차별화된 책임CBDR, Common But Differentiated Responsibilities'이라는 원칙에 따라 온실가스 배출에 대한 목록을 정기적으로 갱신하고, 기후변화 저감 및 적응 조치를 담은 국가 계획을 작성하여 이행하고 이를 공개하도록 하고 있다. 또한 과학 · 기술 연구 부문 협력과 기후체제 등과 관련된 불확실성을 줄이기 위한 관측 체계 및 데이터 보관소의 개발을 촉진하도록 요구하고 있다.[24]

유럽연합의 공동달성 체제

부속서 I 국가들이 감축 의무를 공동으로 달성하기로 합의하였고, 이들 국가의 전체 배출량이 부속서 B에 수록된 국가의 수량 목표치에 의거하여 계산한 전체 배정량을 초과하지 않은 경우, 이들 국가들이 감축 의무를 이행한 것으로 간주한다. 이 규정은 유럽연합 국가들이 2005년부터 유럽연합 전체에 적용되는 배출권거래제EU ETS를 도입하여 단일 체제를 구축할 수 있도록 했다. 이를 통하여 유럽연합 국가 간 배출권의 자유로운 거래가 보장되었다.[25]

교토 메커니즘

쿄토 메커니즘은 부속서 I 국가와 비부속서 I 국가 간 또는 부속서 I 국가 간 프로젝트 기반 사업인 청정개발 체제, 공동이행 사업, 부속서 I 국가 간의 배출권거래제를 포괄하는 용어로, 시장 거래방식을 허용하여 온실가스 감축의 한계비용을 최소화하는 유연성 메커니즘이다. 부속서 I 국가가 다른 부속서 I 국가와 공동이행 사업을 통하여 배출권ERU, Emission Reduction Unit을 획득하려면, 다음과 같은 조건들이 충족돼야 한다. 첫째, 이 사업이 당사국들의 승인을 받아야 한다. 둘째, 이 사업을 통하여 배출량 감축이 추가적으로 발생해야 한다. 셋째, 사업에 참여하고 있는 부속서 I 국가가 배출량 계산 국가 체계와 배출량 연례 목록 및 정보 제출과 관련된 각종 의무를 준수해야 한다. 넷째, ERU의 획득은 온실가스 감축을 위한 국내 행동에 대하여 보완적이어야 한다.[26]

청정개발 체제CDM, Clean Development Mechanism는 비부속서 I 국가의 수

량적 감축 목표 준수를 지원하기 위한 목적이다. 비부속서 I 국가는 배출권CER, Certified Emission Reduction을 발생시키는 사업 활동을 통하여 부속서 I 국가로부터 재정과 기술지원 해택을 받고, 부속서 I 국가는 CDM 사업을 통하여 획득한 CER을 수량적 감축 목표 준수에 사용할 수 있다. 교토의정서 당사국총회는 제1차 회의에서 CDM 사업화 활동에 대한 독립적인 회계 및 검증을 통하여 투명성, 효율성, 책임성을 확보하기 위한 세부 원칙과 절차를 구체화하기로 했으며, 2000~2007년의 기간 중에 획득된 CER은 제1차 공약 기간의 감축 의무 준수 달성에 사용할 수 있도록 했다.

재정 메커니즘

부속서 II 국가는 재정 메커니즘의 운영이 위탁된 기관을 통하여 국가 온실가스 목록의 개발 및 갱신, 국지적인 배출계수 및 활동 데이터 개선 등 의무이행 과정에서 발생하는 비용을 지원하기 위하여 새롭고 추가적인 재원을 제공하도록 하고 있다. 또한 개도국과 재원 운영을 위탁 받은 기관 간에 합의된 기술이전 목적을 포함한 재원을 제공하는 등의 기능을 수행한다. 부속서 II 국가는 양자 또는 다자 채널을 통하여 온실가스 배출 정보 제출 이행을 위한 재원을 제공한다.

의정서상 주요 기구

의정서 당사국총회CMP, Conference of the Parties serving as the Meeting of the Parties는 기후변화협약의 최고 결정기구로서 의정서 당사국총회 역할

| 표 5 | **교토의정서(Kyoto Protocol) 개요**

당사국 한국 포함 192개국

선진국(부속서 I 국가) 관련 규정
1. 부속서 II 국가는 개별적으로 또는 공통으로 6개 온실가스의 이산화탄소 환산 배출량이 수량적 감축 목표치를 초과하지 않아야 함, EU는 공동달성 체제에 합의함으로써 2005년부터 시행되는 EU 배출권 거래제를 통하여 EU 국가 간 배출권 거래 보장
2. 부속서 A에 이산화탄소, 메탄, 이산화질소, 수소불화탄소, 과불화탄소, 육불화황 등 6대 온실가스를 명시
3. 부속서 B에 국가별로 1990년 배출 대비 8% 감축에서 10% 증가에 이르는 감축량 배정

개도국(비부속서 I 국가) 관련 규정
1. 당사국총회에서 합의되는 비교가능한 방법론을 사용하고, 국가보고서 작성 지침에 의거하여 국지적인 배출계수 개선 및 온실가스 배출에 대한 국가 목록 정기 갱신
2. 기후변화 저감 조치 및 적응 조치를 담은 국가 계획을 작성하고 이행
3. 과학 · 기술 연구부문 협력과 기후체제 등과 관련된 불확실성을 줄이기 위한 관측 체계 및 데이터 보관소의 개발을 촉진

교토 메커니즘
청정개발 체제(CDM), 선진국 간 공동이행(JI)과 국제적 배출권거래제(Emission Trading)를 통칭하며 시장 거래 방식을 통하여 온실가스 감축의 한계비용 최소화 달성 목적
〈CDM 및 JI 배출권의 획득조건〉 1. 이 사업이 당사국들의 승인을 받고, 2. 이 사업을 통하여 배출량감축이 추가적으로 발생하고, 3. 이 사업에 참여하고 있는 국가가 배출량 계산 국가 체계와 배출량 연례 목록 및 관련 정보 제출 의무를 준수하며, 4. 배출권 획득이 온실가스 감축을 위한 국내 행동에 대해 보완적임

재정 메커니즘
부속서 II 국가는 새롭고 추가적인 재원을 제공해야 하며, 개도국의 기후변화 저감 및 적응활동, 온실가스 배출 정보 제출 등을 지원하기 위하여 재원 제공

주요 기구
1. 의정서 당사국총회: 최고 결정기구, 의정서 미가입 협약 당시국은 옵저버 국가로 참여
2. 협약 사무국: 의정서 사무국 역할 수행
3. 과학기술자문부속기구: 협약에 의해 설립된 그대로 의정서의 해당 부속기구 역할을 수행
4. 이행부속기구: 협약에 의해 설립된 그대로 의정서의 이행 부속기구 역할 수행

을 수행한다. 의정서 당사국이 아닌 협약 당사국은 의정서 당사국총회CMP에 옵서버국가로 참석하며, 의정서 당사국총회는 의정서의 이행을 정기적으로 검토하고 필요한 결정을 내린다. 협약 사무국 기능의

의정서하에서도 그대로 적용된다. 과학기술자문부속기구와 이행부속기구는 협약(9, 10조)에 의해 설립된 대로 의정서의 해당 부속기구 역할을 각각 수행하며, 협약의 관련 규정도 의정서에 준용된다.

신기후체제의 시작, 파리협정

파리협정은 UNFCCC 이행을 강화하기 위하여 제21차 당사국총회 결정문을 통하여 최종 채택되었다. 이는 파리협정 제2조와 결정문 1항에 잘 나타나 있다. 파리협정은 크게 목적(제2조), 국가적 결정 기여(제3조), 온실가스 감축(제4~6조), 기후변화 영향에 대한 적응(제7~8조), 재원(제9조), 기술(제10조), 역량 강화(제11~12조), 투명성(제13조), 전 지구적 이행 점검(제14조), 이행 및 의무 준수(제15조), 총회와 사무국 및 산하기구(제16~19조), 의사결정(제22조~25조), 탈퇴 등 기타(제26~29조) 내용으로 이루어져 있다.

전문 6개 장 140개 항으로 이루어진 총회 결정문은 파리협정의 채택 후속 조치, 각국이 제출한 '의도된 국가적 결정 기여INDCs, Intended Nationally Determined Contributions(자발적 온실가스 감축 방안을 의미함)'의 후속 조치, 협정 발효를 위한 준비 작업, 2020년 이전의 기후 행동 강화 작업, 비정부 행위자들의 역할, 예산 및 행정사항에 대하여 다루고 있다. 유럽연합을 포함한 196개 협약 당사자들은 총회 결정문을 통하여 지난 4년간의 신기후체제 공식 협상 기구였던 '더반 특별작업반ADP'의

임무를 종료하고 협정 이행 준비를 위한 '파리협정 특별작업반APA'을 출범시켜 첫 회의를 2016년 기후변화협약 부속기구회의SBI,SBSTA와 동시에 개최하기로 합의하였다.

파리협정의 목적

파리협정의 목적은 제2조에 세 가지로 규정되어 있다. 첫째, 산업화 이전 대비 지구 평균 기온 상승폭을 2℃보다 훨씬 낮게 억제하고, 기후변화의 위험과 충격을 상당히 줄일 수 있는 1.5℃ 상승의 억제를 위한 노력도 계속 추구하는 것이다. 둘째, 기후변화의 부정적 영향에 적응하고 기후 복원력과 온실가스 저배출형 개발을 촉진하는 능력을 강화하는 것이다. 셋째, 재원의 흐름을 온실가스 저배출과 기후 탄력적 개발을 위한 경로와 부합되도록 하는 것이다. 모든 국가들은 이러한 목적을 지닌 협정을 이행할 때 형평성, 공동성 그러나 차별화된 책임과 각국의 능력 원칙, 서로 다른 국가별 여건을 반영해야 한다.

파리협정의 목적 중 특히 산업화 이전 대비 평균 기온 상승폭 목표를 어떻게 설정할 것인가는 협상 최종 순간까지 난제로 남아 있었다. 1.5℃ 목표를 주장하는 태평양 도서국 대표들의 입장과 1.5℃ 목표에 대한 과학적 근거와 국제적 공감대가 부족하다는 점을 내세우며 강력한 반대 입장을 펼친 사우디 등 중동 산유국들의 입장이 서로 대립했기 때문이다. 이 과정에서 태평양 군소도서국 입장을 지속적으로 대변해오던 토니 드 브룸Tony de Brum 마셜 제도 외무장관의 활약이 두드러졌다.

토니 장관은 비공식 각료회의 등을 통하여 친분 관계를 돈독히 해왔던 유럽연합, 미국, 브라질, 멕시코 등 100여 개국 대표들이 함께하는 그룹을 결성하여 평균 기온 상승폭을 '2℃보다 훨씬 낮게', 1.5℃ 목표 달성 노력을 추구한다는 합의를 이끌어냈다. 나아가 1.5℃ 목표의 영향에 대한 특별보고서를 2018년에 당사국총회에 제출했다.

온실가스 감축과 기후변화에 대한 적응

신기후체제의 기후 행동은 온실가스 감축과 기후변화에 대한 적응Adaptation 으로 이루어진다. 개도국들은 지금 당장 전 세계 온실가스 배출량이 줄어든다 해도 이미 배출된 온실가스로 인한 기후변화는 불가피하며 이에 적응하기 위한 각국의 기후 행동이 필요하다는 입장을 지속적으로 개진해왔다.

개도국들의 이러한 요구는 2007년 개최된 당사국총회의 발리행동계획Bali Action Plan 에 반영되었으며 2010년 열린 당사국총회의 칸쿤적응체제Cancun Adaptation Framework 수립으로 연결되었다. 또한 2011년 당사국총회 결정에 따라 '적응'은 신기후체제의 6개 핵심요소 중의 하나로 '감축'과 함께 기후 행동의 한 축을 담당하게 되었다.

신기후체제 협상 과정에서 많은 개도국들은 적응을 감축과 동등한 비중으로 다루어줄 것을 요구했으며 일부 강경 개도국들은 감축과 적응의 법적 동등성까지 주장했다. 선진국들은 적응에 감축과 동등한 정도의 정치적 비중을 부여하기로 양해했고, 적응의 목적을 감축 및 재원 분야 목적과 함께 협정 제2조에 병기했다. 적응 조항인 협정 제7조는 적응의 전 지구적 목표를 '능력 강화, 회복력 강화, 기후변화에 대한 취약성 축소(제1항)'로 설정하고 이를 위한 각 당사국의 의무와 역할을 규정했다.

각 당사국은 국가 적응 계획을 수립, 이행하고 이와 관련한 정보를 정기적으로 제출하고 갱신해야 하며 각국의 적응 보고서는 감축과 마찬가지로 사무국이 운영하는 공공 등록부에 게재하여 관리된다. 적응은 5년마다 실행되는 전 지구적 이행 점검의 대상이 된다. 개도국은 적응 계획을 수립해 이행하는 과정에서 선진국의 지원을 받을 수 있다.

파리협정 제2조에 나타난 손실과 피해는 비록 독립적 조항으로 합의되었으나 적응 활동과 불가분의 관계에 있다. 초강력 태풍이나 허리케인과 같은 단기적으로 나타나는 극단적 기후 재해와 해수면 상승과 같은 장기적 기후변화 현상에 따라 발생하는 손실과 피해 문제를 신기후체제 아래에서 어떻게 다룰 것인지에 대해서는 국가 그룹별로 극명한 입장 차이를 보였다. 잦은 기상재해를 겪은 국가들과 해수면 상승에 취약한 군소도서국들은 책임과 보상을 요구하면서 이에 관한 사항들을 항구적으로 다룰 수 있도록 파리협정에 관련 조항을 신설할 것을 제의했다. 선진국들은 손실과 피해에 대한 논의가 궁극적으로 온실가스 배출의 역사적 책임과 연계되어 개도국들로부터 막대한 재정 지원 요구가 거세질 것을 우려하여 파리협정에 손실과 피해 관련 조항이 포함되는 것을 적극적으로 반대했다.[27]

손실과 피해 조항의 포함 여부가 파리협정의 합의 도출 여부를 좌우할 정도로 비중이 커지게 되었다. 위기감을 느낀 선진국과 개도국들은 협상 공식채널이 아닌 각료급 비공식협의체에서 수차례 의견을 나눈 후, 손실과 피해를 파리협정에 별도 조항으로 신설하되 동 조항의 이행이 어떠한 책임 또는 보상의 토대가 되지 않는다는 것을 총회 결정문에 명기하는 선에서 타협을 이끌어냈다. 손실과 피해 조항이 적응 조항과 별도로 규정되게 된 배경에는 이 논의를 둘러싼 의견 대립이 적응 분야 작업을 더디게 할 우려가 있다는 중도그룹 국가들의 입장이 반영된 것에 있다.

기후 행동에 대한 투명성

신기후체제하에서 각 국가별 기후 행동 방식을 상향식으로 합의할 때 함께 수반되는 논의가 국가 간 기후 행동에 대한 신뢰 확보 문제였다. 이러한 차원에서 측정, 보고, 검증으로 대표되는 투명성 체제 논의가 협상의 핵심 의제로 부상했다.

투명성이란 각국이 온실가스 감축과 적응으로 대표되는 기후 행동을 충실히 이행하고, 기후 행동 강화를 위한 재원-기술-역량배양 지원을 충분히 제공 및 활용하는지 점검하는 일련의 과정을 의미한다. 선진국들은 모든 국가들이 자국이 제출한 기후 행동 목표를 성실히 이행하고 관련 정보를 충분히 제공하고 있는지를 점검하는 공동의 단일 투명성 체제를 수립하기 위한 제안을 하면서 협상 관철에 많은 노력을 기울였다. 반면 개도국들은 2010년 칸쿤회의에서 채택된 기존의 투명성 체제가 선진국-개도국의 차별화 방안을 반영하고 있다고 주장하면서, 신기후체제하에서도 선진국과 개도국이 서로 다른 투명성 체제의 적용을 받아야 한다고 주장했다.

선진국-개도국 간 이견으로 협상 과정에서 선진국들이 제안했던 '공동의Common' 혹은 '단일화된Unified' 투명성 체제는 파리협정에 반영되지 못했다. 중립적인 표현의 '강화된Enhanced' 투명성 체제 구축에 합의하고, 개도국들의 역량을 고려하여 체제 내에 유연성을 부여하는 원칙적인 내용이 합의되었다. 총회 결정문을 통하여 개도국에는 보고 빈도 · 수준 · 범위 등에 유연성을 부여하도록 합의했지만 보다 세부적인 투명성 절차는 제1차 파리협정 당사국회의에서 채택하였다. 따라서 2016년부터 진행된 후속협상에서 보다 강화된 투명성 체제가 모든 당사국에 적용될 수 있도록 국제 사회가 유연성을 발휘해야 할 것이다.

앞으로의 과제

2015년 파리협정의 타결로 기후변화 문제는 새로운 전기를 맞고 있다. 선진국과 개도국이 같이 참여하여 온실가스의 배출량을 줄이고 지구 평균 기온의 상승을 산업화 이전 대비 2℃ 이내로 유지하되 온도 상승을 1.5℃ 이하로 억제하기 위한 노력에 국제 사회가 합의한 것이다. 그러나 기후변화 문제의 해결을 위하여 앞으로 가야 할 길이 여전히 멀다. 기후변화에 대응하기 위하여 국제 사회의 합의를 이루는 데 43년이라는 세월이 흘렀다.

기후변화의 원인에 대한 연구 프로그램을 진행할 것을 세계기상기구WMO에 처음으로 권고한 것이 1972년 스톡홀름회의였고, 이에 따라 IPCC가 설치된 것이 1988년이었으며, IPCC 제1차 보고서가 나온 것이 1990년이다. 그리고 교토협약으로 선진국 간의 합의가 그나마 1997년에 이루어졌고, 이후 전 세계가 동참하는 합의는 2015년에서야 이루어졌다. 그동안 온실가스의 배출은 지속적으로 증가하였고 기후변화 완화를 위하여 부담해야 할 비용은 급속히 증가하였다. 자발적 감축을 전제로 하는 파리협정의 이행이 얼마나 효과적으로 시간 지연을 최소화하면서 전개될지는 시간을 더 두고 지켜봐야 할 것이다.

기후변화에 대한 적절한 대응이 지연되는 또 다른 중요한 이유는 기후변화 정책 역시 다른 정책과 우선순위 경쟁을 하고 거기에서 살아남아야 하기 때문이다. 예를 들어 기후변화에 대응하는 중요한 정책으로 신-재생에너지와 교통수단에 대한 연구와 새로운 시스템으로의 전환이 강하게 요구되고 있다. 그러나 화석연료에 의존하고 있는 현재의 에너지와 교통 시스템은 새로운 시스템으로의 급속한 전환에 강하게 저항하고 있으며, 이러한 저항은 새로운 변화로의 진전을 지연시키거나 좌절시킨다. 그렇기 때문에 녹색 가치, 녹색 이념, 녹색 민주주의만으로는 충분하지 않으며, 자원을 동원하여 기존의 이해관계를 변화시키고 효율적이고 민주적인 환경 거버넌스Governance를 추진할 수 있는 제도가 필요한 것이다.

기후변화에 대응하는 다원적 거버넌스 형태는 기본적으로 두 가지가 있다. 하나는 정부가 중심적인 주체가 되어 행정단위(시, 도, 국가)별로 다르게 추진하는 다차원적 거버넌스 시스템이며, 다른 하나는 다양한 사회적 조직의 형태로 존재하는 공중과 사회 부분에서의 네트워크에 의해 지배되는 다원적 거버넌스 시스템이다.[28] 교토의정서나 파리협정과 같이 각 국가별로 그리고 지방정부로 수행되는 공식적인 거버넌스 형태와 매우 느슨한 비공식 조직으로 사회운동, 자발적인 조직, 단일목적의 압력단체, 사기업, 연구기관, 지방정부 등이 서로 연결된 네트워크 거버넌스이다. 이 두 형태의 거버넌스 사이에서, 지방 차원에서는 기후변화를 완화하고 적응하기 위한 노하우와 경험을 공유하는 수평적, 초국가적 네트워크가 점차 증가하고 있다. 이 네트워크의 참여자들은 기후변화에 대한 해결책을 찾으며 공식 조직과 비공식 조직 사이에서 초국가적 영역을 만들어내고 있다.

기후변화 거버넌스에서 국내외의 네트워크는 이제 일상적인 현상이 되고 있다. 이 네트워크상에서 지방정부와 도시 파트너들은 여러 가지의 새로운 기회를 갖게 된다. 예를 들면, 기후변화 완화를 위한 창조적인 프로그램을 시행한 도시는 그 이름을 세계에 알릴 수 있으며, 이러한 기회는 기업의 투자를 유인하여 도시의 경제발전을 가져오는 새로운 기회로도 연결된다. 지방정부는 중앙정부를 거치지 않고 곧바로 다른 지방정부나 조직들과 네트워크하면서 새로운 기회를 만들고 있다. 기후변화 적응과 완화 정책을 위한 중요한 기반이 되어나갈 것이다.

초국적기업, 과학집단, NGO, 사회운동 등은 초국가적 거버넌스를 형성하는 중요한 구성원이 될 것이다. 지금 당장 모든 문제를 해결할 수 있는 완벽한 거버넌스 시스템은 아직 없으며 당분간은 다소 혼란스럽고 서로 중첩된 거버넌스 시스템으로 기후변화에 대응해나가야 할 것이다. 그리고 정부의 공식적 조직과 제도는 비공식적 조직(자발적 조직, 사회운동, 환경협회, NGO)의 중요성을 인식하고 이들과의 네트워크를 강화하는 것이 매우 중요하다. 두 거버넌스 시스템은 상호보완적인 관계 속에서 기후변화에 더 적절하게 대응할 수 있기 때문이다.[29]

기후변화 문제에 대응하는 거버넌스 시스템을 시민사회 중심의 네트워크 형태로 가져가는 것이 적절하다는 주장은 환경 문제와 같은 복잡한 난제들을 풀어나가는 데 국가기구로는 한계가 있으므로 준국가적 메커니즘을 이용하는 것이 유용하다는 주장과 연결된다. 예를 들면 생태적 근대화를 주장하는 학자들은 현재의 정치행정 체계는 사후적으로 반응하도록 되어 있는데, 생태 문제에도 사후적으로 반응하거나 시행착오적으로 대응한다는 것이다. 그들은 그 피해가 너무도 크며 비가역적인 경우가 많아 환경 문제에 대한 접근 틀은 사후형에서 사전형으로 바뀌어야 한다고 주장한다.[30] 그런데 사전 반응형 정치행정 체계에서는 국가에 의존해서도, 시장 기구에 전적으로 의존해서도 안 된다고 주장한다.[31] 국가의 역할은 인정하되 최소한도로 국가기구를 축소시키는 것에 초점을 두어야 한다는 주장이다. 나머지 역할과 기능은 국가와 시장 이외의 사회영역에 유사 정치기구와 유사 시장기구를 통하여 수렴되도록 하는 것이 바람직하다는 것이다.

이것은 국가의 조정기능을 새로 결정한다는 것을 의미한다. 국가 밖의 준국가적 제도와 같은 탈중심화된 대화 메커니즘을 창출하자는 것이다. 중앙국가는 자신의 역할을 전략적 과제로 한정하고 분권화된 행위자들을 세부적 조정자의 역할로 특화해나간다는 것이다. 이는 사회적 장기계획의 구상 및 문제해결의 방향 설정에서 사회의 개입을 강화하는 것을 의미한다. 사회적 개입은 사회적 조정 능력의 강화를 전제로 한다. 이러한 준국가적 메커니즘은 사회적 조정 작용 또는 과정이 정례화되는 기제를 지칭한다. 이러한 역할 분담은 환경 문제에서 중앙 국가는 생태적 최소한도의 설정과 전략적 구조조정 기능을 갖는 것이고, 분권화된 행위자들은 국민 국가적 기본 조건들과 여기서 규정한 최소한도를 넘어서는 어떤 것을 만들어내는 역할을 담당하게 된다.

이러한 예는 우리나라에서도 여러 곳에서 관찰된다. 지속가능발전위원회의 성립, 지방의제21 Local Agenda 21 의 추진을 총괄적으로 협의해 나간 지속가능발전협의회의 형성, 지방의제21을 추진하기 위한 지방자치단체의 지방의제21 사무국의 등장, 지속가능발전협의회가 중심이 되어 전개되는 그린스타트 운동들은 대부분 준국가적 제도로 국가의 전략적인 방향하에 세부적인 조정과 변화의 역할을 담당한 조직들이다.

자발적인 시민참여, 시민과 연계된 준국가적 조직들이 점차 사회적 조정자로서의 역할을 중대시키는 모습들도 관찰할 수 있다. 기후변화협약과 같은 국제 협약은 기후변화 완화를 위하여 따라야 할 최소한도의 설정과 전략적 구조조성 기능을 갖고, 분권화된 국가와 도시 및 NGO와 이들 간의 네트워크들이 여기서 규정한 최소한도를 넘어서는 어떤 것을 만들어내는 역할을 담당하는 구조를 생각할 수 있다.

여기서 도시나 지방정부는 국가적 이해관계로부터 훨씬 더 자유롭고 유연하게 중심 역할을 할 수 있다. 도시는 이미 세계적 네트워크 속에서 작동하는 네트워크 도시로 발전해나가고 있다. 독창적인 아이디어와 실행으로 기후변화에 성공적으로 대응하는 도시는 세계적인 관심을 얻을 수 있으며, 세계 기업으로부터 좋은 투자를 유치하는 기회를 갖고 관광객을 유인하기도 한다. 네트워킹된 도시가 중심이 되어 국가, 기업, NGO들과 긴밀히 연계하면서 국제협약 이상의 성과를 이끌어내는 것은, 물론 간단하지는 않겠으나 세계민주주의 모델, 네트워크 모델과 병행하여 기후변화에 대응하는 또 다른 중요한 보완과 대안이 될 수 있을 것이다.

3장

어떻게 대응하고 적응할 것인가?

피할 수 없는 현실, 대책이 필요하다

기후변화는 이제 피할 수 없는 현실이다. 온실가스는 오랜 기간 존재할 것이고 대기온도는 매우 빠르게 올라갈 것이다. 기후변화 대응을 위한 방법은 기후변화를 일으키는 온실가스를 포함한 원인 물질의 '감축Mitigation'과 이미 진행되고 있는 기후변화에 인류가 효과적으로 '적응Adaptation'하는 것이다. 기후변화의 감축과 적응은 상호보완 가능하며 기후변화의 위험을 크게 줄일 수 있다.

기후변화에 대한 적응은 실제 그리고 예측되는 기후에 대응하여 자연과 인간 시스템을 조정하는 것이다. 온실가스 배출이 현저히 줄어들더라도 향후 최소 수십 년은 과거에 배출한 온실가스로 지구온난화가 지속될 것이다. 적절한 대응 방법을 마련하는 정책 개발이 이뤄지는 데에도 최소한 5~10년 정도의 시간이 필요하므로 시급한 상황이다. 기후변화로 인한 악영향이 나타나기 전에 취약 계층을 보호하고 사회

적 통합을 이루는 적응 대책이 절실하다.[32]

기후변화 문제의 5가지 특성

기후변화의 불확실성

기후변화 문제의 특성을 논할 때 가장 먼저 지적할 수 있는 것은 '불확실성Uncertainty'이다. 기후변화는 발생 원인이나 대응 정책 및 처방의 효과에 높은 불확실성이 존재한다. 물론 세상 대부분의 일들이 적지 않은 불확실성을 지니고 있다. 하지만 기후변화 현상처럼 그 원인과 결과에 대하여 과학적 확실성에 근거해 설명할 수 없는 사안은 별로 많지 않을 것이다. 기후변화 현상에 대한 높은 불확실성은 지구의 기후 및 환경 체계가 가진 난해성과 복합성 그리고 역동성 탓이다.

지구가 점차 더워지고 있는지 아닌지, 그리고 더워지고 있다면 그 원인이 인간의 경제활동 탓인지 아니면 단순한 자연현상인지 등의 여러 의문들이 여전히 과학적인 추가 연구를 통하여 보다 더 정확히 밝혀져야 할 숙제로 남아 있다. 뿐만 아니라 인위적인 기후변화의 강도와 그 영향에 대해서도 여러 가지 의견과 의심이 존재하고 있다. 지구의 기후 체계의 작동원리에 대한 이해가 완전하지 않고, 장래의 경제 및 사회 그리고 기술발전의 방향과 내용에 대한 예측이 어렵기 때문이다.

기후변화에 대응하는 정책의 효과나 경제성에 대해서도 확실히 알기 어렵다. 기후변화를 초래하는 메커니즘에 대한 명확한 이해가 부족하고 개개의 요소들이 차지하는 영향력의 비중에 대한 정확한 평가가 어려운 상황에서는 기후변화 감축 노력의 성과에 대하여 확신할 수는 없다. 완화와 감축 등 다양한 기후변화에 대응하는 정책 방안들의 효과에 대해서도 여전히 의문이 남아 있다.[33]

기후변화 현상의 비가역성

기후변화 문제의 두 번째 특성으로 기후변화 현상의 '비가역성'을 들 수 있다. 기후변화 현상은 기후 체계가 변경되었을 경우에는 이것을 다시 원상으로 돌릴 수 없다는 점에서 우려가 높다. 일단 지구의 평균 온도가 일정 수준으로 올라가면 그것을 다시 내릴 수 있는 방법이 없다. 지역의 기후 체계도 마찬가지다. 만일 우리나라의 기후가 현재의 온대 기후에서 아열대 기후로 변할 경우 이것을 다시 온대 기후로 되돌릴 수 있는 방법은 없다. 물론 막대한 비용을 지불한다면 기후변화로 인한 피해를 일부 복구하거나 복원할 수는 있겠지만, 이 역시도 복잡한 기후 메커니즘을 생각할 때 한계가 있다.[34]

그래서 일단 변화된 기후 체계 그 자체는 장기간 지속될 수밖에 없는 비가역적인 변화An irreversible change가 될 것이다. 장기적인 관점에서 보면 지구 기후는 빙하기와 간빙기를 반복해왔기 때문에 항상 안정적이라고 할 수는 없다. 항상 변해왔고 우리는 그 변화에 적응하면서 문명을 발전시켜왔다. 그렇지만 지금 우리가 우려하는 것처럼 인간 활동에 의한 기후변화가 빠른 속도로, 그리고 큰 폭으로 일어났을 경우 발생하는 광범위하고 장기적인 영향을 줄일 수 있는 방법은 거의 없다고 볼 수 있다.

이해관계의 첨예함과 복잡성

기후변화 문제의 또 다른 특성으로 '이해관계의 복잡성'을 들 수 있다. 기후변화 문제에 대해서는 국가 간(선진국과 후진국 그리고 산유국과 비산유국, 석유 의존도가 높은 국가와 낮은 국가)에 첨예한 대립이 있다. 특히 개도국이 선진국의 역사적 책임을 들어 선진국의 의무를 강조한다. 반면 미국 등 일부 선진국은 개도국의 참여 없이는 온실가스 감축 노력에 동참할 수 없다고 주장한다. 현재 중국, 인도 등 개도국의 온실가스 배출은, 그 절대량은 물론 증가 속도도 매우 빠르다. 이들의 배출량 증가 속도가 현 추세를 유지한다면 설령 선진국이 감축 노력을 강화하더라도 그 효과가 반감될 수밖에 없다는 주장이다.

국가 내에서도 이해관계가 심하게 갈린다. 환경단체와 에너지를 다량 소비하는 산업 간의 이해는 일치할 수 없을 것이다. 환경정책 당국과 산업 및 에너지정책 당국 간의 갈등도 첨예하다. 산업계 내부에서도 이해관계에 따라 의견이 크게 달라진다. 석탄, 석유 등 전통 에너지 산업과 원자력 및 신-재생에너지산업 간의 이해관계도 크게 엇갈린다.

원인행위자와 피해자 간의 불일치성

기후변화 문제의 또 다른 특성으로 '원인행위자와 피해자 간의 불일치'를 들 수 있다. 인간 활동에 의한 지구온난화에 직접적인 영향을 준개인, 집단, 국가와 그로 인해 지구 기온이 상승해서 발생한 피해를 입은 개인, 집단, 국가가 크게 다르다는 것이다.

우선 온실가스 배출에 있어 국가 간의 차이가 크다. 기후변화의 직접적인 원인은 석탄, 석유 등 화석연료의 사용과 과다한 자연생태계 훼손이다. 그리고 역사적으로 볼 때 이는 대부분 고소득 국가인 서구 선진국들에게 책임이 있다. 하지만 기후변화에 따른 피해는 저소득 국가들이 압도적으로 많이 보고 있다. 기후변화에 가장 취약한 나라는 농업에 대한 의존성이 높은 개도국이기 때문에 앞으로 예상되는 기후변화 피해도 개도국에 집중될 가능성이 높다.

국가 내에서는 에너지소비량이 많은 고소득 계층보다 빈곤층과 노인, 어린이, 여성 등 사회적으로나 경제적으로 취약한 계층에게 기후변화의 피해가 집중될 수 있다. 이들은 대부분 기후변화에 취약한 지역에 살고 있을 뿐만 아니라 태풍, 폭우, 폭설, 해일 등의 기후변화 피해에 대응할 수 있는 능력도 부족하다. 기후변화가 초래할 수 있는 전염병, 폭염(열대야) 등 환경보건 문제 그리고 에너지 문제, 식량 문제 등 사회경제적 변화에 대한 대응에 있어서도 이들은 상대적으로 취약할 수밖에 없다.

기후변화 문제의 윤리성

마지막으로 기후변화 문제는 여타 환경 문제와 마찬가지로 매우 강력한 윤리적인 특성을 지니고 있다. 앞에서 언급한 기후변화를 야기하는 자와 그 변화에 따른 피해자가 서로 다르다는 점에서 윤리성은 더욱 부각된다. 기후변화 문제의 윤리성은 환경정의론적인 관점Environment justice에서 3가지 차원을 살펴볼 수 있다. 즉 국가 간의 환경정의 문제, 국가 내 계층 간의 환경정의 문제, 그리고 세대 간의 환경정의 문제다.

기후변화에 역사적 책임이 큰 선진국과 역사적 책임이 상대적으로 덜한 개도국 간의 윤리적인 문제는 익히 알려져 있다. 윤리성의 관점에서 볼 때 심각한 것은 기후변화에 따른 피해가 차별적으로 발생한다는 점이다. 기후변화를 유발한 책임은 대량소비의 주체인 선진국과 부유층에게 있다고 할 것이다. 그러나 그 피해는 개도국과 빈민층에 집중되는 경향이 있다. 뿐만 아니라 기후변화의 원인은 현재 세대가 제공하고 있지만 기후변화에 따른 피해는 미래 세대, 특히 미래의 개도국 빈곤층이 보다 심하게 겪을 가능성이 높다. 이렇듯 기후변화 문제는 다차원적인 윤리성 문제를 지니고 있어 기후정의론Climate justice을 정립할 필요가 있다.[35]

대응을 위한 접근 방향

예방적인 접근

앞서 언급한 것처럼, 기후변화의 현상과 정책에는 높은 불확실성이 존재한다. 그리고 일단 기후변화가 심각하게 발생하였을 때 원래대로 되돌릴 수 없는 불가역성도 함께 지니고 있다. 어떤 원인에 의해서든지 일단 기후가 크게 변하면 인위적으로 그것을 원래 상태로 되돌릴 수가 없다. 기후변화에 대한 확실하고 과학적인 근거가 부족하다고 행동을 유보할 경우 돌이킬 수 없는 상황을 야기할 수 있다는 의미다.

그래서 기후변화 문제를 대할 때에는 그것이 발생하지 않도록 하는 '예방적인 접근'이 무엇보다 중요하다. 기후변화협약은 기후변화 문제에 대응하는 원칙으로 사전예방 원칙Precautionary principle을 제안하고 있다. '후회보다는 안전한 관리Better safe than sorry'를 하자는 것이다.

사전예방 원칙은 잠재적인 환경위험이 심각하다고 판단될 때 비록 과학적인 확실성이 부족하더라도 즉각 대응 행동을 취해야 한다는 것을 말한다. 불확실하지만 일단 발생할 경우 그 피해가 워낙 대규모일 가능성이 크기 때문에 미리 대비하는 것이 경제적이고 효과적인 경우에 적용되어야 한다.

융합적인 접근

정책적인 측면이든 과학적인 측면이든 기후변화 문제는 매우 복잡하고 논쟁의 여지가 많다. 지구상의 삶은 에너지에서 출발한다. 좀 더 구체적으로 말하자면 태양에너지로부터 시작되는 화학작용에서 시작한다고 할 것이다. 그런데 에너지 생산과 이용은 자연과학적인 관점이 복합적으로 작용하는 매우 중요한 사회적 작용이다. 물리화학적인 현상인 지구상의 에너지 흐름은 인간사회의 정치 · 경제적인 특성과 변수에 의해 그 규모와 내용이 크게 좌우되기 때문이다.

그러므로 기후변화 문제에 잘 대응하기 위해서는 물리학, 화학, 생물학, 지질학, 지리학, 자연공학 등의 자연과학적인 분석과 인구학, 정치학, 사회학, 심리학, 윤리학, 경제학 등 사회과학적인 분석을 아우르는 융합적인 접근 방법이 필요하다. 각종 기후변화 관련 자료, 예를 들어 장기적인 천체 활동 주기 변화, 해류 흐름의 변화, 신-재생에너지 기술개발의 속도, 온실가스에 대한 지구 생태계와 해양의 흡수 능력 변화, 열대우림의 상실지역, 태양 발열량의 변화, 온난화에 따른 지구 대기의 활동 변화 등 다양한 변수를 정확하게 이해하고 측정하려는 노력이 요구된다.

국내와 국제 정책의 조화

지구의 기후 조율 체계는 지구공공재Global public goods라고 할 수 있다. 그런데 이 같은 지구공공재를 훼손하고 파괴하는 책임은 국가, 집단, 계층 등에 따라 다르다. 무엇보다도 그동안 화석연료를 여유 있게 쓰면서 경제성장을 이룬 선진국 그리고 산업사회의 물질적인 풍요를 누렸던 부유계층의 책임이 크다. 하지만 우리 모두의 생존기반인 지구공공재 보전을 위한 노력에는 지구인 모두의 동참이 필요하다. 그래서 오염 원인자의 책임을 강하게 묻되 모두가 함께 노력하자는 '차별화된 공동책임 원칙Common but differentiated responsibilities'이 등장했다.

기후변화 문제는 인류 문명의 지속성 여부가 걸린 인류 공동의 문제이면서도 개별국가의 경제발전이 걸린 문제이기도 하다. 개별 국가의 입장에서는 무임승차하고자 하는 동기가 강하게 작용할 수 있다. 하지만 기후변화 대응 정책은 개별 국가의 구체적인 실천 없이는 성과를 달성할 수 없다. 그래서 국제 사회의 선택, 특정한 제도나 절차 요구, 특정 기구의 설립 등으로 '함께 행동하자'는 협상을 하게 된다. 즉 국제적인 정책과 제도에 대한 합의와 이것을 개별 국가 차원에서 구현하고자 하는 노력이 잘 조화되고 결합될 수 있는 방향을 찾아야 한다는 것이다.

온난화에 대응하기 위한 4가지 방안

우리가 기후변화 문제에 현명하게 대응하기 위해서 취할 수 있는 방안에는 무엇이 있을까? 가장 중요한 것은 지금의 기후변화 현상과 그 영향 그리고 대응 방안들에 대해 보다 정확한 정보를 모으고 분석하는 것이다. 보다 정확한 지구 기후 조율 체계 분석, 기후변화 관련 정보의 수집과 분석, 기후변화 예측 모델과 대응 정책 등으로 기후변화 현상을 정확하게 알고 행동하는 것이다. 그런데 불확실성과 비가역성이 높고 그 영향이 광범위한 기후변화 문제를 완벽하게 파악하여 행동에 옮기는 것은 극히 어렵다.[36]

그래서 비록 정보는 조금 부족하더라도 실천을 미루어서는 안 된다는 주장이 강한 설득력과 실질적인 당위성을 가진다. 이러한 관점에서 인간 활동에 의한 기후변화로부터 지구를 구하고자 다양한 의견들이 제시되고 있다. 지구온난화의 진행을 막기 위해서는 지구 기후 조율 체계에 대한 이해를 바탕으로 온난화를 초래하는 요인을 제거하고 치유해야 한다. 여기에는 크게 다음의 네 가지 방향에서 대안이 제시되고 있다.

첫째, 기후 조율 체계에 직접적으로 개입하는 공학적인 방법이다. 지구 공학적인 기법으로 온실 효과와 영향을 줄이는 방법이 여기에 해당한다. 대표적인 방법이 태양에너지의 유입을 차단하는 방안이다. 태양으로부터 유입되는 에너지의 양이 줄어들면 이산화탄소 농도가 높아져도 지구온난화의 진행은 약화될 것이기 때문이다.

둘째, 대기 중에 배출되는 온실가스를 직접 줄이는 것이다. 이산화탄소를 줄이기 위해서 화석연료 이용 시 발생하는 이산화탄소를 포집하여 저장하는 것이다. 이산화탄소를 포집하여 저장하는 기술은 이산화탄소를 대규모로 감축하는 수단이어서 전 세계적으로 주목을 받고 있고 우리나라도 포집기술 측면에서는 상당한 수준에 있다. 이산화탄소 이외의 온실가스도 이러한 방법으로 배출을 저감할 수 있을 것이다.

셋째, 탄소를 흡수해주는 지구 환경 능력을 활용하는 방안이다. 바다 생물들과 산림은 광합성을 통하여 이산화탄소를 흡수하여 저장해준다. 이들 생물의 활동을 촉진시켜서 대기 중 이산화탄소를 대량 제거하는 방법이다.

넷째, 경제활동에 따른 이산화탄소 배출을 줄이는 방법이다. 에너지원 그 자체를 바꾸거나 에너지를 적게 쓰는 방안이 있을 수 있다. 이 방법이 현재 기후변화 대응 정책의 근간이 되고 있다.

기후변화 적응의 중요성

기후변화는 실제 상황이다. 우리는 현재 일어나고 있는 기후변화에 따른 피해를 최소화하고, 앞으로 발생할 수 있는 기후변화에 탄력성 있게 대응하여야 한다. 수억 년의 지구 생물 진화의 역사를 보면 끊임없이 변화하는 기후와 환경에 잘 적응하는 생물종만이 살아남고 종차원의 번영을 유지할 수 있었다. 인류 문명도 결국 끊임없이 변해가는 지구의 기후와 환경에 적응하기 위한 노력과 함께 발전되어 왔다고 할 수 있다.

더욱이 우리가 당장 대기 중에 배출되는 이산화탄소의 양을 감축한다 하더라도 지구온난화 현상은 당분간 계속될 것이다. 이는 이산화탄소가 매우 안정적인 분자구조를 가지고 있어 과거 및 현재 생성된 이산화탄소가 앞으로 오랜 기간 동안 대기 중에 남아 온난화 효과를 나타낼 것이기 때문이다. 그러므로 기후변화가 초래할 많은 문제들을 예측하고 여기에 적응할 수 있도록 우리 미래를 만들어가는 것이 매우 중요하다.

적응Adaptation이란 실재하는 또는 예상되는 기후변화와 그 영향에 대응하여 생태적 · 사회적 · 경제적 체제를 조정하는 것을 말한다.[37] 기후변화와 관련된 잠재적인 피해를 완화하기 위하여 또는 이와 관련된 기회로부터 이득을 얻기 위하여 과정 · 관행 · 구조에 변화를 주는 것을 뜻하는 것이다.

적응 정책은 기후 변동 폭이 커지게 되면 결국 임계치를 넘는 재난 상황이 발생하게 되므로 그 피해를 최소화하기 위한 기반을 미리 마련하는 것을 의미한다. 적응 정책의 핵심은 현재 기후변화 취약성뿐만 아니라 장래 발생할지도 모르는 중장기적 시각에서의 불확실성을 최소화하는 것이다.

개별 국가의 관점에서 볼 때는 범지구적 효과를 갖는 기후변화 완화 정책보다 지역 특화적 대책이 되는 적응 정책을 더 선호할 수 있다. 국제 사회가 온실가스 감축 협상의 타결에 성공하지 못하거나 타결에 성공했더라도 그 감축량이 충분하지 못할 경우, 그리고 타결되었더라도 그 집행이 효과적으로 이루어지지 못할 경우, 개별 국가가 기후변화에 따른 피해를 직접 받게 되므로 이를 사전에 예방한다는 차원에서 적응 정책이 우선 추진되어야 하는 것이다. 또한 합리적으로 적응 정책을 수립하여 시행한다면 기후변화 효과의 불확실성을 상대적으로 줄일 수 있기 때문에 매몰비용Sunk costs이 감축 정책을 강화할 때보다 적게 발생할 수 있다.

기후변화와 안보 문제, 무엇이 중요한가?

에너지 안보

에너지는 인간의 생존에 필수적인 냉·난방, 조명, 취사, 이동 등이 가능하도록 열, 빛, 동력을 제공하며 동시에 각종 원자재 및 중간재를 최종 소비재로 변환시켜주는 기능을 하는 서비스를 말한다.[38] 에너지를 확보하는 것은 국민의 삶의 질을 향상시킬 뿐만 아니라 지속적인 국가의 경제활동과도 밀접한 관련이 있다. 경제활동을 영위하기 위한 필수재인 에너지를 공급 중단 없이 적정한 가격으로 이용할 수 있는 능력을 에너지 안보라고 한다.[39]

국내 연간 에너지 소비량은 세계에서 10위 안에 들어갈 정도로 많지만,[40] 국내에 공급되는 에너지 중에서 국내 생산 비중보다 외국으로부터 수입되는 비중이 높아 에너지 공급 차질과 에너지 가격 변동에 대비할 수 있는 정책 수단을 마련하는 것은 정부의 주요 정책 과제

중 하나이다.

에너지 안보에 대한 중요성은 1970년대의 석유 위기 시기에 부각되기 시작했는데, 전통적인 에너지 안보는 석유 비축이나 에너지 자국 생산 비율 향상을 의미한다. 이후 환경에 대한 관심이 증가하면서 동일한 부가가치를 생산하기 위하여 더 적은 에너지를 사용하는 에너지 효율 향상도 에너지 안보의 한 요인으로 검토하고 있다.

최근 정보화가 진행되면서 생산도구의 동력원이 전기에너지에 의존하는 바가 커지자 전력 계통의 신뢰도도 에너지 안보 차원으로 보고 있다. 에너지 안보와 관련된 국내 지표의 변화 추세와 현황을 살펴보는 것은 국내 에너지 수급 시스템의 취약점을 발견하여 에너지 가격의 급등이나 공급 차단과 같은 문제가 발생하더라도 그 경제적 충격을 완화할 수 있게 하는 정책 수단을 발굴하는 데 도움이 될 수 있다.

에너지 안보의 개념과 관련법

다양한 기관에서 에너지 안보에 대한 정의를 내린 바 있다. 미국 에너지 정보청EIA은 에너지 안보Energy security를 '적정 가격으로 중단 없이 에너지를 이용할 수 있는 가용성The uninterrupted availability of energy sources at an affordable price'으로 정의했다.[41] 에너지 안보는 장기적으로 경제개발과 지속가능한 발전이 조화될 수 있는 공급 체계를 구축하기 위한 투자이고, 단기적으로는 갑작스러운 수급 불균형에 대응할 수 있는 능력이라고 할 수 있다.

세계에너지협의회World Energy Council가 2017년에 발간한 「World

Energy Trilemma Index」에서는 에너지 안보를 '국·내외로부터 1차 에너지 공급의 효과적인 관리, 에너지 기반 신뢰성, 그리고 현재 및 미래의 에너지 수요를 충족시킬 수 있는 능력'이라고 정의하고 있다.[42] 국제에너지기구IEA가 진행한 유럽의 사례 연구에서 전력시스템 안보Electricity security로 정한 요소는 ① 연료 공급에 대한 안보, ② 발전 설비의 적정성, ③ 상황 인식 및 복구 능력과 같은 시스템 운용이다.[43]

이러한 정의에도 불구하고 에너지 안보의 수준을 평가할 구체적인 지표가 확고하게 정립되어 있지는 않다. 에너지 안보를 세분화하여 각국의 에너지 안보 수준을 평가한 대표적인 사례가 미국 상공회의소의 에너지 다소비국에 대한 에너지 안보 수준의 평가인데, 이 평가는 ① 세계 연료 상황(세항 6개), ② 연료 수입(세항 5개), ③ 에너지 지출(세항 3개), ④ 가격 및 시장변동성(세항 4개), ⑤ 에너지 단위(세항 3개), ⑥ 전력 부문 관련(세항 2개), ⑦ 수송 부문(세항2개), ⑧ 환경(세항 2개) 등 8개 부문 29개 세항으로 구성되어 있다.

에너지 안보 관련 국내 법률

에너지 안보에 대한 국내 법률은 「저탄소 녹색성장 기본법」 등이 있다. 동법 제39조 '에너지 정책 등의 기본원칙' 제6호에서 에너지 안보의 실행방안으로 국외 에너지자원 확보, 에너지의 수입 다변화, 에너지 비축을 명시했다.

동법은 에너지 안보에 대한 일부 실현 수단에 대해서는 기술하고 있으나 '에너지 안보'의 구체적인 개념을 정의하고 있지는 않다. 「저탄소 녹색성장 기본법」 제39조에서 에너지 안보의 실행방안으로 제시한 국외 에너지자원 확보는 「해외자원개발사업법」에, 석유비축은 「석유 및 석유대체연료 사업법」과 「한국석유공사법」에, 석탄비축은 「석탄산업법」에, 천연가스비축은 「도시가스 사업법」에 각각 규정하고 있다.

「저탄소 녹색성장 기본법」 제41조 제3항은 '에너지기본계획'에 포함되어야 할 사항을 규정하고 있는데, 이 중 에너지 안보와 직접적인 관련이 있는 내용은 제2호의 에너지의 안정적 확보, 도입 · 공급 및 관리를 위한 대책에 관한 사항, 제3호의 에너지 수요 목표, 에너지원 구성, 에너지 절약 및 에너지 이용 효율 향상에 관한 사항, 제5호의 에너지 안전관리를 위한 대책에 관한 사항, 제6호의 부존 에너지자원 개발 및 이용에 관한 사항이 있다.

최근 에너지 안보의 중요한 요소로 평가받고 있는 전력시스템의 신뢰도는 「전기사업법」 제27조의 2에 규정되어 있다. 「전기사업법」 제27조의 2에 따른 「전력계통 신뢰도 및 전기품질 유지기준(산업통상자원부 고시 제2018-104호)」 제2조 제2호에서는 신뢰도를 '전력 계통을 구성하는 제반 설비 및 운영 체계 등이 주어진 조건에서 의도된 기능을 적정하게 수행할 수 있는 정도'로, '정상 상태 또는 정상 고장 발생 시 소비자가 필요로 하는 전력 수요를 공급해줄 수 있는 적정성과 예기치 못한 비정상 고장 시 계통이 붕괴되지 않고 견디어낼 수 있는 안정성'으로 정의하고 있다.

에너지 안보 관련 지표 현황

에너지 안보 수준을 판단할 수 있는 대표적 지표는 1차 에너지 공급량, 최종 에너지 소비량, 에너지 전환율, 에너지 수입액, 에너지 수입 의존도, 석유 의존도 등이다.

먼저, 1차 에너지 공급 및 최종 에너지 소비에 대하여 먼저 살펴보자. 석탄, 석유, 천연가스가 가진 열량을 전기와 열로 전환하는 과정에서 에너지 손실이 발생하는데(이를 엔트로피[entropy]라고 한다), 순수하게 최종 에너지로 전환되는 에너지 전환율은 2000년 77.7%에서 2010년에는 74.2%까지 하락했다가 2017년에는 77.2%로 반등했다.

에너지 전환율이 100%가 되지 않는 이유는 석탄 및 석유 제품을 직접 이용하지 않고 전환에너지인 전기 및 열을 소비하면서 손실되는 에너지가 발생하기 때문이다. 고유가 시기였던 2010년 전후 기간 동안 에너지 전환율이 2000년 초반 또는 2017년보다 낮은 74.2%에서 75% 수준을 보인 것은 당시의 1차 에너지 가격이 높아 1차 에너지를 직접 사용하지 않고 상대적으로 가격이 낮은 전기와 같은 전환에너지를 소비한 결과이다.

2017년의 국내 에너지 수입액은 1095억 달러로 추정되며 동년의 에너지 수입 의존도(1차 에너지 소비에서 수입 에너지가 차지하는 비중)는 94% 이상으로, 우리나라는 대외 의존도가 매우 높은 국가이다. 이는 국내 에너지 자립 및 확보의 중요성이 다른 국가보다도 높다는 것을 의미한다.

다만 전체 1차 에너지 공급량 중 석유(비에너지 포함) 공급 비중을 의미하는 석유 의존도는 지속적으로 완화되고 있어 2000년에 52%이던 것이 2017년에는 40% 이하 수준으로 하락했다. 동력원으로 사용되는 에너지 및 LPG의 공급 비중은 2000년 35.5%에서 2017년 19.4%로 약 16.1%p 감소했으며, 사용량도 6839만 TOETonnage of oil equivalent(석유환산톤. 에너지의 양을 나타내는 단위)에서 5841만 TOE로 공급량 자체가 감소했다. 특히 신-재생에너지는 2000년에 1차 에너지 공급량 중에서 1.2%를 점유했으나 2017년에는 5.0%로 점유율이 상승하였다.

다음으로, 에너지 수입 비중에 대하여 살펴보자. 에너지 수입액이 전체 수입액에서 차지하는 비중은 한 국가의 무역 구조가 에너지 수입이라는 외부 요인에 의해 얼마나 좌우될 수 있는가를 보여준다.

우리는 석유, 석유제품, 천연가스, 석탄의 순으로 수입액 비중이 높다. 원유와 천연가스 가격은 상호 연동되어 있어서 원유 가격이 변화하면 이에 후행하여 천연가스 가격에 원유 가격 변동분이 반영된다. 반면에 석탄 가격은 원유 가격과 연동되어 있지 않으며, 원유 및 천연가스 가격이 상승하더라도 일정 부분 석탄을 사용하면 에너지 수입액 상승을 억제할 수 있다.

2000년의 에너지원 수입액을 100으로 했을 때 전체 에너지 수입액은 2017년 300 이상으로 증가하였으며 석탄류 수입액은 6배 이상 증가하여 가장 높은 증가율을 보이고 있고, 천연가스 수입액도 2000년에 비해 2017년에는 4배 가까운 규모로 증가하였다.

한 국가의 경제 구조와 에너지 사용의 효율을 살펴보고자 할 때에는 에너지원 단위Energy intensity 지표를 사용한다. 에너지원 단위는 1차 에너지 공급량을 총부가가치GDP로 나눈 값을 말하며, 이는 특정 시점에 GDP를 산출하기 위하여 투입된 에너지의 양을 의미한다. 에너지원 단위가 낮을수록 보다 적은 에너지로 보다 많은 부가가치를 산출한다는 것을 의미하고, 산업화된 국가 중에서도 철강 및 자동차와 같은 에너지 다소비 산업의 비중이 큰 국가일수록 에너지원 단위가 높다. 에너지 탄성치는 국내총생산의 증가분에 대한 1차 에너지 소비량 증가분의 비율을 의미한다. 탄성치가 클수록 부가가치 증가에 따라 에너지 소비가 상대적으로 크게 증가하는 것을 의미한다.

다음의 〈표 6〉에서 보는 바와 같이 2000년 이후 에너지원 단위(TOE/100만 원)가 지속적으로 개선되고 있다. 2000년에는 0.235였던 것이 2010년에는 0.209로 개선되었으며 2014년에 0.2 이하로 개선되어 2017년 약 0.194를 기록했다. 이는 GDP 100만 원을 생산하기 위

| 표 6 | **에너지원 단위와 에너지 탄성치**

연도	에너지원 단위(TOE/100만 원)	에너지탄성치 △TPES/△GDP
2000	0.235	0.715
2005	0.221	0.97
2010	0.209	1.298
2013	0.203	0.200
2014	0.198	0.286
2015	0.196	0.582
2016	0.195	0.833
2017(잠정)	0.194	0.704

* 출처: 에너지경제연구원, 『에너지통계월보』
* GDP는 2010년 기준

| 표 7 | **전력 시스템 열효율**

연도	발전단 열효율	송전단 열효율	차이
2000	39.45	37.64	1.87%p
2005	40.70	38.98	1.72%p
2010	40.83	39.14	1.69%p
2013	39.55	37.94	1.61%p
2014	41.25	39.50	1.75%p
2015	40.92	38.62	2.30%p
2016	39.79	37.92	1.87%p
2017	39.82	37.90	1.92%p

*출처 : 한국전력공사, 『한국전력통계(2017년)』

하여 2000년에는 0.235TOE의 에너지가 소비되었으나 2017년에는 0.194TOE의 에너지가 소비된 것으로 17년 동안에 동일한 GDP를 생산하기 위하여 매년 연평균 1.12%의 에너지원 단위 개선이 이루어졌다는 것을 의미한다.

한편, 위의 〈표 7〉에서 보는 바와 같이 전력에서의 에너지 전환 효율을 나타내는 발전단 열효율이 2000년 이후 개선되지 못하고 40% 내외에서 정체되어 있다. 열효율이란 연료가 가지고 있는 열량 중 전력으로 전환되는 비율을 의미하는데, 열효율이 40% 내외라는 것은 100kcal의 열량을 투입하면 이 중에서 약 40kcal가 전기로 전환된다는 것을 의미한다. 열효율이 높을수록 같은 양의 전력을 생산할 때 더 적은 연료 사용이 가능한데, 2000년 이후 약 40% 내외에서 열효율이 정체되어 있는 것이다.

발전단 열효율은 투입 열량 대비 발전소 내 소비전력량(발전소 내부의 기기 등을 동작시키기 위하여 사용되는 전력량)을 포함한 전력량의 열효율을 의미하고(투입 열량 대비 발전소 내 소비전력량을 포함한 전력량의 열효율을 의미), 송전단 열효율은 투입 열량 대비 발전소 내 소비전력량을 제외한 전력량의 열효율을 의미하는데, 발전단 열효율과 송전단 열효율 차이가 2013년에 1.61%p로 최소치를 나타낸 후 이후에 이보다 높은 값을 기록해 발전단과 송전단 열효율 격차가 개선되지 않고 있다.

2015년의 발전단 열효율과 송전단 열효율 차이는 2.3%p였으며, 1.87%p(2016년) 및 1.92%p(2017년)의 차이를 보이고 있다. 2013년 이후 발전단 열효율과 송전단 열효율의 차이가 증가한 것은 발전 설비를 효율적으로 사용하고 있지 못하고 발전소에서 낭비되는 전력량이 증가하고 있음을 의미한다.

그럼 이제 '비축 및 설비 여유'의 관점에서 살펴보자. 석유 비축은 고전적 의미에서 에너지 안보의 핵심적 전략이다. 2017년의 석유 비축량은 9600만 배럴로 역대 최고치를 기록하고 있으며 비축 일수로는 2015년에 137일분이 최고 기록이다.[44]

한편, 2017년 10월 감사원은 '주요 원자재 비축 관리 실태' 감사 결과 보고서에서 석유 비축량 산정을 위하여 사용되는 기준으로 국제에너지기구IEA가 사용하는 '일 소비량'을 기준으로 적용하지 않고 원유에는 '1차 수입량'을, 석유제품에는 '일 소비량'을 적용했다. 뿐만 아니라 전망치 산정에 사용되는 소비량에 국내 소비가 아닌 국제 벙커링

| 표 8 | **전력 시스템 열효율**

구분		2013	2014	2015	2016
원유	대한민국	–	1,569	1,524	1,539
LNG	대한민국	–	1,793	1,793	1,936
코킹용 석탄	대한민국	3,292	3,194	4,472	4,123
연료용 유연탄	대한민국	2,852	2,909	3,117	2,781

*출처 : IEA, Oil Information 2017, 2018 / IEA, Natural Gas Information 2017, 2018, / IEA, Coal Information 2017, 2018

(2019년 4월 현재 건설 중인 울산비축기지)의 소비량과 비에너지유인 납사의 소비량을 포함시켜 석유 비축 수요를 과대하게 전망하고 실제 과다 비축했다고 지적하였다.[45]

연료 수입의 다변화 정도는 어떤 상황일까. 에너지의 공급 중단 등 물량 충격의 위험도를 평가하는 데에는 주로 연료 수입의 다변화 정도의 척도인 HHI Herfindahl-Hirschman Index 지수를 사용했다. 위의 〈표 8〉에서 보는 바와 같이 LNG 수입의 다변화 정도는 2000년도에 비해 개선되고 있다. 다만, 코킹용 석탄Coking Coal의 수입선 다변화 정도는 개선되고 있지 못하고 있는데, 이는 코킹용 석탄이 지역적으로 다양하게 분포되어 있지 않기 때문에 수입 다변화가 연료용 석탄보다 어려운 것으로 보인다. LNG의 수입선 다변화 정도는 일본에 비해 낮은 수준이다.[46]

시사점 및 개선과제

에너지 안보 능력을 강화하기 위한 에너지 수급 체계를 균형 있게 유지 · 관리하는 것은 정부의 중요 정책 중 하나이므로 에너지 위기 대응 매뉴얼에 대한 점검이 필요하다. 에너지는 식량 및 물과 더불어 인간 생존에 필수적 요소이며 적정한 가격으로 에너지를 공급하는 것은 수출 주도 경제 구조에서 상품 가격 경쟁력을 유지하는 데 일조한다. 에너지 공급의 해외 의존도가 높은 국내 여건상 국제 에너지 시장의 공급선 변화 또는 가격 인상이 국내 경제에 미치는 영향이 크므로 정부는 국제 에너지 시장의 동향을 지속적으로 예의주시하여 가격 급등이나 에너지 공급 중단 사태 등의 위험 발생 시 이의 충격을 최소화할 수 있는 대응 매뉴얼을 점검할 필요가 있다.

에너지 안보와 관련된 여러 지표들의 추세를 살펴보면 에너지원의 다양성, 수입선 다변화, 그리고 에너지원 단위는 지속적으로 개선되어 가고 있지만, LNG 수입국의 다변화 전략과 에너지 탄성치의 개선이 요구된다. 1차 에너지 소비 시 다양한 연료가 이용되면서 에너지원의 이용 편중 현상이 개선되고, 원유의 수입선 다변화 정도도 2000년 이후 지속적으로 개선되고 있지만, LNG의 주 수입원은 중동 지역이므로 LNG 장기계약 만료 시 다변화 노력이 요구된다.

에너지원 단위도 개선되어 에너지 이용 효율이 향상되고 있으나 2015년 이후 부가가치 증가에 필요한 에너지의 증가분을 나타내는 에너지 탄성치는 다시 높아지고 있어 이에 대한 요인 분석이 필요하다. 에너지 안보와 관련된 지표에서 전력, 석유 비축, 에너지원 구성의 다양성과 관련하여 다음과 같은 개선 과제를 도출할 수 있다.

첫째, 전력 및 천연가스와 같은 네트워크 에너지는 저장할 수 없다는 특징(액화천연가스인 LNG의 저장은 임시적인 저장으로 천연가스의 물리적 생성 원리는 석유와 유사하지만 경제적 성격은 전력과 유사하다)이 있어 네트워크 에너지의 효율적 관리가 중요해졌다. 국내 발전원의 다양성은 증가되고 있지만, 복합화력 발전기 등 효율이 높은 발전기가 최근 건설 · 가동되고 있음에도 불구하고 열효율 향상이 이루어지고 있지 않아 이에 대한 원인을 찾아야 한다. 1차 에너지의 해외 의존도가 높은 상황에서 열효율이 향상된다면 절약되는 에너지의 양만큼 수입을 줄일 수 있을 뿐만 아니라 발전 설비 및 천연가스 저장 설비에 대한 투자도 줄일 수 있다. 국내의 천연가스 기화 생산 능력은 여유가 있는 것으로 보이나 동절기의 난방 및 발전용으로 사용되는 급작스러운 수요 증가를 대비한 기화 생산 능력의 적정성을 검토해야 할 것이다.

둘째, 전통적으로 석유 비축은 에너지 안보의 중요한 정책 수단이므로 국제기준에 부합되는 기준으로 비축량을 재산정할 필요가 있다. 2017년 감사원이 지적한 원유 및 석유제품 비축에 대한 문제점을 시정하여 지정학적 위험과 경제성이 조화된 적정 원유 비축량을 재산정하고 합리적 비축 계획을 수립할 필요가 있다. 정부의 임의적이고 자의적인 비축량 산정을 미연에 방지하고 국가의 존망과 직결되는 에너지 안보를 확립하기 위하여 「석유 및 석유대체연료 사업법」에 비축 기준을 명시하는 방안을 마련할 필요가 있다.

셋째, 석유, 천연가스, 전력 등의 가격 변화에 시간 차가 발생하여 가격 인상의 충격을 일부 완화할 수 있으므로 석탄 · 석유 · 천연가스 등 에너지원에 대한 적절한 포트폴리오를 구성하여 외부 충격을 내부적으로 흡수할 수 있는 전략을 마련할 필요가 있다. 2010년대 고유가 시기의 경험에서와 같이 원유 가격이 인상되더라도 석탄 · 천연가스 · 전력 등으로 가격 충격을 일부 분산시킬 수 있다.

넷째, 제4차 산업혁명이라는 시대적 과제에 부응하기 위하여 전력망 운용의 신뢰도를 높일 필요가 있다. 제4차 산업혁명의 동력원은 전기이며 정전Blackout과 같은 사고[47]가 발생하지 않도록 관련 설비 및 기술에 대한 투자가 지속적으로 이루어져야 할 것이다. 적정한 공급 예비력의 확보뿐만 아니라 전력시스템을 감시하고 문제 발생 시 이에 대한 조치를 자동적으로 취할 수 있는 원격제어 시스템을 도입해야 할 것이다. 또한 산업구조의 변화와 에너지 이용 효율화, 전기를 기반으로 하는 정보통신산업의 성장, 제조업의 자동화 등을 대비한 에너지 수급 체계 등이 「저탄소 녹색성장 기본법」 제41조에 따른 국가에너지 기본계획에 충분히 반영되어야 할 것이다.

농업 생산기술의 안보

기후변화로 위협받고 있는 식량 위기를 극복하기 위해서는 농작 면적을 일정 규모 이상 지속적으로 확보해야 한다. 기후변화에 잘 적응하는 우수한 품종과 생산기술을 아무리 개발해도 이를 생산할 수 있는 농경지 면적이 확보되지 않는다면 국민들이 필요로 하는 신선하고 안전한 농산물을 안정적으로 공급할 수 없기 때문이다. 아울러 농경지를 효율적으로 활용해서 재해 위험도를 분산시키는 것도 필요하다.

농업 생산성은 기상환경, 토양환경 그리고 종자와 종묘의 우수성에 따라 결정된다. 유엔은 중국에 대해 경작지 감소와 농업 인구 감소, 지나친 비료 사용, 사막화가 초래한 토질 악화로 인한 식량 부족을 경고한 바 있다. 2014년 식량자급률이 24%대에 불과한 우리도 깊이 새겨야 할 내용이다. 농산물을 안정적으로 생산하기 위해서는 먼저 농업지대별로 주기적인 농업 기상 정보를 웹서비스하고 이를 시기별 작물생육 정보와 연계하여 작황을 예측하는 체계를 강화해야 한다. 농촌진흥청은 2010년 3월부터 월 3회씩 전국 21개 농업지대별 온도, 강수량, 일조시간 등의 농업 기상 정보를 농업 정책, 농업 연구, 농촌 지도, 농업 행정 분야 전문가에게 제공하고 있다. 이 정보는 기상청의 기상예보 자료와 연계하여 농산물 생산량 전망의 정확도 향상에 기여하고 있다.

이상 저온에 의한 피해를 최소화하려면 안전 한계 재배지 이하에서 농작물을 재배하여 서리 및 한파 내습에 대비해야 한다. 또한 보온 커튼을 이용한 하우스 보온과 난방에너지 효율 향상에도 주의해야 한다. 또한 이상 고온이 내습하면 지열 등을 이용한 냉난방 에너지 절감에 노력해야 하며, 고온기 가축의 번식률과 증체율 개선을 위해서는 환풍시설, 빗물 등을 활용한 축사 냉각시설 등 가축 사양설비의 개선도 필요하다.

일조 부족에 대응하기 위해서는 농가보급형 인공조명 장치의 개발과 보급이 필요하다. LED를 이용한 인공 조명장치의 작물 생육 촉진 효과가 농가에 보급되기 위해서는 조명 장치의 경제성 확보가 시급한 과제이다.

가뭄 대비 측면에서는 지금까지 지하관정을 이용하여 농업용수를 확보해왔으나, 지하수 고갈로 인한 폐쇄공이 증가하고 있고, 지하수 양정 깊이도 깊어지고 있는 만큼 더 이상의 지하관정사업의 확장보다는 정화된 생활하수와 같은 대체 용수를 확보하는 것이 필요하다. 또한 시설 구조물을 이용하여 집수된 빗물을 용수로 사용하는 기반 구축과 더불어 산간지 빗물을 이용한 경사지 밭 용수 자급 체계 구축, 논과 같은 오목형 녹색 국토를 이용한 지하수를 보충하는 기술의 개발과 정책적 지원이 필요하다.

농업은 날짜와 기후변화에 그대로 노출되어 생산량이 변동되는 산업이기에 농산물 생산자나 농산물 소비자 모두 기후변화에 취약한 경제구조를 갖고 있다. 기후변화를 일으키는 온실가스의 발생을 최소화하면서도 인간의 생존에 필수적인 농산물을 안정적으로 확보하기 위해서는 우리 스스로 노력을 재점검하는 자세가 필요하다. 기후변화라는 불확실한 미래를 대비하는 길은 과학의 발전과 개발된 기술의 상용화에 달려 있다. 농업기술을 개발하고 이를 산업화와 연계시켜나가는 우리의 대응 자세에 따라 기후변화의 위기 요소를 최소화하는 한편, 기후변화의 기회 요소는 한층 강하게 활용할 수 있는 것이다.

기후변화 시대 농업의 경제력을 향상시키기 위해서는 농산물의 생산성을 향상시키는 기술에 머물기보다는 1차 산업인 농산물 생산, 2차 산업인 농산물 가공, 3차 산업인 향토 자원을 이용한 체험 프로그램, 농산물 유통, 판매 등 서비스업이 어우러지는 6차 산업의 활성화가 필요하다. 또한 기후변화 시대에 국민들에게 저탄소 농축산물을 안정적으로 생산하고 공급하기 위해서는 관련된 전방산업과 후방산업의 발전이 수반되어야 할 것이다.

생물 다양성 보존

생물종의 지역적 멸종률은 산림벌채의 비율과 같은 속도로 진행된다. 일단 고립되고 나면 숲 분할 지역은 규모와 상관없이 아주 높은 비율로 생물종을 잃어버린다. 현재와 같은 산림벌채가 지속된다면 머지않아 지구는 대량 멸종의 시대로 접어들게 될 것이다. 그러므로 생물 다양성 보전을 위해서는 산림 파괴를 방지하는 것이 급선무다. 특히 생물종 다양성이 높은 열대우림의 보전이 중요하다. 산림이 전용되는 것을 막고 산림파괴로 인한 이산화탄소 배출을 줄이면서 생물종 다양성을 보전해야 한다.

황폐화된 지역과 방목장도 다시 녹화해야 한다. 또한 나무를 심고 가꾸는 노력을 배가해야 한다. 나무를 심고 숲을 가꾸며 보전림 지대를 형성하여 관리하는 것이다. 최근 연구에 의하면, 보호구역이나 어획금지구역에서는 어종이 23%까지 늘어났으며 부근 해역의 어획량은 4배나 증가했다고 한다. 적극적으로 생물종 보전 노력을 기울이면 생물 다양성을 보전하고 지원생산성도 높일 수 있을 것이라는 희망적인 메시지인 셈이다.

그러므로 생물 다양성과 생태계가 복원력을 가지도록 관심을 가져야 한다. 개별 종들이 살아갈 수 있는 환경조건을 유지하기 위해 조각난 자연을 생태적인 관점에서 다시 연계시키도록 해야 한다. 온난화 진행에 따라 기존의 많은 보호구역에서 생물종이 떠날 가능성이 있다. 장차 생물종이 이주할 안전한 피난처가 필요하며 이를 위해서는 자연의 연계가 필요하다.

그러기 위해서는 생물 통로에 위치한 산림과 목초지를 재건해야 한다. 생물 다양성을 확보하기 위하여 붕괴한 자연서식지와 보호지역을 연결하고, 생물들이 적절한 지역의 먹이와 물에 접근할 수 있도록 생태 통로 조성사업을 해야 한다. 동서 연계보다는 남북 연계 및 고도에 따른 연계가 중요할 것이다.

그리고 생태계에 대한 다른 스트레스를 줄여 더워지는 지구에서 일어나는 변화가 확대되지 않도록 해야 한다. 예상되는 개별종의 구역 이동을 모델링하여 생태계의 적응 방안도 모색해야 한다. 생물종 멸종을 막기 위해서는 생물 서식지를 잘 보전하고 생물종을 체계적으로 보호하는 것이 중요하다.

특히 먹이사슬의 위쪽에 있는 포식자의 멸종을 막도록 하는 것이 중요하다. 멸종 위기에 처한 동물, 즉 침팬지, 오랑우탄, 해마, 상어, 바다거북, 판다, 캥거루, 치타, 곰, 고래, 코뿔소, 코끼리, 코알라, 북극곰, 사자, 표범, 야생마, 얼룩말, 호랑이 등의 보호 활동에 중점을 두어야 한다. 보호종인 대형동물의 자연서식지가 보전되면 여타 생물의 서식환경은 저절로 보전되기 때문이다. 생물종, 특히 대형 동물의 멸종을 막기 위하여 세계야생동물기금협회WWF는 야생 동물 입양 프로그램을 마련하여 운영하고 있다. 야생동물 입양 프로그램은 안정된 기후의 숲과 정글 지역을 보존하기 위한 구체적인 행동 방안의 하나가 될 수 있을 것이다.

기후난민 증가에 따른 안보

미래의 기후변화를 정확하게 예측할 수 있는 능력은 기후변화에 적응하기 위한 필수 전제조건이다. 기후변화 예측 기술은 두 가지 관점을 지니고 있다. 첫째는 기후변화가 무엇에 의해 생기는지, 그런 환경을 만드는 것이 무엇인지를 규명하는 것이다. 둘째는 관측과 추적을 통하여 미래에는 기후변화가 어떻게 진행될 것인지를 알아내는 기술이다. 기후 모델링 기술과 기후변화 원인규명 기술, 기후변화 관측 및 감시 기술, 기후변화 예측 기술 등으로 구분된다.

급격한 기후변화에 대응하기 위하여 국토를 기후와 환경 취약성에 따라 보전하고 이용하고 관리하는 것이 필요하다. 해수면 상승, 홍수로 인한 피해를 예방하기 위하여 얕은 바닷가와 강변을 매립하여 건물을 짓는 것을 삼가야 한다. 넓은 습지를 보전하여 갑작스런 홍수에 대비하는 방법도 있다. 우리 삶의 터전인 국토를 이용하는 방식이 크게 변해야 할 것이다.

기후변화로 일어날 수 있는 각종 자연재해 현상, 즉 집중호우, 침수, 강풍 등으로부터 안전성을 확보하기 위하여 강변이나 연안 지역의 완충지대 조성에 보다 적극적인 관심이 필요하다. 특히 연안도시의 경우에는 해수면 상승과 해일 발생에 따른 취약성을 정확하게 파악해서 도시 계획에 반영해야 한다. 온난화는 이상 고온, 열대야 등으로 건강에 영향을 줄 수 있다. 적절한 도시 녹지 조성과 바람길 고려 등의 중요성이 더욱 높아질 것이다.[48]

"유럽은 아프리카와 중동으로부터 밀려오는 기후난민 때문에, 아시아는 심각한 식량과 물 부족 위기 때문에 내부적으로 큰 혼란에 빠져 곳곳에서 분열과 갈등이 만연할 것이다"라는 분석도 있다.[49] 즉, 기후재앙으로 식량난, 식수난, 에너지난 등이 겹친 혼란이 지구 곳곳에서 일어날 것이라고 예측하고 이에 따른 강력한 '안보 태세'를 강조한 것이다.

물 · 수자원 안보

향후 기후변화로 가뭄이 심해질 것에 대비해서 물을 절약하고 재활용하는 기술이 많이 개발돼야 한다. 특히 수년간 계속되는 가뭄에 대비하기 위해서는 지하수를 충전하고 보전하는 것이 매우 중요하다. 저수지나 댐은 더운 날씨가 계속되면 증발해버리기 때문에 장

기간 계속되는 가뭄에는 크게 도움이 되지 않을 수도 있다.

여기에 중요한 기술로는 누수방지 및 저감 기술과 하수 제어용 기술이 있다. 누수방지 및 저감 기술은 노후화된 상수도 관망에서 발생할 수 있는 누수를 진단하고 원인을 찾아내 이를 보수하기 위한 설계 및 유지 관리를 하는 기술이다. 하수 재이용 기술은 하수 처리 및 수질 관리를 통하여 하수로부터 생활, 공업, 농업 용수 등으로 사용 가능한 수자원을 확보하는 것이다.

그래서 우리는 대체 수자원을 확보하는 기술을 개발해야 한다. 대체 수자원 기술로는 용수 절약, 하수 재이용, 빗물 이용, 해수 담수화, 해양 심층수 개발, 누수 방지 등이 있다. 해수 담수화 기술은 해수로부터 염도를 제거해 민물화하는 것으로 증발법, 역삼투법, 전기투석법 등이 있다. 빗물 이용기술은 도시지역 및 물 부족지역에서 건축물의 지붕, 도로 및 기타 물이 스며들지 않는 지표면에 내린 빗물을 모아 활용하는 것을 말한다. 지역에 따라서는 인공강우를 이용할 수 있다. 인공강우는 비 씨Cloud Seed를 뿌려 특정지역에 비를 내리게 하는 기술이다.

또한 대체 수자원을 개발하는 것만큼 지하수를 충전하고 보전하는 것도 매우 중요하다. 지하수는 충적층 지하수와 암반 지하수가 있다. 충적층 지하수는 하천 활동에 의해 자갈, 모래, 진흙 따위가 쌓여 이루어진 굳지 않는 퇴적층을 말한다. 암반 지하수는 충적층 지하수에 비해 지표수의 수량이나 수질 변화에 큰 영향을 받지 않는다. 그렇기 때문에 지하수 충전이나 유동 속도가 느려 일단 오염되면 원상회복이 어렵다.

건강 · 보건 환경의 안보

기후변화는 궁극적으로 인간 사회, 즉 사람에 대한 영향으로 나타난다. 그리고 사망, 질병 등 건강에 직접적인 영향을 미칠 수도 있다. 그러므로 기후변화에 따른 건강 영향을 평가하고 취약 요인이 무엇인지 파악하는 것은 이에 따른 적응 및 저감을 위한 정책적, 기술적 수단 개발에 주요한 관건이 된다.

기후변화에 따라 건강에 영향을 미칠 수 있는 요인은 사회적, 경제적, 환경적으로 매우 다양하다. 따라서 기후변화가 건강에 영향을 미치는 과정 그리고 각종 매개변수 간의 복잡한 인과관계에 대한 체계적인 연구를 통하여 기후변화와 건강 영향 평가 체계를 구축함과 동시에 적응 대책이 강구되어야 한다.

또한 기후변화 시대의 환경보건 관리에는 곤충과 미생물의 번성을 막는 노력이 필요하다. 특히 병원균을 매개하는 곤충의 번식을 막아야 한다. 이를 위해서는 주변 환경을 청결하게 하고 쓰레기 관리에 철저해야 하며 질병에 내성이 높아져야 한다. 그러므로 골고루 먹고 규칙적으로 운동하며 긍정적으로 생각하고 잠을 잘 자야 한다. 그런 사람이 건강해져 질병에 내성이 높아진다.

인류 역사를 보면 가축 전염병이 인간 전염병이 되어 막대한 인명 피해를 낳았던 사례가 많다. 페스트, 콜레라, 독감 등의 경우도 인간이 동물을 가축화하면서 동물 고유의 전염병이 인간 전염병으로 변형된 것이다. 기후변화 시대의 건강 보호를 위해서는 가축 사육 환경을 개선하여 가축의 전염병 발생을 사전에 예방하고 통제하는 것도 중요한 과제이다. 최근 문제가 되고 있는 사스, 조류독감, 구제역 등은 닭, 오리, 돼지, 소 등의 불결하고 조밀한 사육 환경과 관련성이 깊기 때문이다.

온실가스 감축을 위한 로드맵

지구온난화 및 기후변화의 주요 원인인 이산화탄소, 메탄, 이산화질소 등 온실가스는 경제활동에서 필수적으로 사용되는 석유, 석탄, 가스 등에서 주로 배출된다. 기후변화 대응을 위한 전 지구적인 노력은 UNFCCC 제21차 당사국총회를 통하여 신기후체제가 구축되면서 더욱 구체화되었다.

이 총회에서 채택된 파리협정은 당사국들이 제출한 기후변화의 대응 기여 방안INDCs에 기초하는데, 한국은 온실가스 배출량을 2030년까지 기준 전망치BAU, Business As Usual 대비 37%라는 목표를 정했다. 에너지의 97% 이상을 수입에 의존하고 있고 에너지 소비 산업의 비중이 상당히 높아 외부 충격에 취약한 한국의 경제와 에너지 수급 구조에서 이러한 감축 목표 이행을 위해서는 그동안의 온실가스 배출 증가세를 하락세로 전환하기 위한 각고의 노력이 필요한 실정이다.

한편 한국 정부는 온실가스 감축 목표 달성을 위하여 산업, 가정, 수송 등 주요 부문별 온실가스 배출량 할당과 각 부문별 온실가스 감축을 위한 정책 등을 포함하는 종합적인 대책을 수행할 예정이다. 이 작업은 각종 온실가스 감축 정책의 적정성과 시행 방안에 대한 체계적이고 다각적인 분석과 검토를 토대로 이루어져야 한다.[50]

우리나라의 온실가스 배출 현황

2007년도의 온실가스 배출량이 급격히 증가한 것은 고리 1호기의 수명 연장을 위한 유지 보수로 원자력 발전량이 3.9% 감소한 반면에 당진발전소, 태안발전소 등 새로운 화력발전 설비는 증설됐기 때문이다. 그리고 2007년에는 철강, 석유화학 산업의 호황에 따라 이들 산업의 생산이 증가함으로써 에너지 소비가 증가한 것도 중요한 원인이다. 2010년에도 우리나라의 온실가스 배출량은 낮은 경제성장률에도 불구하고 9.9%의 높은 증가를 기록했다. 이는 철강 부문의 급격한 생산설비 확장과 급격한 전력소비 증가의 결과로 일시적인 현상으로 해석할 수 있다.

우리나라의 온실가스 배출량은 경제성장과 비례하는 상관관계를 보이고 있다. 우리나라의 경제성장률은 2002년도에 7.2%, 2003년에는 2.8%, 2005년에는 4%, 2007년에는 2.9%를 기록했다. 온실가스 배출량을 부문별로 살펴보면, 2013년 기준으로 우리나라 전체 온실가스 배출의 87.3%는 화석연료를 연소하는 에너지 부문에서 배출된다.

2013년 에너지 부문의 온실가스 배출을 부문별로 구분하면 전환 부문이 45.3%, 산업 부문이 30%, 수송 부문이 14.6%, 가정 · 상업 · 공공 부문이 9.3%를 차지한다. 1990년 이후 2013년까지의 연평균 온실가스 배출량 증가를 살펴보면 연료 연소에 의한 온실가스 배출량은 연평균 4.1%씩 증가해 국가 전체의 온실가스 배출량 증가율인 3.8%보다 약간 높은 증가세를 기록했다.

산업공정 부문이 국가 온실가스 배출에서 차지하는 비중은 2005년 10.9%에서 2013년 7.6%로 감소했다. 하지만 산업공정 부문의 배출량은 1990년 이후 2013년까지 연평균 4.2%씩 증가해 에너지 부문 증가율보다 높은 증가율을 기록했다. 2013년 산업공정 부문의 온실가스 배출량 증가율은 2.1%로, 이는 산업공정 배출에서 각각 45.6%, 11.1%를 차지하는 시멘트 생산과 액정 제조 배출량이 증가한 결과다.

폐기물 부문과 농업 부문의 온실가스 배출은 1990년 이후 낮은 증가세 혹은 감소세를 보이고 있다. 2013년 농업 부문의 온실가스 배출 비중은 3%, 폐기물 부문의 배출 비중은 2.2%로 1990년 대비 비중은 감소했다. 2013년 농업 부문의 배출량은 전년도보다 0.006% 증가해 국가 전체 배출량에서 차지하는 비중은 3%를 유지했다. 1990년 이후 2013년까지 농업 부문의 배출량은 연평균 0.05%씩 증가하였다. 폐기물 부문의 배출량은 2013년에도 전년도 대비 1.2% 증가해 1990년 이후 2013년도까지 연평균 1.9%의 증가율을 보이고 있다.

2013년 기준으로 온실가스별 배출 비중을 살펴보면 이산화탄소가 91.5%로 다른 온실가스에 비해 높은 비중을 차지하며, 메탄은 3.7%,

이산화질소는 2%, 불소계 가스(SF6, PFCs)는 2.8%다. 1990년부터 2013년까지 온실가스는 연평균 4.1%씩 증가했는데 이는 2007년까지의 연평균 증가율인 4.6% 대비 감소한 것으로 공정 부문의 증가율이 낮아진 것을 의미한다.

산업 공정의 주요 배출원 중 광물 생산, 아디프산 생산, 칼슘카바이드 생산은 점차적으로 감소 추세를 보이고 있다. 특히 아디프산 생산 시 배출되는 아산화질소의 배출 감소로 이들 부문의 배출량은 감소하거나 정체 상태이다.

하지만 불소계 가스는 상대적으로 높은 증가세를 보였다. 2013년에는 수소불화탄소의 증가율이 −6.9%, 육불화황의 증가율이 10.9%, 과불화탄소의 증가율이 2.3%를 기록했다. 천연가스의 수송, 처리 과정, 폐기물, 농축산업의 생산 활동 과정에서 배출되는 메탄의 배출량은 1990년 약 3010만 톤CO_2eq이었으나 이후 지속적인 감축 노력과 생산 활동의 감소로 2013년 기준 2600만 톤CO_2eq를 기록했다.

이상에서 살펴본 바와 같이 우리나라의 온실가스 배출량은 교토의정서 온실가스 감축 목표 기준년도인 1990년 이후 연평균 3.8%의 높은 증가세를 기록해 2013년의 국가 배출량은 1990년 배출량 대비 2.4배 수준이다. 우리나라 온실가스 배출은 연료 연소에 의한 배출이 주종을 이루며 연료 연소에 의한 배출 중 60% 이상이 산업 부문과 전환 부문에서 이루어진다. 산업공정 부문의 온실가스 배출 비중은 에너지 부문에 비해 상당히 낮은 수준이지만 1990년대 중반 이후 반도체, 디스플레이 산업의 급속한 성장으로 높은 연평균 성장률을 기록하고 있다.

'저탄소 녹색성장'을 위한 목표와 전략

우리나라는 2008년 8월 15일 중장기 국가발전 비전으로 '저탄소 녹색성장'을 제시했다. 저탄소 녹색성장은 온실가스 감축을 위한 정책과 조치를 취하면서 동시에 온실가스 감축과 관련된 산업 또는 기술을 적극적으로 발전시켜 새로운 국가의 성장을 동력화하겠다는 것이다. 우리나라 정부는 2009년 12월 덴마크 코펜하겐에서 개최된 15차 기후변화 당사국총회에서 2020년까지 온실가스 배출량을 전망치 대비 30% 감축하겠다는 자발적인 감축 목표를 발표했다.[51]

2020년을 기준으로 전망치 대비 30%를 감축한다는 우리나라의 온실가스 감축 목표 설정은 전 지구적인 온실가스 감축 노력에 자발적이면서도 적극적으로 참여하겠다는 의지의 표현이다. 2020년의 온실가스 감축 목표를 달성하고 지속적으로 미래 60년간의 국가 비전인 저탄소 녹색성장을 실천하기 위해서는 온실가스 배출량의 증가 속도를 획기적으로 낮추는 방향으로 우리나라의 에너지 소비구조, 산업구조, 행동양식이 질적으로 변화되어야 한다.

2011년 7월 우리나라 정부는 효율적이며 실질적인 온실가스 감축을 이행하기 위한 부문별, 연도별 세부 온실가스 감축 목표를 설정하고 발표했다. 2009년 국가 온실가스 감축 목표를 설정한 후 2011년에

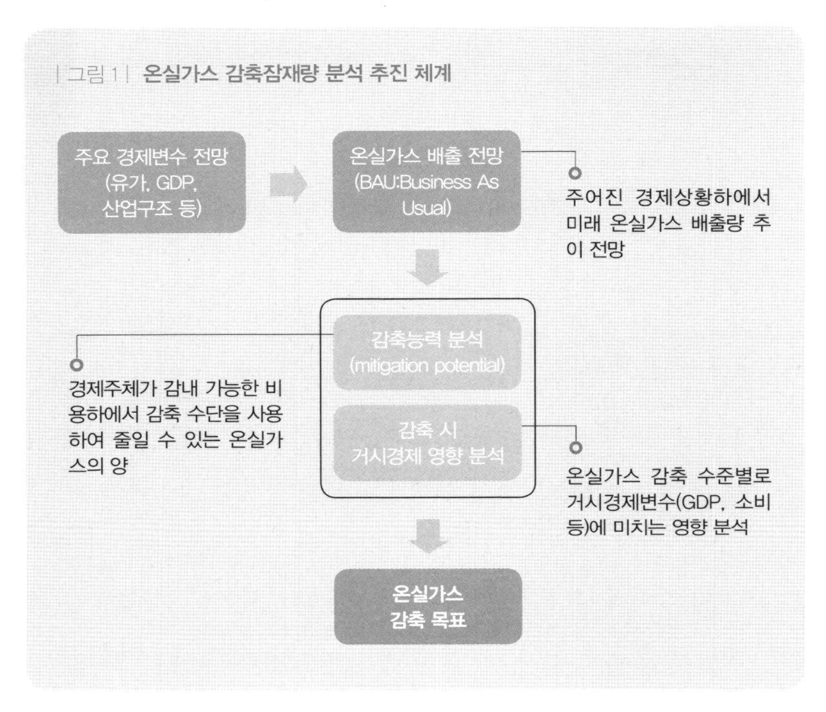

* 출처 : 녹색성장위원회, 2016.

는 이를 달성할 수 있는 부문별 세부 정책과 기술에 관한 로드맵을 제시한 것이다. 2009년의 국가 온실가스 감축 목표 설정 내용과 2011년의 연도별, 세부 부문별 주요 감축 목표에 관한 내용을 살펴보면 다음과 같다.

온실가스 감축 목표 설정은 위의 〈그림 1〉과 같이 전망된 온실가스 배출량을 근거로 기술적, 정책적 감축 수단을 도입하여 감축이 가능한 양을 산정하고, 이러한 온실가스 감축이 거시경제에 미치는 영향을 분석한 후 최종적인 국가 온실가스 감축목표치를 확정하는 과정을 거친 것이다.

온실가스 감축 혹은 에너지 절약 기술을 이용한 온실가스 감축은 온실가스 감축 비용을 도출하는 데 유용하다. 온실가스 감축은 새로운 기술 혹은 수단에 의한 감축뿐만 아니라 새로운 정책과 조치에 의해서 이루어질 수 있다. 대중교통의 활성화, 운전습관의 변화, 물 사용 절약 등과 같은 인프라 구축 혹은 생활양식의 변화를 유도하는 온실가스 감축 정책과 조치의 도입 효과는 기술적 분석으로는 산출할 수 없다.

우리나라의 국가 온실가스 감축 잠재량 분석 과정에서 온실가스 감축 정책 및 조치는 일차적으로 기술적 감축 수단과 온실가스 감축 효과의 중복 여부를 판단하는 것으로 이루어졌다. 온실가스 감축 정책 및 조치를 통하여 신규 온실가스 감축 기술 또는 설비가 채택되는 경우, 그 효과는 신기술 또는 신설비 도입의 효과로 분류했다. 이러한 과정을 통하여 온실가스 감축 정책 및 조치가 온실가스 감축 기술과 직접적으로 연관되어 있지 않는 경우에는 별도로 감축 효과를 산정하여 국가 온실가스 감축 잠재량에 반영했다. 다만 이러한 온실가스 감축 정책 및 조치에 의한 온실가스 감축의 경우 기술적 감축 잠재량과는 달리 온실가스 감축비용을 산정할 수 없으므로 감축 비용은 산정되지 않았다.

2011년 7월에 확정된 2020년 기준 세부 부문별 온실가스 감축 목표를 살펴보도록 하겠다. 온실가스 배출 전망에서 살펴보았듯이 2020년 기준 국가 온실가스 배출 전망치인 8억 1300만 톤 중 부문별 온실가스 배출 비중을 살펴보면 산업 부문의 비중이 56%로 가장 높고, 가정·

상업 부문이 22%, 수송 부문이 13.2%, 농림어업 부문이 3.6%, 공공 부문이 2.3%, 그리고 폐기물 부문이 1.7%를 차지한다.

국가 온실가스 감축 목표를 부문별로 세분화하여 설정하는 과정에서 부문별 온실가스 감축 비용, 정부의 정책 방향, 그리고 산업 부문의 국제 경쟁력과 국가 거시경제에 미치는 영향이 종합적으로 고려되었다. 2020년의 부문별 온실가스 감축 목표를 살펴보면 수송 부문의 감축 목표가 수송 부문 전망치 대비 34.3%로 가장 높다. 가정 · 상업 부문 감축 목표는 전망치 대비 26.9%이며, 산업 부문 감축 목표는 전망치 대비 18.2%이다. 폐기물 부문 감축 목표는 5.2%로 다른 부문에 비해 낮다. 산업 부문 감축 목표 중 에너지 연소와 관련된 감축 목표를 살펴보면 에너지 연소 부문의 감축 목표는 연료 연소에 따른 배출 전망치 대비 7.1%이다.

이상과 같이 부문별 온실가스 감축의 핵심적인 기본 방향은 현재까지 해당 부문의 적용 가능성에 대한 검토가 이루어진 온실가스 감축 기술별로 온실가스 감축량과 감축 비용을 산정하고, 이를 낮은 비용부터 높은 비용 순으로 정렬한 후 일정 비용보다 낮은 온실가스 감축 기술과 정책을 적용했을 경우의 온실가스 감축량을 산정해 이를 부문 혹은 세부 부문별 목표로 설정한 것이다.

앞에서 언급한 바와 같이 정책에 의한 온실가스 감축의 경우 이미 정부가 시행하고자 하는 추가적인 감축 정책은 비용과 상관없이 부분별 감축 목표 설정에 반영했다.

에너지 부문 온실가스 감축에 대하여 살펴보자. 우리나라 온실가스 배출 중 약 85% 이상은 화석연료 연소로부터 배출된다. 2020년까지 온실가스 배출 전망에 있어서도 화석연료에 의한 온실가스 배출 비중은 약 80% 이상을 유지한다. 산업 부문도 개별 산업에 대해 적용되는 기술과 모든 산업에 공동으로 적용되는 기술을 함께 고려하여 감축량을 산정하고 있다.

예를 들어 전동기, 보일러 등 거의 모든 산업에서 공통으로 사용되는 기기 혹은 기술의 효율을 개선하여 단위 생산 활동 또는 소비 활동에 투입되는 에너지의 양을 줄이거나 온실가스 배출량이 상대적으로 높은 화석연료를 배출량이 상대적으로 적은 화석연료 또는 신-재생에너지로 대체하는 것이다. 에너지 효율 개선과 더불어 중요한 온실가스 감축 수단은 미활용 에너지를 활용하는 것이다.

이러한 기술에는 폐열을 이용한 발전을 하거나 폐기물 소각 열을 이용한 스팀 생산 혹은 발전 등이 포함된다. 그리고 생산과 소비 과정에서 온실가스 배출이 상대적으로 적은 제품에 대한 수요를 증가시키는 것도 온실가스 감축의 효과적인 수단이다. 지속적으로 연구개발이 진행되고 있는 배출된 온실가스를 포집, 분리, 저장하는 기술[CCS]도 2020년 일부 적용이 가능한 기술이지만 매우 제한적으로 적용되고 있다.

온실가스 감축에 있어서 전환 부문 감축은 2008년에 확정 발표된 국가에너지기본계획의 에너지원별 구성 목표를 적용하여 에너지원의 구성 변화에 의한 감축량이 산정됐다. 그리고 발전 효율, 송배전 손실 감소, 스마트 그리드 확대 보급에 의한 온실가스 감축 효과도 산정했다. 전환 부문의 경우 산업, 수송, 건물 부문의 전력 수요가 감소하는 경우 상대적으로 전력 1kWh를 생산하는 데 투입되는 화석연료의 비중이 감소하므로 전력 수요가 감소하는 경우 추가적인 온실가스 감축 효과가 존재한다.

산업 부문의 경우, 산업별로 다양한 온실가스 감축 기술이 존재하므로 이를 모두 열거하는 것은 한계가 있다. 따라서 산업 부문의 온실가스 감축 수단을 생산과 소비 과정의 에너지 효율 개선을 통한 감축 수단, 화석연료의 대체기술, 폐에너지 활용, 저배출형 제품의 수요 증대 등으로 구분하여 주요 기술과 적용이 가능한 산업은 다음과 같다.

산업 부문에서 공통적으로 사용되며 전력소비의 30% 이상을 차지하는 전동기의 효율을 살펴보면 현재 사용되고 있는 교류 3상 유도전동기(~7.5kW)의 효율은 67%, 교류 3상 고효율 유도전동기는 90% 수준이다. 하지만 온실가스 감축 효과가 큰 신기술 전동기에는 인버터 방식 교류 전동기, 영구자석 동기 전동기, 초전도 전동기, 초고효율 전동기 등이 있다. 초고효율은 92%, 인버터 방식 교류전동기의 효율은 95%, 초전도 전동기의 효율은 98%이다.

철강 산업 온실가스 감축 신기술은 원료탄을 코크스로 만들지 않고 미분탄으로 만들어 직접 용광로에 투입하는 기술인 분탄직분사식 고로 기술BFG Direct Injection Technology 등이 포함된다. 코크스 제조, 원유 정제 과정에서 발생하는 부생가스를 에너지원으로 활용하는 기술도 효과적인 온실가스 감축 수단이다. 시멘트, 철강 생산 과정에서 발생하는 폐열을 이용하여 발전을 하거나 스팀을 생산하여 공급하는 기술도 화석연료의 소비를 줄여 효과적으로 온실가스를 감축할 수 있다.[52]

시멘트산업의 경우 5%로 제한된 제품 생산 시 혼합되는 혼합재의 비율을 높이거나 제품 시장에서 슬래그 시멘트의 소비를 촉진시키는 경우 많은 온실가스 배출을 유발하는 클링커의 생산을 감소시켜 온실가스를 감축할 수 있다. 정유 산업의 온실가스는 정유 과정에서 연료 연소, 그리고 전기 사용으로 발생한다. 우리나라는 고도화 설비 증설을 통하여 경질유 석유제품의 비중을 높이는 방향으로 생산이 이루어질 것으로 전망된다.

고도화 설비는 일반적인 정제 과정보다 에너지 소비량이 많아 고도화 설비 확장 시 온실가스 배출량이 지속적으로 증가할 것으로 전망된다. 하지만 이러한 생산 과정의 변화는 연료로 사용하는 중질유 공급의 감소를 의미하므로 중유 중 일부를 액화천연가스LNG로 대체하는 것이 가능하다. 시멘트, 제지산업의 경우 폐타이어 혹은 폐플라스틱의 사용량을 증대해 부문적으로 석탄 혹은 중유의 소비를 감소시킬 수 있으므로 온실가스를 감축할 수 있다.

가정 · 상업 부문 온실가스 배출은 주로 냉난방, 조명, 가전제품, 취사 등을 위한 에너지 소비와 관련하여 발생한다. 가정 · 상업 부문 온실가스 배출량은 1인당 소득 증가, 서비스산업의 비중 증대와 같은 요인에 의해 지속적으로 증가할 것이라고 전망된다. 가정 · 상업 부문에서는 건물의 단열기준 강화를 통하여 냉난방 에너지 소비를 줄이거나 소비자의 행동양식 변화를 통하여 냉난방 설비의 사용을 줄이는 것이 필요하다. 전기에너지 소비 감소를 통한 온실가스 감축은 전기기기, 조명 등을 고효율 제품으로 대체할 수 있도록 지속적인 전기, 전자, 조

명기기의 효율을 개선하고 개선된 제품의 보급을 활성화해야 한다.[53]

우리나라 주택 유형을 살펴보면 2010년을 기준으로 단독주택 비중이 30%, 다세대주택 비중은 15%, 아파트 비중은 55%이다. 이러한 구성비가 2020년에는 단독주택 26%, 다세대주택 14%, 아파트 60%로 다세대 거주시설의 비중이 전반적으로 상승할 것이라 예상된다. 신축 건물에 대한 규제 강화를 통하여 온실가스 감축을 달성할 수 있는 수단으로는 창호, 문, 벽 등의 강화된 단열기준 설정, 고효율 냉난방설비 설치 의무화, CFL 및 LED 단열을 강화하는 경우 등이 있다. 강화된 단열기준 정도에 따라 상이하지만 일반적으로 냉난방 에너지 소비를 40~50% 정도 감소시킬 수 있을 것으로 전망하고 있다.

가정과 상업 부문의 주요 에너지 소비원인 가전기기, 사무기기의 효율 개선과 고효율 제품의 보급 강화는 주요한 감축 수단이다. 가전기기와 관련된 온실가스 감축 목표는 가전기기의 효율 개선과 고효율 가전기기의 보급률을 높이는 효과가 반영된 것이다. 예를 들어 냉장고는 2012년까지 2001년 대비 효율을 20% 이상 개선시키고 이러한 추세가 2020년까지 지속된다는 전제하에서 온실가스 감축 효과를 산정하였다.

수송 부문의 온실가스 감축은 수송 수단의 효율 향상, 친환경연료 또는 대체연료로의 전환, 물류의 합리화, 대중교통 이용의 활성화, 에코 드라이빙 등의 수단을 통하여 이루어진다. 수송 부문은 다른 부문에 비해 기술적 감축 수단의 효과뿐만 아니라 자동차에 대한 선호도, 수송 수단에 대한 선호도, 운전습관 같은 행동양식의 변화도 주요하

| 표 9 | 산업 부문의 화석연료 연소 배출 온실가스 감축 수단

분류	감축 기술	적용 가능한 산업 또는 부문
에너지효율 개선	보일러, 전동기 효율 개선	모든 산업
	열병합발전, 고효율 기기 및 신기술 적용	정유, 석유화학, 철강, 제지
	촉매 효율 개선 및 촉매 분해	정유, 석유화학
미활용에너지 활용	부생가스 활용, 폐열발전, 열병합 발전	정유, 석유화학, 철강, 시멘트
연료 대체	중유 또는 석탄의 LNG, 폐플라스틱, 바이오연료 대체	철강, 정유, 석유화학, 제지, 시멘트
제품수요 변화	슬래그 시멘트 증대, 혼합재 비율 증대	시멘트

| 표 10 | 가정 부문의 화석연료 연소 배출 온실가스 감축

분류	감축 기술	적용 가능한 부문
냉난방 에너지 감소	그린 홈 사업	기존 혹은 신축 건물
	단열기준 강화, 고효율 창호 도입	가정, 상업 건물
	냉난방 소비 행태 변화, 건물 에너지 관리시스템(BEMS) 도입	가정, 상업 건물
	냉난방기기 효율 개선 및 보급 확대	가정, 상업 건물
신-재생에너지 활용	지열, 태양광, 태양열 이용 확대	가정, 상업 건물, 농축산어업 등
고효율기기 확대	고효율 기기 개발 및 보급 확대	조명, 사무기기, 가전제품, 취사도구 등

| 표 11 | 수송 부문 화석연료 연소 배출 온실가스 감축 수단

구분	적용 기술
엔진 등 연비 개선	승용차 등 연비 개선(2015년 이산화탄소 배출기준 140g/km, 2020년 이산화탄소 배출기준 125g/km 등)
그린카 보급 확대	전기자동차, 하이브리드 자동차, 연료 전지 자동차, 플러그인 하이브리드 자동차 등 그린 카 발전 전략 및 과제 반영
바이오연료 보급 확대	경유와 휘발유의 바이오 연료 혼합비율 증대
행태 변화	에코 드라이빙, 대중교통 및 자전거 이용 활성화, 철도 보급 확대 등

| 표 12 | 산업 공정 부문 온실가스 감축 수단

분류	감축 기술	적용 산업
생산공정 개선 등	코크스 제조 과정 및 효율 개선	철강, 반도체, 디스플레이 등
	슬래그 사용 확대	시멘트, 광업
열분해 처리	아산화질소, 과불화탄소, 육불화황 등	화학, 반도체, 디스플레이
회수 재활용	보수 유지, 폐기 시 온실가스 회수 · 재활용	중전기기, 냉매

다. 정책과 조치, 홍보, 교육, 제도, 인프라 구축 등을 유도해 상당한 규모의 온실가스 감축을 달성할 수 있다.

수송 부문의 기술적인 온실가스 감축 수단은 자동차 연비를 개선하는 것이다. 정부는 2015년까지 판매되는 자동차의 평균 이산화탄소 배출량을 140g/km로 낮추고 이러한 추세를 지속적으로 이어나가 2020년 평균 이산화탄소 배출량을 125g/km로 낮추는 것을 기술개발 목표로 설정해 감축 목표를 수립하였다. 연비 개선과 함께 하이브리드 전기자동차, 연료 전지 자동차 등 미래 고효율 · 저탄소 자동차의 비중 증대, 바이오 연료 비중 증대와 같은 연료 전환, 대중교통의 확대와 같은 행태 변화 등도 효과적인 온실가스 감축 수단이다.

또한 대도시의 지하철, 전철 확대 정책과 더불어 버스 전용차로 확대는 수송 부문 온실가스 배출을 줄이는 효과적인 정책이다. 버스, 전철 혹은 지하철과 함께 도심 지역에 대한 혼잡통행료 징수, 환승시설 확충 등도 자가용 차량 이용을 억제하여 대도시의 교통 혼잡으로 인한 온실가스 배출을 억제할 수 있다.[54]

기반 구축과 향후 과제

국가 온실가스 감축 목표 설정은 현재까지 우리나라 온실가스 배출 특성과 경제사회적 관계를 살펴보고 이에 근거하여 2020년까지의 온실가스 배출을 전망한 후, 전문가들의 자문과 현장 적용가능성을 종합적으로 검토하여 이루어졌다. 온실가스 감축 기술을 통하여 감축할 수 있는 양과 감축에 따른 비용을 종합적으로 고려하여 국가, 부문, 세부 부문별 온실가스 감축 목표를 설정한 것이다.

온실가스 배출량 전망은 온실가스 배출량에 영향을 주는 주요 전제조건 전망의 불확실성, 전제조건과 배출량 관계의 변화 가능성 등으로 많은 불확실성을 내포하고 있다. 그럼에도 불구하고 2014년 발표된 우리나라 온실가스 배출량 전망에 의하면 온실가스 배출량은 2020년을 기준으로 7억 7600만 톤CO_2eq으로 2005년 배출량 대비 25% 증가할 것으로 예상된다.[55]

국가 온실가스 감축 목표와 부문별, 세부 부문별 감축 목표는 상향식 모형과 하향식 모형을 적용하여 산업, 가정, 상업, 수송, 산업 공정, 폐기물, 농축산 부문의 온실가스 감축 비용과 온실가스 감축량을 근거로 설정되었다. 국가 혹은 세부 부문별로 사전적으로 정한 온실가스 단위당 감축 비용보다 비용이 낮은, 가용한 온실가스 감축 기술 및 정부의 확정된 추가적인 감축 정책 등을 반영해 국가 혹은 부문별 감축 목표가 설정된 것이다.

우리나라는 2009년 국가 온실가스 감축 목표를 설정한 이후 「저탄소 녹색성장 기본법」이 국회를 통과했고, 2010년 「저탄소 녹색성장 기본법 시행령」을 공고하면서 실질적인 감축을 이행하고 있다. 특히 2011년부터는 온실가스 에너지 목표 관리제를 시행함에 따라 일정 규모 이상의 배출원들은 2007년 이후의 온실가스 배출량을 신고하고 정부는 신고한 배출원(관리업체)의 배출량과 업종별 목표를 기준으로 연도별 감축 목표를 설정하도록 되어 있다.

앞에서 살펴본 부문별, 업종별 온실가스 감축 목표와 감축 수단을 기준으로 관리업체들은 온실가스 배출 특성과 감축 여력 등을 면밀히 파악하고 실질적인 감축 목표의 달성을 위하여 노력해야 할 것이다. 정부는 한편으로는 관리업체 등이 낮은 비용으로 효과적인 온실가스 감축을 이행할 수 있도록 적극적인 기술개발과 보급을 지원해야 할 것이다. 또한 다른 한편으로는 관리업체들이 실질적인 온실가스 감축 이행을 하는지에 대한 객관적이고 신뢰도가 있는 측정 · 보고 · 검증 체제를 마련하여 지속적인 관리를 해야 할 것이다. 정부는 이러한 지속적인 관리를 통하여 관리업체들이 실질적으로 온실가스 감축을 달성하도록 하는 동시에 새로운 온실가스 감축 기술 시장을 형성해야 한다. 그래야만 실질적인 '저탄소 녹색성장'이 달성될 것이다.

기후변화 적응 관련 법적, 제도적 기반을 마련한 만큼 우리나라도 기후변화 적응 전략을 제도적으로 지원하기 위하여 노력하고 있다. 그 하나의 성과로 '국가 기후변화 적응 대책'은 건강, 재해, 물 등 7개 부문별로 명시하고 기후변화 감시 및 예측, 적응 산업과 에너지 교육 · 홍보 · 국제협력 등 3개 적응기반 대책을 수립한 것이 있다.

그 외에도 기상청에서는 기후변화 적응 및 대응 정책 지원을 위한 고품질 국가표준 기후변화 시나리오 개발 및 응용 정보 산출, 탄소추적시스템 개발을 적극 추진하고 있다. 또한 기후변화에 관한 과학 정보 활용성을 높이기 위해서 지역별 · 분야별 기후변화 적응지원 서비스 발굴 및 확대에도 노력을 기울여야 한다.

녹색 환경과 그린 에너지

녹색 친화적 발전의 개념

기후변화를 초래하는 구조적 원인은 지속 불가능한 관행에 있다. 지구의 에너지와 자원의 순환 과정에 어긋나는 산업문명의 발달이 현재의 기후변화 문제의 원인이기 때문이다. 기후변화는 그 영향이 환경, 사회, 경제 등 사회 전반에 미치는 지속가능한 발전에 대한 범지구적인 도전의 하나다. 또한 빈곤, 기아, 질병, 물과 에너지 부족, 환경 파괴, 생물 다양성 감소, 국제 분쟁 등 인류가 당면한 많은 문제를 보다 악화시키는 잠재적 위협요소이기도 하다.

그러므로 기후변화 문제에 대한 대응과 녹색발전은 상호 밀접하게 관련된 과제이다. 녹색발전이란 결국 환경적으로 건전하지 못한 기존의 개발 방식을 포기하고 환경적으로 건전한 발전을 하자는 취지이다. 기후변화를 초래하는 온실가스 배출을 줄이고 기후변화에 대한 취약

성을 줄이는 발전이 결국 녹색발전이다.[56]

녹색발전의 취지는 장구한 진화의 결과로 탄생한 우리 삶을 환경생태계의 원리가 존중될 수 있도록 근본적으로 바꾸어야 한다는 것이다. 그리하여 우리 후손에게 파괴되고 오염된 환경을 남겨 그들의 복지와 후생에 피해를 주는 것을 막아보자는 것이다. 즉 녹색발전은 기후 및 환경 문제가 지니는 세대 간의 정의 문제까지 다루는 개념이다. 기후변화 문제에 대한 대응도 장차 발생할 우려가 있는 기후변화에 따른 문명의 위협을 막자는 취지로 녹색발전과 그 취지가 같다.

결국 기후변화 문제의 대응은 녹색발전이라는 과제에 융합되어야 한다. 기후변화에 대응하는 적응과 완화를 전통적인 개발 행위에 대한 선택적 보완사항으로 이해해서는 안 된다. 오히려 완화와 적응 조치를 녹색개발 전략의 핵심으로 했을 때 가장 효과적인 성과를 가져온다는 것을 인식해야 한다. 그러므로 기후변화 문제에 대응하는 완화와 적용이 녹색발전 전략에 통합되어 국가의 장기비전으로 구체화될 수 있어야 한다.

향후 우리가 창조해야 할 문명은 기후 및 환경에 대한 긍정적인 영향을 줄 수 있는 녹색문명을 창출하는 것이다. 지금 인류는 유량으로 지속가능하게 제공되고 있는 새로운 녹색문명을 창출해야 하는 과제를 안고 있다고 할 수 있다.

그런데 기후변화에 대응하는 정책은 크게 완화와 적용이다. 적응과 완화를 합리적이고 균형 있게, 통합적으로 활용해야 기후변화 대응 과정의 오류를 줄일 수 있다. 기후변화 대응 전략으로 통합적 접근[An] integrated approach이 강조되는 것은 기후변화 대응에 따른 오류의 피해를 최소화하기 위함이다. 그 통합적 접근의 요체는 자연에너지 이용을 최대화하여 화석연료 사용을 줄이고 자연생태계의 물질 순환 과정을 최대한 보전하고 복구하는 것이다. 이렇게 하면 기후에 대한 친화력과 적응력도 커지게 된다.

녹색 환경의 3가지 지향점

녹색발전의 지향점은 산업혁명 이후의 탄소경제에서 탈피하여 지구의 생명지원 체계를 보전하면서 새로운 녹색의 경제 및 산업 체계를 개발하되 그 성과가 모든 인류를 행복하게 해주는 방향으로 이용되도록 하는 것이다. 녹색발전은 지구 환경의 물리적 한계를 인식하고 인간과 자연 그리고 인간과 인간 간의 공생발전을 지향한다.[57]

그리고 녹색발전은 해당 체계의 규모 또는 양적인 팽창, 즉 물리적인 성장을 의미하지 않고 성장의 한계하에서의 기능과 품질의 개선을 의미한다. 녹색은 근본적으로 지구 환경의 물리적, 생물학적 한계를 인식하는 것이다. 녹색발전은 질적 개선, 물질과 에너지의 순환 과정 존중, 공생협력 등을 핵심가치로 삼아 다음의 3가지 지향점을 지니고 있다.

첫째, 에너지와 물질의 순환 과정이 존중되는 녹색의 경제와 산업을 육성하는 것이다. 산업혁명으로 출범한 저량Stock 의존의 경제체제를 새로운 재생산 가능한 유량Flow 의존의 경제체제로 혁신하는 것이다. 여기에는 새로운 자연에너지 발굴, 에너지 및 자원의 효율적 이용, 재생 불가능 자원의 재생 가능 자원으로의 대체(비고갈성 자원, 자연의 순환 과정에 부합되는 자연자원으로 점차적으로 대체될 수 있는 자원 이용 기술 개발), 청정 기술과 환경산업의 육성 등의 내용이 포함된다고 할 수 있다.

둘째, 양적인 팽창의 추구에서 질적인 개선의 추구로 전환하여 사회의 보편적인 삶의 질을 향상시키는 것이다. 환경 · 경제 위기는 과다한 물질적인 풍요의 추구에서 발생한 것이다. 그러므로 녹색발전은 물질적인 풍요의 추구가 아닌 정신적인 안정과 문화적인 풍요로움을 추구하는 사회를 지향한다. 이를 위해서는 행복하고 인간다운 삶을 영위할 수 있도록 문화를 창달하고 인간다운 삶을 위한 기초수요Basic needs에 대한 관리를 강화해야 한다. 이와 함께 기후변화가 초래할 수 있는 식량안보, 환경보건 위생 관리 등을 강화하여 미래 생활의 안정을 도모해야 한다.

셋째, 경쟁의 체제에서 상생과 협력의 체제로 이행하는 것이다. 지구 생태계의 생명그물을 형성하는 구성 원리는 경쟁이 아니고 공생협력이다. 오랜 지구의 진화 과정을 살펴볼 때 자신의 이익만을 극대화하려 하고 경쟁만을 일삼는 개체들은 결국 멸망의 길을 걸어왔다. 오늘날의 세계화된 산업문명은 경쟁만을 강요하고 있다. 이러한 경쟁의 이념에서 탈피하여 국내 각 집단 간 동반자 관계를 구축하여 민주적 사회발전을 견인하려는 노력이 필요하다. 이와 함께 환경 · 경제 문제의 국제협력을 강화하여 국가 간 동반자적 관계를 구축해야 한다. 세계 경제 질서 재편 및 환경 변화에 대응하기 위한 지구 및 지역 협력의 강화가 필요하다.

녹색발전을 성공적으로 추진하기 위해서는 저탄소 자연에너지 경제체제로의 이행을 위한 기술 및 경제의 혁신이 필요하다. 과거 에너지 의존형 경제(탄소 경제)를 현재 에너지 의존형 경제(저탄소 경제)로 탈바꿈하기 위한 자연에너지 이용 기술을 개발하여 보급해야 한다. 그리고 경제계에 투입되는 자원도 고갈성 자원에 대한 의존도를 낮추고 재생가능 자원으로 대체하여 순환형 자원 이용 체제로 바뀌어야 한다. 즉 재생 가능한 자원에 의한 순환형 경제체제로의 이행을 위한 기술 기반의 확보와 경제 산업의 체질 개선을 서둘러야 한다.[58]

그리고 생산 및 소비 과정의 생태 효율 증진으로 주어진 자원을 효율적으로 이용하도록 하는 것도 중요하다. 우리가 취할 수 있는 에너지와 자원의 양에 한계가 있다는 점을 인식하고 주어진 양으로 보다 많은 사람들이 혜택을 누릴 수 있도록 사회 · 경제체제를 개편하는 것이다. 또한 사회 · 경제체제의 생태 효율을 높일 수 있도록 환경재 관련 가격 및 조세체제도 개편해야 한다. 그리고 과도하게 집중된 산업과 인구를 분산하여 분산형 에너지와 자원 이용 체제로 전환하는 것도 적극 검토해야 한다. 화석연료에 의해 고도로 우회화된 생산 및 소비체제를 점차 직접적인 생산과 소비체제로 전환하는 노력도 매우 중요하다.

이상의 두 가지 전략은 세계 주요 국가들이 녹색전략, 녹색뉴딜 등의 개념으로 주장[59]하고 있는 것들이다. 특히 21세기에는 '석유 시대를 대체할 자연에너지 시대, 이를 향한 기술을 선점하는 국가들이 세계사를 주도할 것'이라는 인식하에 태양광, 풍력, 바이오에너지, 지열 등 신-재생에너지 기술을 확보하기 위한 각국의 물밑 경쟁이 매우 치열하다. 그러나 새로운 인류 문명의 대안을 모색하는 녹색발전은 여기에 그쳐서는 안 된다. 보다 적극적으로 문명을 이끌어가는 소프트웨어도 개혁해야 한다. 단지 에너지 공급 체계와 산업생산 양식의 개편이라는 하드웨어의 개편만으로는 인류의 보편적인 안녕과 행복을 보장할 수 없기 때문이다. 그러므로 다음과 같은 추가적인 전략이 요구된다고 할 것이다.

우선 사회통합과 사회안전망의 강화로 모든 국민이 함께 행복한 삶을 영위할 수 있도록 해야 한다. 무한경쟁을 강요하는 세계화된 시장경제체제는 사회의 양극화를 보다 심화시키는 요인이 되고 있다. 우리 사회의 각종 문제들은 이러한 세계화에 대응하는 사회 정책의 미흡에서 그 원인을 찾을 수 있을 것이다. 그렇기 때문에 환경 책임성을 강화하여 시장을 사회 통제하에 둘 수 있도록 하며 공정한 평가를 통한 배상 체계를 구축하고 불로소득을 억제하는 노력이 필요하다.

사회취약 계층을 위한 환경기준과 정책도 강화돼야 한다. 사회취약 계층을 위한 환경보건 체제를 강화하고 식량안보, 자연재해 등에 대한 장기적인 대비책도 마련해야 한다. 이와 함께 생산적 사회복지의 이념에 의한 양질의 녹색 직장Quality Green Jobs을 창출하여 생산 활동과 복지 정책을 연계하는 정책이 요구된다. 신-재생에너지 산업, 지속가능한 농업과 생태관광, 문화산업의 창달, 환경산업과 청정기술 개발 등으로 녹색직업을 적극 창출하여야 할 것이다.

자연환경을 적극적으로 보전 · 복원 · 창출하여 자연과 공생하는 체제를 구축하는 것 역시 중요하다. 국토를 면밀하게 진단 · 분석하고 용도별로 구분하여 보전 · 이용 · 복원 · 창출 등의 기준으로 관리하는 정책이 요구된다. 즉 지구적 · 지역적인 생태순환 과정과 생물 진화와 재생산 과정의 원천이 되는 국토를 적극적으로 보전 · 관리해야 한다. 인간 정주와 경제개발에 필요한 지역들은 지역의 환경용량을 감안하고 생태계 원리를 존중하여 개발하고 이용해야 한다.

경제개발 과정에서 과도하게 파괴되었거나 단절된 국토의 주요 생태축(軸)을 복구 · 복원하면서 새로운 환경생태 가치를 적극적으로 창출하려는 노력도 요구된다. 이때 특히 강조되어야 할 것은 생태적 다양성의 보전이다. 나무 몇 그루가 심어져 있고 보기에 맑은 물이 흐른다고 자연적인 것은 아니다. 다양한 생물들이 공존 · 공생하면서 공진화(共進化, Coevolution. 다른 종의 유전적 변화에 맞대응하여 일어나는 한 종의 유전적 변화. 좀 더 일반적인 의미는 여러 종들 사이에서 일어나는 상호 관계를 통한 진화적 변화를 일컫는다)할 수 있는 자연이 진정한 자연이라는 점을 유념해야 한다.

끝으로 무분별한 도시화를 지양하고 농촌을 새로운 발전 거점으로 삼아 정비하는 정책도 시급하다. 농촌은 경제와 환경 위기 시대의 완충지 역할을 할 수 있다. 그렇기 때문에 농촌의 부흥은 중요하다. 이와 함께 지나친 경쟁을 유도하는 세계화의 강조에서 탈피하고 세계 시민사회화를 통한 공존 · 공생 체제를 강화하는 노력이 필요하다. 개도국과의 적극적인 환경 협력과 교류로 지구 및 지역 환경 보전과 개선에 있어서 적극적인 역할을 해야 할 것이다.

새로운 에너지원 발굴의 시급성

에너지가 없는 인류 문명은 상상할 수 없다. 인류가 사용한 에너지는 나무에서 시작하여 석탄, 석유, 가스로 이어져왔다. 이제 우리 생활 주변에는 석유와 관련 없는 것이 거의 없을 정도로 현대 문명은 석유에 크게 의존하고 있다. 석유는 우리가 입는 것, 먹는 것, 머물고 자는 것, 그리고 돌아다니는 것(의 · 식 · 주 · 행) 등 생활의 모든 영역에서 직접적 또는 간접적으로 사용되고 있다. 그런데 화석연료의 대명사인 석유와 석탄은 연소 시에 지구온난화의 주범인 이산화탄소를 방출함으로써 하나뿐인 지구를 위태롭게 할 뿐만 아니라 지금까지 지구 부존 전체 석유의 절반가량을 소비해 현재 남은 전 세계의 채취 가능 석유량은 1조 배럴 정도라고 한다.[60]

에너지를 최종적으로 필요로 하는 지역과 화석연료가 위치한 지역의 불일치로 인한 에너지 수급상의 위험도 상존하고 있다. 지구상의 석탄, 석유, 가스 등 연료의 대부분은 OECD 선진국에서 소비되고 있다. 하지만 석유, 가스 등 에너지원이 입지한 곳은 중동 국가와 저개발 국가들이 대부분이다. 석유지대의 93% 이상과 천연가스의 90% 이상은 저개발 국가 또는 OECD 비회원 국가에 분포되어 있다. 78.2%의 석유지대는 OPEC의 11개국에, 천연가스의 35.5%는 구소련 지대에, 36%는 중동 지역에 각각 입지해 있다. 이와 달리 석탄은 미국, EU, 호주 등에 절반 정도가 입지하고 있어 수요지와 공급지가 일치한다고 할 수 있는 상태이다.

우리는 이제 에너지 패러다임을 바꾸어야 한다. 문명의 계속적인 발전을 위해서 에너지원을 환경 친화적인 것으로 바꾸고 소비도 최대한으로 줄일 수 있어야 한다. 석탄, 석유 등 화석연료를 대체할 수 있는 미래 에너지는 태양에너지를 기반으로 하는 신-재생에너지다. 재생에너지는 1차 에너지원인 태양(열, 빛), 바람, 물, 바다 등의 자연 에너지원을 이용하므로 기후에 영향을 주지 않는 청정한 에너지이다. 그리고 신-재생에너지 자원의 보존량은 무궁무진하다. 문제는 우리의 신-재생에너지 이용 기술이 아직은 미흡하여 널리 이용되는 데 어려움이 있다는 점이다. 인류의 미래를 위해서는 기술 개발에 더욱 박차를 가해 기후에 영향을 주지 않고 고갈되지도 않는 에너지에 의존하는 새로운 문명을 개척해야 할 것이다.

새로운 패러다임, 신-재생에너지

신-재생에너지의 특징과 종류

신-재생에너지는 신New 에너지와 재생Renewable 에너지의 붙임말이다. 우리나라의 현행 「에너지 이용 합리화법」 제9조에 의하면 신에너지는 수소, 연료 전지, 석탄가스화복합발전IGCC, Integrated Gasification Combined Cycle 등 세 가지이며, 재생에너지는 태양광, 풍력, 태양력, 지열, 소수력, 해양에너지, 폐기물에너지, 바이오에너지 등 여덟 가지를 기본으로 한다.

선진국의 경우 각자 조금씩 다른 분류 및 정의를 사용하고 있는데, 재생에너지의 대부분은 모든 국가가 포함하고 있으나 신에너지의 경우는 대부분 포함하고 있지 않다. 그 이유는 우리나라가 지정한 신에너지가 사실은 에너지원이 아니라 미래에 중요한 위치를 점할 새로운 에너지 기술이기 때문이다. 수소 및 연료 전지는 석유나 석탄 또는 태양광과 같은 에너지원이 아니고 전기와 마찬가지로 에너지를 전달하는 매체이며, 현재는 주로 천연가스를 사용하여 만들고 있다. 또한 IGCC Intergrated, Gasifiction, Combined, Cycle는 환경 친화적인 석탄사용 기술이다. 이들 신에너지는 모두 우리나라의 21세기 주요 신성장동력으로 선정되어 있다. 일본에서는 이를 신에너지 기술로 분류하여 지원하고 있다.

재생에너지는 저탄소형 1차 에너지원과 이와 연관된 기술을 의미한다. 재생에너지의 경우 석유, 가스 등과 달리 사용을 위한 기술이 필요하기 때문이다. 일광욕이나 나뭇잎을 태우는 등 자연의 에너지를 단순히 그대로 사용하는 경우는 새로운 개념의 재생에너지로 보지 않고 전통적인 재생에너지로 분류한다. 특히, 법으로 지정하고 있는 8개 에너지원은, 최근 정부의 정책 의지에 따라 일부 분류가 다른 것을 포함하는 경우가 있지만, 대부분 어디서나 손쉽게 얻을 수 있고 공급량이 무제한이며 기본적인 공급 기술이 이미 개발되어 있는 자연에너지원을 의미한다.[61] 즉, 재생에너지는 에너지원 그 자체가 친환경적이어서 탄소시대에 적합한 에너지원이며 또한 '녹색기술'을 활용하는 에너지원이다. 자원이 없어도 기술을 확보한다면 '저탄소 녹색성장'을 위한 에너지 분야에서 가장 활발히 그리고 먼저 시행할 수 있는 대상이다.

재생에너지는 크게 태양, 달, 지구를 기원으로 하는 에너지로 나누어볼 수 있다. 태양을 기원으로 하는 에너지원이 가장 많은데 태양광, 태양열은 물론 풍력, 바이오에너지, 폐기물에너지 및 소수력은 태양의 에너지를 기원으로 하여 만들어지는 재생에너지이다. 지구 기원 에너지는 지열에너지가 대표적이며, 해양에너지 중 일부도 여기에 포함된다. 마지막으로 달 기원 재생에너지는 해양에너지 중 조수간만의 차를 이용하는 조력발전이 여기에 속한다.

재생에너지는 또한 에너지 출력의 형태에 따라 지속형, 반복형, 불확정형으로 나누어볼 수 있는데, 지열과 소수력, 바이오 및 폐기물에너지는 지속적으로 같은 출력을 생산할 수 있어 지속형에 해당한다. 태양광, 태양열 및 조력 등 해양에너지는 시간에 따라 매일 또는 일정기간을 두고 비슷한 패턴을 반복하는 반복형이며, 풍력은 대표적인 불확정형으로 분류한다. 또한 대형출력이 가능한가의 여부에 따라 분류하기도 하는데, 태양열 발전 및 지열 발전은 원자력발전 규모의 대형생산이 가능한 기술이 확보되어 있다. 바이오 및 폐기물에너지 역시 그 특성상 화력발전소 규모의 생산시설이 가능하다.[62]

태양에너지

재생에너지원의 으뜸은 태양에너지이다. 일반적으로 태양에너지라고 하면 직접적인 태양 자원, 즉 태양의 빛과 열이 직접 생성해내는 에너지원을 말한다. 태양에서 지구로 오는 태양에너지는 연평균 198W/m^2로 지구에너지 수요량을 훨씬 능가한다. 태양광 에너지는 햇빛을 받으면 광전효과Photovoltaic effect에 의하여 전기를 발생시키는 태양전지를 이용하여 태양에너지를 전기에너지로 변환시켜 사용하는 에너지를 말한다.

태양광 발전시스템은 태양전지Solar cell로 구성된 모듈과 축전지 및 전력변환 장치로 구성된다. 1954년 벨연구소Bell lab에서 처음으로 실리콘 태양전지를 개발한 이후 인공위성 등에 사용되다가 1970~1980년대 1, 2차 석유파동을 거치면서 본격적으로 개발되기 시작했다. 태양전지는 실리콘 계열과 화합물반도체 계열로 나누는데, 실리콘 계열은 다시 결정질과 비결정질 또는 기판형과 박막형으로 나눈다. 현재 상용화되어 시판되고 있는 태양전지는 단결정 및 다결정 실리콘 태양전지, 비결정질 실리콘 태양전지 등이며 그 효율은 단결정 실리콘 태양전지가 20% 수준으로 가장 높은 편이다. 또한 최근 들어 기술 개발로 인해 발전단가가 빠르게 하락하고 있어 가장 큰 단점이었던 경제성의 문제를 해결하고 있다.

한편 태양전지는 발전량이 태양전지의 면적에 의해 영향을 받기 때문에 화석에너지의 출력에 비해 매우 큰 면적을 차지하게 되는 단점을 가진다. 그러나 발전 효율은 규모에 관계없이 일정하기 때문에 소규모에서 대규모 부하까지 다양한 공급 방안이 가능하며, 일반적인 여름 전기수요 패턴과 비슷하게 최대 발전치가 낮에 발생하므로 하절기 첨두부하(하루의 전력 사용 상황으로 보아 여러 가지 부하가 겹쳐져서 종합 수요가 커지는 시각의 부하)를 감소시킬 수 있는 장점을 가진다. 또한 태양빛이 닿는 곳이면 어디에서나 사용 가능하며 소형으로 만들어 이동하는 것도 가능하다. 무엇보다도 기계적인 구동장치가 없어 보수가 필요 없고, 운전이 쉽다는 장점을 가진다. 때문에 무인도나 도서 지역 등에도 설치하여 자동 원격 운전이 가능하며 남녀노소 모두 누구나 쉽게 사용할 수 있다.

현재 태양전지는 우주에서부터 가정에 이르기까지 전원공급용으로 광범위하게 활용되고 있다. 또한 항공, 기상, 통신 분야 및 가로등, 가정용 발전, 건물용 발전 및 배터리충전기 등에 사용되고 있으며, 최근 자동차에도 적용을 시도하고 있다. 특히 주택용의 경우 미국을 비롯한 선진국에서 매우 활발하게 연구 개발이 진행되고 있는데 미국의 제로 에너지하우스가 대표적인 프로그램이다.

직접적인 태양에너지 이용기술은 크게 3가지 방향으로 나누어진다.

첫째, 건문들의 입지나 설계 또는 구조에 태양에너지를 잘 활용할 수 있도록 하는 것이다. 자연형 또는 설비형 태양에너지 이용 기술이라 할 수 있다. 자연형은 태양에너지와 빛을 획득할 수 있는 설계를 갖춘 건물을 필요로 한다. 자연형 태양에너지 이용은 수천 년 동안 건물 설계에 사용되어왔다. 부지 선정, 건물 위치, 창문 방향, 통풍관, 축열벽, 처마, 열 저장 슬라브, 초단열 등 다양하다.

둘째, 특정한 설비를 하여 태양열을 저장하거나 태양열로 스팀 터빈을 가동하여 전기를 생산하는 방법이다. 일조량이 많은 곳에서는 태양열로 냉난방과 급탕을 해결할 수도 있다.

셋째, 특정한 분자 구조의 물질에 있는 빛의 에너지Photonic energy를 획득해 직류전기를 생산하는 방법이다. 햇빛 광자Photon의 표면이 충돌할 때 전자가 플러스 층에서 마이너스 층으로 움직이도록 하여 전류를 생성시키는 것이다. 태양전지는 햇빛을 전기로 바꾸어주는데, 아직은 비싸고 효율도 낮아 대규모의 전기 생산은 쉽지 않다. 현재 광전기 체계는 1W 전력 생산에 5~6달러나 소요되어 경제성이 낮다. 비록 현재는 경제성이 없지만 끊임없는 기술개발로 태양에너지가 우리 인류의 가장 중요한 에너지원이 되도록 해야 할 것이다.

풍력

바람을 이용하는 것도 에너지를 얻는 좋은 방법의 하나이다. 바람은 지구가 하루에 한 바퀴씩 도는 자전의 힘과 지역 간 대기 압력의 차이 때문에 일어나는 현상이다. 강한 바람이 꾸준하게 불어오는 지역에서는 바람의 힘을 이용하여 전기를 생산하기도 하고 바로 기계를 돌릴 수도 있다. 바람의 힘을 이용하는 풍차는 기원전 1000년경 페르시아에서 처음 만들어졌다고 전해지고 있다. 그런데 본격적으로 바람의 힘을 이용한 사례는 17세기 네덜란드인이 풍차를 개발하여 라인 강의 물을 끌어 올려 쓴 것이 효시이다.

2016년 전 세계적으로 3만 5000개의 풍력 터빈이 1만 2000MW의 전력을 생산하고 있으며, 2020년까지 풍력이 세계 전력생산의 10%를 담당할 전망이다. 풍력은 경제성이 있으나 풍차가 잘 부러지며 새들이 걸려 죽거나 소음이 발생하는 등 주변 생활에 크게 어려움을 줄 수 있다는 문제가 있다.

풍력발전소를 건설할 수 있는 곳은 풍력자원이 풍부한 특정지역에 국한된다는 것도 문제이다. 그리고 시설 설치를 위한 부차적 에너지 자원의 낭비, 그리고 주변 지역 경관의 파괴 등 2차 환경오염 우려가 있다. 풍력은 바람의 운동에너지를 변환하여 전기를 생산하는 발전기술로, 풍력시스템은 바람 에너지를 흡수, 변환하는 운동량 변환 장치와 동력전달 · 변환장치 및 제어장치 등으로 구성된다.

풍력발전 시스템은 운동량 변환 장치의 회전 흑의 방향에 따라 수평축 시스템(프로펠러형)과 수직축 시스템(다리우스형, 사보니우스형)으로 나눈다. 수직축은 바람의 방향에 관계없이 작동이 가능한 반면 수평축보다 효율이 떨어진다. 수평축은 구조가 간단하여 설치가 간단하나 바람의 방향에 영향을 받는다. 일반적으로 중대형급 이상은 수평축을, 100kW급 이하는 둘 다 사용한다.

풍력발전 시스템은 또한 운전방식에 따라 정속 운전형(기어형)과 가변속 운전형(기어레스형)으로 나누며, 풍력 제어방식에 따라 날개각Pitch 제어형과 실속Stall 제어형으로 나눈다.

최근에는 육지가 아닌 바다에 대단지로 설치하는 해상풍력 시스템이 특히 유럽을 중심으로 확대되는 추세이다. 영국, 네덜란드 등 유럽연합 국가들은 대형 해상풍력단지를 바다에 설치해 재생에너지의 비중을 크게 높이려는 계획을 2002년 수립하고 이를 꾸준히 추진해왔다. 우리나라도 추진단을 구성하고 사업을 추진 중에 있다.

수력

수력은 물의 위치에너지를 이용하여 수차를 돌려 에너지를 생산하는 방법이다. 물은 태양에너지에 의해 증발하여 높이 올라갔다가 식어비나 눈이 되어 연못, 호수, 빙하 등 높은 곳에서 낮은 곳으로 흐른다. 이러한 물의 위치에너지를 이용하여 수차를 돌리는 방법으로 에너지를 얻는 기술이다.

2005년까지 이전 우리나라에서는 시설용량 10MW 이하 수력발전 시설의 경우 소수력발전으로 규정했으나 이후 규모에 관계없이 모든 수력발전 시설을 소수력발전의 신-재생에너지의 연구 개발 및 보급 대상으로 한다.

소수력발전은 하천지나 저수지, 하수처리장 및 정수장의 물의 낙차를 이용하여 수차를 돌려 발전하는 방식이 주류를 이룬다. 발전 방식은 수로식, 댐식, 터널식이 있으며 우리나라 소수력은 주로 저낙차(2~20m)에 터널식 및 댐식 발전이 주류를 이룬다.

산업시대에 접어들면서 대규모 댐을 건설하여 대량의 전기를 생산하는 수력발전소가 가동되기 시작했다. 현재 전 세계에서 생산되는 전력의 약 20%가 수력발전에 의한 것이다. 그런데 대규모 댐을 건설하기 위해서는 막대한 비용이 소요되며 댐건설로 주위 환경과 생태계가 크게 망가질 수 있다는 문제가 있다. 대규모의 이주민이 발생하기도 하고, 하류 유량과 침전 감소로 생태계에 영향을 준다. 대규모 담수로 주변 지역에 상습 안개를 발생시켜서 건강에 피해를 줄 수도 있다. 이집트의 에스완 댐, 중국의 샨샤 댐 등 대형 댐 건설로 주변 생태계에 많은 피해가 발생된 사례가 보고되고 있다.

뿐만 아니라 대규모 수력발전소를 건설할 수 있는 곳이 제한되어 있다. 물론 작은 강에 중소규모의 댐을 건설할 수도 있다. 하지만 소량 생산된 전력을 수집하고 분배하는 데 많은 비용이 소요된다는 점에서 한계가 있다.

바이오에너지

바이오에너지는 광합성에 의해 생성되는 다양한 식물자원 및 조류로 만들어지는 바이오매스Biomass와 산업 활동에서 발생하는 유기성 폐자원인 톱밥, 볏짚 등과 같은 농·임업 부산물, 음식 및 농수산 시장에서 발생하는 쓰레기, 축산 분뇨 등의 바이오매스를 활용하여 생산하는 에너지를 말한다.

나무는 인간들이 수천 년간 이용해온 생물자원(바이오매스) 연료였다. 오늘날에도 지구 인구의 40~50%, 특히 열대지역에 사는 사람들은 나무를 주 연료로 쓰고 있다. 에너지 자원으로 이용되는 동식물의 폐기물은 재생이 가능하며 지역에 따라서는 성장이 빠른 나무 등을 활용할 수 있는 장점이 있다.

연료로 사용할 수 있는 생물체로는 동물과 식물을 가리지 않는다. 최근에는 사탕수수나 옥수수와 같은 에너지 작물을 재배하여 연료를 만드는 기술도 일부에서 이용되고 있다. 사탕수수, 사탕무, 옥수수와 같은 작물을 이용해서 에틸알코올을 제조하기도 하고, 식물 폐기물 또는 동물 배설물을 이용하여 메탄 또는 바이오 가스Bio gas를 생산하며, 유채 종자, 콩, 야자유 등으로 바이오디젤을 생산하고 있다.

도시 지역에서 발생하는 음식물 쓰레기나 가축의 분뇨에서도 에너지를 얻는 방법이 개발되고 있다. 쓰레기를 태울 수도 있고 음식물이나 가축 분뇨로 메탄가스를 생산할 수도 있다. 사실 우리나라에서 생산되는 신-재생에너지는 대부분 쓰레기에서 얻는 에너지이다. 유럽 전체 차량의 34%가 디젤차이며, 브라질은 메틸알코올로 대부분의 차량을 운행하고 있다.

그러나 나무는 대량의 에너지를 공급할 수 있는 연료로 쓰기에는 그 양이 너무 부족하다는 결점이 있다. 생물자원 에너지 생산에는 넓은 토지가 요구되며 이들 작물의 재배에 엄청난 양의 에너지가 들어간다는 문제도 있다. 현재 미국에서 생산되는 바이오 에탄올은 1갤런을 생산하는 데 필요한 에너지가 같은 양의 에탄올이 내는 에너지보다 70%나 더 많다.

생물 연료는 탄소 배출을 줄이는 데 있어서는 광전지나 태양열 전기에 비해 역할이 미미하다. 식물은 에너지 생산을 목적으로 진화한 것이 아니라 환경에 적응하고 생존하며 번식하도록 진화했다. 에너지원으로 가장 경쟁력 있는 식물인 지팽이풀Switchgrass 도 가장 성능이 좋은 태양전지 효율의 100분의 1에도 미치지 못한다. 태양전지는 들어오는 태양에너지의 43%를 에너지로 전환시키나 지팽이풀은 단지 0.3%만을 화학에너지로 전환시킬 수 있을 뿐이다.

뿐만 아니라 바이오에너지를 이용하기 위해서는 에너지 생산을 위한 식물을 양분을 주어 기르고 수확하며 처리하는 과정까지 필요하다. 대부분의 작물에서 1톤의 바이오 연료를 생산하기 위해서는 약 1000톤의 물이 필요하다. 작물 경작에 필요한 화학비료를 생산하기 위해서, 그리고 식물을 바이오 연료로 가공하기 위해서 직접 연료를 쓰거나 전력을 사용하므로 결국 화석연료를 소모하게 된다.

바이오매스 자원으로부터 얻을 수 있는 에너지 형태는 열화학적 방법에 의한 열, 가스 이외에도 메탄, 매립지가스LFG, Land Fill Gas , 수소 혼합가스와 같은 바이오가스를 비롯하여 수송용 대체연료인 바이오디젤, 바이오에탄올 등의 액체 연료와 왕겨탄, 성형고체연료RDF와 같은 고형연료가 있다. 바이오매스의 활용 기술로는 연소, 열분해 및 액화 · 가스화가 있다. 연소는 바이오매스를 직접 태우는 것을 말하고 열분해 및 액화는 바이오매스를 상압 혹은 고압에서 산소가 결핍한 상태로 가열하여 탄화 및 액화를 유도하는 것이다.

한편 가스화는 바이오매스를 공기, 산소, 수소, 수증기, 일산화탄소 혹은 이산화탄소 존재하에서 가열하여 반응시켜 가스 상태로 변환하는 것을 말한다. 바이오 연료는 특히 수송용 연료의 대체재로 각광을 받고 있는데, 바이오디젤의 경우 석유계 디젤과 매우 유사하여 기존 디젤 엔진에 그대로 사용이 가능하다는 장점을 가지고 있다.

바이오디젤은 환경 문제에 대한 관심이 높은 유럽을 중심으로 활발히 보급되고 있으며, 특히 오스트리아는 모든 농업용 디젤 차량에 대해서는 의무적으로 바이오디젤을 사용토록 하고 있다. 휘발유 대용인 바이오에탄올은 지구상에 다량 존재하는 전분계 및 목질계 바이오매스에서 생산하는데 미국, 캐나다, 스웨덴 등의 산림이 많은 국가를 비롯하여 브라질과 같은 사탕수수를 대량 재배하는 국가에서 오랫동안 연구, 생산되어왔으며 여러 국가에서 상용화되어 자동차 연료 및 첨가제로 활용되고 있다.

바이오 연료는 현재 인류가 사용하는 재생에너지 중 가장 많은 양을 차지하고 있다. 그러나 에너지 공급을 위한 바이오매스의 대량생산은 바이오매스가 식량과 연계되어 있다는 점과 생태계의 균형에 무리를 주어 또 다른 환경 문제를 만들 수 있다는 문제점, 궁극적으로 지구 온실가스를 방출하게 된다는 단점을 가지고 있어 바이오 연료 사용의 우선적인 확대를 반대하는 목소리가 크다.

해양에너지

해양에너지도 크게 기대가 되는 미래의 에너지원이다. 달과 태양의 순환은 해류 흐름을 일으키며 바람은 파도를 일으킨다. 해양에너지는 해류에 의해 발생하는 파도의 힘, 조수의 힘 그리고 해양 온도차를 이용하여 전력을 생산하는 방법이다. 풍력 터빈과 유사한 장치로 조류에너지를 이용하여 전력을 생산하는 것이다.

해양에너지는 해양의 조수, 파도, 해류 및 온도차 등을 변환시켜 생산한 전기 또는 열을 의미한다. 이 중 특히 전기에너지를 생산하는 방식에 따라 조력, 파력, 조류 및 온도차 발전으로 나눈다.

조력발전은 조석간만의 차를 동력원으로 해수면의 상승하강 운동을 이용하여 전기를 생산하는 기술이며, 파력발전은 연안 또는 심해의 파랑에너지를 이용하여 전기를 생산하는 기술이다. 조류발전은 조류로 인한 해수의 유동에 의한 운동에너지를 이용하는 기술이며, 온도차 발전은 해양 표면층의 물과 500m 이상 심해 냉수와의 온도차를 이용하여 전기를 생산하는 기술이다. 해수 표면과 심해의 온도차는 최소 20℃나 된다. 이 차이를 이용하여 전력을 생산하는데, 해류는 염도와 온도, 파도의 차이에 의해 발생한다. 수면 위의 바람이 해류 흐름을 부채질한다. 파도 에너지의 잠재량은 연간 2000TWh를 넘어선다. 2000

년 지구 전체 전력 이용량인 13.7Wh의 150배나 된다.

해양에너지는 다음과 같은 몇 가지 장점이 있다. 첫째, 일관성이 있다는 점이다. 바다가 거대한 에너지 저장 시스템으로 작용하여 파도는 항상 일어난다. 둘째, 예측 가능성이 높다는 점이다. 전 세계의 바다 위에 떠 있는 데이터 부표는 파도가 언제 해안에 도착할 것인지를 알려줄 수 있다. 셋째, 바닷물은 공기보다 밀도가 800배나 높아 에너지 농도가 높다는 점도 있다. km^2당 최대 태양에너지는 약 1000W이며, 풍력에너지는 1만 W이다. 반면에 파동에너지는 10만 W이고 폭풍이 불 때는 더 높아진다.

그러나 해양에너지의 문제점은 바다에 거대한 구조물을 설치해야 한다는 점에 있다. 그리고 생산된 전력을 육지로 가져오기 위한 시설을 설치하는 것도 보통 문제가 아니다. 바다에 사는 생명체들에게 부정적인 영향을 줄 우려도 있다. 그리고 높은 건설비용과 발전 시설의 한정성(시화호의 경우 1일 2회 발전)도 약점으로 지적된다.

지열에너지

지열에너지는 지하수, 온천수 및 지하의 열을 이용해 냉난방 및 발전에 활용하는 기술이다. 1~10m의 얕은 지하와 지표 간의 온도차를 이용하는 천부지열, 1~2km 이상의 지하 깊은 곳의 열원이나 온천수를 이용하는 심부지열로 나눈다. 심부지열은 직접 지구의 열에너지를 이용하기 때문에 대용량의 에너지공급이 가능하고, 또한 간헐성이 없이 동일한 양의 열에너지를 지속적으로 공급할 수 있어 화석에너지를 손쉽게 대체할 수 있다는 장점이 있으나 활용 가능한 지역에 제한이 있다.

가장 활발히 지열을 활용하는 국가는 아이슬란드이며 미국, 프랑스, 호주 등지에서는 낮은 온도에서도 발전을 가능하게 하는 시스템 기술을 개발하여 활용하고 있다. 우리나라에서도 포항, 제주도, 울릉도 등 10여 곳에 심부지열 개발 사업이 진행 중이다.

한편 온천수는 국내에 매우 풍부한 양의 자원이 광범위하게 분포하고 있으며 지열에너지 중 가장 많이 활용되고 있는 상태이다. 일본은 자연보호를 이유로 온천 지역을 지열로 개발하는 것을 제한하고 있다.

천부지열은 열펌프와 열교환기를 사용하여 얕은 지하와 지표 간의 열교환 작용을 통하여 냉난방에 활용하기 때문에 어디서나 사용이 가능하다는 장점이 있으나 온도차가 충분하지 않으면 오히려 비효율적이 된다는 문제가 있다. 천부지열 활용을 위하여 지하에 묻는 열교환 장치는 개방형Standing column well과 폐쇄형이 있으며 폐쇄형은 다시 수직형, 수평형으로 나눈다.

지구의 내부는 마그마라고 하는 불덩어리로 되어 있다. 그래서 지표의 위치에 따라서 차이는 있지만 이 같은 지하의 열기를 에너지원으로 이용할 수도 있다. 지열은 수천 년 동안 주거공간이나 물을 데우기 위하여 쓰여왔다. 지구 어느 곳이든 땅속 깊이 3000m쯤 파 내려가면 그곳 암석의 온도는 물을 끓일 수 있을 만큼 높다. 이 열을 이용하여 난방을 하거나 발전을 하기도 한다.

현대 기술은 지열 존량이 있는 각기 다른 온도를 가진 물을 직접 활용하여 Wh당 2.5~10센트의 경쟁력 있는 전력 생산이 가능하다. 그러나 지열은 일부 국가나 지역에서만 경제적이고 실용성 있게 활용될 수 있다. 그리고 상당한 양의 독성과 냄새가 있는 황화수소와 이산화탄소를 방출한다는 문제점도 있다.

조류 연료

과학자들의 일치된 의견은 '환경에 해를 끼치지 않고 작물을 에너지로 전환할 수 있는 묘안은 없다'는 것이다. 에탄올이나 바이오디젤의 생산과정에서 연료가 많이 소요되기 때문이다.

그러나 늪에 떠 있는 단세포 식물인 녹초Scum는 담수나 해수를 막론하고 약한 광선과 탄소가 있는 곳에서는 번식을 잘하므로 과학자들은 조류 연료Algae fuel 개발 가능성을 높게 보고 있다. 녹조는 온실가스를 감소시킬 뿐만 아니라 다른 오염물질도 제거해준다. 어떤 조류는 조류 그 자체에서 전분을 만들 수 있어 에탄올을 생산할 수도 있다. 작은 기름방울을 생산하여 이를 바이오디젤이나 비행기 연료로 전환시킬 수 있는 종류도 있다.

조류는 적절한 환경 조건에서는 수 시간 내에 대량생산을 할 수 있는 장점도 있다. 1acre(0.4ha)에서 옥수수는 연간 약 300갤런의 에탄올을, 대두는 약 60갤런의 바이오디젤을 생산할 수 있다. 반면 조류는 이론적으로 5000갤런의 바이오연료를 생산할 수 있다. 조류는 언제 어느 곳에서나 생산이 가능하다는 장점도 있다.

수소 연료

수소는 다른 에너지원을 활용하여 얻은 2차 에너지이지만 이용 범위가 넓고 온실가스를 발생시키지 않는다. 거의 무제한이라고 볼 수 있는 물로부터 얻을 수 있고, 이용 후에는 다시 물로 재순환된다는 장점이 있다. 에너지용 수소는 물, 화석연료, 바이오매스, 액체 연료 등에서 생산할 수 있다. 고효율 수소 제조 기술은 화석에너지를 수증기와 반응시키거나 열분해하고 재생에너지 및 원자력에너지를 이용하여 물을 전기분해하거나 생물학적 분해 등을 통하여 높은 효율로 수소를 생산하는 기술로 최근 개발되고 있다. 만일 재생 가능한 자원으로 생산된 전기를 써서 물에서 산소와 수소를 분해하는 방법으로 수소자원을 만든다면 무공해 수소를 생산할 수 있다.

그런데 수소는 가벼워서 고도의 저장 기술을 필요로 한다. 수소 저장 기술은 압축하여 저장하는 고압저장과 액화상태로 저장하는 액체저장 그리고 매체를 이용하여 흡착 또는 수소 화합물 방식을 통하여 안전하고 효율적으로 저장하는 고체저장 등으로 나눌 수 있다. 수소는 액화할 수는 있다. 그러나 이렇게 하기 위해서는 막대한 에너지가 필요하다. 수소를 범지구적으로 이용하기 위해서는 폭발성 있는 수소의 안정성을 높이고 간편한 수소 저장 체계를 구축하여야 한다.

많은 사람들이 무공해 수소 혁명을 선전하고 있지만 수소라는 자원의 성격을 고려할 때 수소의 환경적 혜택은 사라질 수 있다. 수소 그 자체는 깨끗하게 연소하지만 수소 생산을 위한 1차적인 자원은 탄소를 배출하기 때문이다. 세계 수소 생산의 96%가 화석연료를 재구성하여 얻어진다. 이때 많은 오염 물질이 배출된다면 환경 친화적이라 할 수 없을 것이다. 현재 가장 저렴한 수소 생산 방법인 천연가스의 스팀 재구성 과정을 통하여 수소를 제조할 때에는 수소 1kg을 생산하기 위하여 7kg의 이산화탄소가 방출된다.

연료 전지

연료 전지Fuel cell는 우주선의 생명지원 체계로 개발되었다. 연료 전지는 전기 발전을 위하여 수소와 산소를 결합하는 장치인데 이 결합 과정에서 열과 물이 생성된다. 화학적 표식으로는 '$2H_2+O_2$ 〉 $2H_2O$+에너지'로 표현된다. 반응 과정에서 생성된 열은 건물의 난방에 활용하고 정제된 물은 세척, 식수, 관개용수 등으로 사용될 수 있다. 수소와 산소의 화학반응으로 생기는 화학적 에너지를 직접 전기에너지로 변환시키는 전기화학적 장치로써 수소와 산소를 양극과 음극에 공급하여 연속적으로 전기를 생산하는 발전기술이다. 생성물이 전기와 물이며 발전효율과 열효율이 높다.

연료 전지는 작동 온도와 주원료 및 기술발전 단계에 따라 알카리형AFC, Alkaline Fuel Cell, 인산염형PAFC, Phosphoric Acid FC, 용융탄 산염형MCFC, Molten Carbonate FC, 고체산화물형SOFC, Solid Oxide FC, 고분자 전해질형PEMFC, Polymer Electrolyte Membrane FC 연료 전지 등으로 구분할 수 있다(기술 발전의 단계 순서이다).

알칼리형은 NASA가 가장 오랫동안 사용한 연료 전지로 효율이 높고, 인산염형은 가장 먼저 상용화된 연료 전지이며, 고체산화물형은 전해질로 액체가 아니라 고체를 사용하고 있어 내구성이 높다는 장점을 가진다. 고분자 전해질형은 가동 시간이 짧은 동시에 부하 변화에 대한 응답 특성이 빠르고 전해질로 고분자 막을 사용하므로 부식 문제가 적으며 전해질 보충이 필요 없다는 장점이 있다.

연료 전지는 기술 개발의 방식도 중요하지만 원하는 출력을 얻기 위하여 단위전지를 수십 수백 장 쌓아올리는 스택Stack 기술 역시 중요하다. 기타 개질기, 주변 보조기기 및 전력변환기를 합하여 하나의 제품을 이룬다. 제품들은 고온형과 저온형, 대형 및 소형 등으로 구분되며 이용 형태는 대용량과 화력발전, 휴대용 발전, 교통수단용, 모바일용, 군사용 등 다양하다.

연료 전지는 수소에서 매우 효율성이 높은 에너지를 생성하며 유지 관리가 쉽고 수명과 신뢰성이 높다. 또한 연료 전지는 55%의 높은 에너지 효율을 보인다. 대부분의 내연기관 엔진의 에너지 효율은 30% 미만이라는 점을 상기하면 연료 전지의 유용성을 짐작할 수 있다. 뿐만 아니라 연료 전지는 수소 생산을 위한 전력으로 이용할 수 있다. 광전자나 다른 원천으로 생산되는 전력을 이용하여 물을 산소와 수소로 분리할 수 있다.

연료 전지는 어느 장소에서나 쓸 수 있어 실용성도 높다. 정적 장치와 동적 장치 모두에 응용될 수 있으며 다양한 용도에 활용될 수 있다. 만일 수소 연료가 다량 생산된다면 연료 전지로 유용하게 활용될 수 있을 것이다. 2030년에는 세계적으로 자동차용과 주택용, 휴대용 등을 포함해 모두 1500억 달러 규모의 연료 전지 시장이 형성될 것으로 보고 있다. 그리고 수소 생산과 저장, 운송, 연료 전지 교체 수요 등을 모두 포함한 시장 규모는 1조 달러를 충분히 넘어설 것이다.

석탄가스와 복합기술

석탄가스화 복합발전IGCC, Integrated Gasification Combined Cycle은 석탄 및 중질산사유 등의 저급 연료를 고온 고압의 가스화기에서 수증기와 함께 한정된 산소로 불완전연소 및 가스화시켜 일산화탄소가 주성분인 합성가스를 만들어 가스 터빈이나 증기 터빈을 구동하여 발전하는 기술을 말한다. 최근에는 여기에 석탄액화기술CTL, Coal-to-Liquid을 함께 포함하여 말하기도 한다. IGCC는 분탄을 사용하는 기술, 연소 시 순산소를 사용한 순산소 연소 등과 함께 석탄청정화 발전 기술 중 대표적인 기술 중 하나이며, 타 기술들에 비하여 다양한 응용 및 적용이 가능하다는 장점을 가지고 있다.

또한 기존 화석연료를 개선하는 방법도 있다. 석탄은 가장 풍부하지만 가장 더러운 연료이다. 지하에 묻혀 있는 가용 매장량은 앞으로도 100년 동안 전 세계의 전기를 공급할 수 있을 만큼 많다. 그러나 석탄 화력발전소는 다른 어떤 에너지원보다 많은 지구온난화 물질을 포함한 오염물질을 배출한다. 그런데 석탄의 연소 효율을 대폭 높일 수 있다면 이산화탄소 배출을 줄일 수 있다. 지구상에 가동되고 있는 모든 화력발전소가 석탄분말을 연료로 사용하는 '미임계 발전소'이다. 이러한 발전소의 대부분은 상대적으로 저온, 저압에서 가동되어 석탄에너지의 35%만이 전기로 전환된다. 보다 발전된 발전소들은 미임계 온도를 550~590℃ 사이로 하여 효율을 40%에 근접시키고 있다. 가동 온도와 압력을 보다 높여 590℃ 이상의 극초임계 발전소로 개발할 수 있다면 40% 이상의 효율을 올릴 수 있다.

석탄가스화 복합발전 기술은 탈황율 99.9%가 가능하며 기존 화력발전 대비 15%의 이산화탄소 저감 효과가 있다. 이산화탄소 포집 및 저장CCS 기술을 적용할 때는 90% 이상의 저감 효과를 가져올 수 있다.

원자력발전

원자력은 세계 전력의 17%를 공급한다. 원자력발전은 조업 중에는 이산화탄소를 배출하지 않는다. 그러나 단점이 적지 않다. 우선 건설 비용이 너무 비싸다. 폐로나 폐기물을 어떻게 처리할 것인가는 더욱 큰 문제다. 다 쓴 연료의 방사성 물질 때문이다. 광석에서 우라늄을 꺼내고 난 후 잔사의 처리도 적지 않는 문제이다. 원전의 연료인 우라늄의 확인 매장량은 향후 80년 정도 사용하면 고갈될 것으로 추정된다. 이 문제를 해결하기 위하여 선진국에서는 소듐냉각 속도로SFR 기술을 개발 중에 있다. 이 기술은 원자로의 경수로나 중수로와 달리 고에너지의 고속 중성자를 이용해 핵분열 반응을 일으키는 방식이다. 냉각제로는 물을 쓰는 경수로와 달리 액체소듐이 사용되고 감속재는 사용하지 않는다. 연료는 저농축 산화연료 대신 고농축의 금속 연료를 사용한다.

원자력은 에너지의 총아로 등장했으나 1986년 체르노빌 발전소의 폭발사고와 2011년 후쿠시마의 원자력발전소 정전사고로 반핵 운동이 전개되면서 원자력발전에 대한 안전성에 근본적인 의문이 제기되어 성장하지 못하고 있다. 그러나 2000년대에 들어서면서 화석연료 가격의 급등과 기후변화 이슈가 크게 대두되면서 원자력발전에 대한 옹호론이 재등장했다. 급격한 기후변화를 막기 위하여 이산화탄소를 배출하지 않는 원자력이 최선은 아니나 차선의 대안은 될 수 있다는 주장이다.

일본에서 발표된 한 연구에 의하면, 원자력발전소 설비 건설비는 30만 엔/kW, 양수발전을 포함할 때는 60만 엔/kW이 된다. 반면 풍차의 건설비는 10만 엔/kW이고, 실리콘 태양전지는 50만 엔/kW이다. 최근 호주 국립대학 연구팀이 태양전지의 가격을 4분의 1이하로 내리는 기술을 개발해 태양전지의 이용가능성이 높아질 전망이라고 한다.

핵융합 기술

핵융합은 가벼운 원자핵인 수소나 중수소 등이 융합하여 무거운 핵이 되면서 발생하는 에너지를 이용하는 기술이다. 핵융합 시에도 핵분열 시와 같이 핵반응 이후의 미세한 질량 변화에 해당하는 에너지가 방출되는데, 이 원리를 이용한 것이다. 현재 핵발전소에서 활용되고 있는 원자를 쪼개는 핵분열과 달리 두 개 이상의 가벼운 원자핵을 더 무거운 하나의 원자핵이 되도록 압력을 가해 합치는 것이다.

태양에서는 네 개의 수소원자를 합쳐서 하나의 헬륨원자로 만드는 핵융합이 끊임없이 일어나고 있다. 이 헬륨원자는 원래의 수소원자 4개를 합한 것보다 무게가 가볍다. 이때의 질량의 차이가 폭발적인 에너지로 전환되고 있는 것이다. 아인슈타인의 유명한 방정식 $E=MC^2$은 이 반응식을 표현하고 있다. 바닷물에서 얻을 수 있는 수소 동위원소인 1그램의 중수소에서 발생되는 에너지는 대략 1만 리터의 휘발유에서 얻을 수 있는 열량과 유사하다.

그런데 지구에서 핵융합 반응을 일으키는 것은 쉬운 일이 아니다. 첫째는 원자가 원자핵이 가진 양전하끼리의 척력을 극복하고 서로 합치도록하기 위해서는 100만℃까지 가열해야 한다는 점이다. 둘째는 고온가스를 어떻게 가두어서 활용하느냐 하는 문제가 있다.

한계와 활용 방안

신-재생에너지의 한계

재생에너지는 고갈되지 않고, 기후에도 악영향을 주지 않는 미래의 에너지원으로 우리 문명이 앞으로 가야할 방향이라고 할 수 있다. 재생에너지 산업은 기존의 화석연료 산업보다 많은 일자리를 만들어주는 장점도 있다. 태양열 발전소는 화력(석탄 또는 천연가스) 발전소에 비해 2배나 많은 일자리를 창출한다.[63] 뿐만 아니라 신-재생에너지 이용기술에는 첨단기술도 있지만 교육을 필요로 하지 않는 중간기술을 활용할 수 있는 가능성도 높다. 그래서 미국 등 많은 나라들이 재생에너지 산업 육성에 많은 관심을 보이고 있다. 그런데 현재의 기술 수준에서는 재생에너지가 두 가지의 근본적인 한계점을 지니고 있다.

첫째, 에너지가 지속적으로 발생하지 않고 간헐적으로 발생한다는 점이다. 바람이 불고, 파도가 치며, 햇빛이 비칠 때에만 전기가 생산되는 간헐적인 에너지원이라는 것이다. 둘째, 현재 기술로 태양전지 등 대체에너지를 개발하기 위해서는 또다시 석유라는 화석연료가 요구된다는 점이다. 일례로 태양전지를 생산하기 위해서는 희귀한 광물질을 채굴하고 이를 용광로에서 용해시켜야 한다. 태양전지를 덮는 유리는 비교적 값싸고 풍부한 모래로 만들지만 이때는 고온의 용광로를 가동해야 한다. 그러므로 태양에너지를 활용하기 위해서는 막대한 양의 화석연료 투입이 불가피하다. 고성능 강철 등으로 만들어진 고성능 전동기를 필요로 하는 풍력도 다량의 화석연료를 요구하는 것은 마찬가지다.

종합적으로 볼 때 신-재생에너지는 에너지원별로 경제성에 큰 차이가 나고, 지역 여건에 따라서는 환경 생태적 영향도 크게 나타날 수 있다. 하지만 지구 환경 생태 원리에 부합되며 기후에도 중립적일 수 있어 우리가 미래의 에너지원으로 개발해나가야 한다. 경제적이고 환경 친화적인 신-재생에너지 기술을 어떻게 빨리 개발할 수 있느냐가 관건이라 할 것이다.[64]

신-재생에너지의 활용 방안

향후 신-재생에너지를 효과적으로 활용하기 위해서는 다음과 같은 점들이 고려되어야 한다.

첫째, 태양, 풍력 등으로 생산된 에너지를 저장하여 필요한 때에 활용할 수 있는 기술을 개발하는 것이다. 현재 배터리 기술로 전기에너지를 저장하고는 있지만 효율이 낮다. 최근 관심을 끄는 것은 수소와 연료 전지를 사용하여 여분의 에너지를 필요할 때까지 저장하는 방법이다.

둘째, 신-재생에너지 간의 차이를 고려하여 이용하는 것이다. 우선 신-재생에너지 자원의 부존 여부를 고려하여 개발해야 한다. 신-재생에너지 생산에 투입되는 자원이 무엇인지에 대한 고려도 필요하다. 참고로 1W의 전력을 생산하는 데 소요되는 토지 면적은 풍력발전소에 비해 태양열발전소는 6배, 생물 연료는 130배에 달한다.

셋째, 신-재생에너지의 가장 큰 특징은 분산형 에너지라는 점이다. 기존의 화석에너지 체계에서는 모든 사람들이 단지 에너지 소비자에 불과했다. 에너지 공급자는 소수의 대기업이 독점했다. 그러나 신-재생에너지를 기반으로 하는 미래 에너지 체계에서는 모든 사람이 에너지 공급자인 동시에 소비자가 될 수 있다. 에너지 유비쿼터스가 가능하게 되어 분산형 에너지 체계로 개편돼야 한다는 것이다.

국제 추세와 국내 현황

'저탄소 녹색성장' 선언의 이론적 기반을 제공했다고 알려져 있는 미국의 저널리스트 토머스 프리드먼Thomas L. Friedman의 저서 『세계는 평평하다』에서 녹색혁명을 위한 15가지 구체적인 방법으로 언급한 내용 중에는 풍력, 태양광 발전, 바이오에탄올, 수소 생산 등 다섯 가지의 신-재생에너지가 있다.

국내에서 일어나고 있는 신-재생에너지의 부상 배경으로는 크게 국제 온실가스 감축 협상 임박, 고유가, 그리고 전 세계적인 신-재생에너지 분야의 투자 확대 등을 들 수 있다. 신-재생에너지의 특성인 '에너지 및 환경 문제의 동시 해결'이 장점으로 작용하고 있다는 점도 주요 원인이다. 무엇보다도 가장 중요한 원인은 온실가스 감축 의무에 대한 국내외적 관심 증대라고 할 수 있다. 2015년 12월 말 파리에서 열린 제21차 유엔기후변화협약 당사국총회에서 신기후체제가 확정되면서 전 세계가 신-재생에너지에 대한 필요성을 보다 크게 인식하기 시작했으며, 포스트 2020 온실가스 감축 수단이 가장 독보적인 위치를 점하게 되었다.

미국에서는 정부와 민간 모두 신-재생에너지 분야의 투자를 늘리고 있으며, 일본의 경우는 국가 주도로 진행되고 있다. 미국의 경우 신-재생에너지에 대폭 증액하여 투자했으며 벤처캐피털 자금의 10% 이상이 이 분야에 투입되고 있다. 일본은 1974년 태양광발전기술 개발을 위한 국가 주도의 선샤인 프로젝트Sunshine project 추진, 1980년에

NEDO New Energy Development Organization 설립을 통한 기술개발 착수, 1993년 선샤인 · 문라이트 프로젝트 Sunshine, Moonlight Project 와 지구 환경 기술개발 계획을 통합한 새로운 선샤인 프로그램 New Sunshine Program 수립 등으로 장기적인 프로그램을 꾸준히 진행 중이다.[65]

신-재생에너지의 가장 큰 특징은 '기술에너지'라는 것이다. 따라서 신-재생에너지 산업은 신-재생에너지원을 변환하는 관련 설비를 생산하는 기술 집약형 장치 산업의 특성을 지니게 된다. 그러나 신-재생에너지는 기존 화석연료와 비슷하게 자연 조건, 지역 조건 등 여러 조건에 따라 활용 여부가 결정되는 등 지역적 편재성이 높다. 지열, 소수력, 조력 등이 상대적으로 지역적 편재성이 적은 편이다. 이러한 에너지를 이용하여, 분산형 에너지 시스템 확산에 신-재생에너지를 활용하는 노력이 증대되고 있다. 네덜란드의 아메르스포르트 Amersfoort 시는 신도시 계획 단계에서 태양광발전 분산전원 시스템화 도시로 기획하여 도시 전체를 중급 규모의 분산전원 시스템으로 건설한 바 있다.

신-재생에너지 사업의 또 다른 특성은 경제성이 낮아 각국 정부의 신-재생에너지 보급 사업에 의존하는 '정책 의존적 사업'이라는 것이다. 풍력같이 화석연료와의 경쟁에서 경제성을 확보하여 상용화된 에너지원도 있지만 대부분의 에너지원은 기존 화석연료 대비 경제성 확보가 어려운 상황이다.

그러나 신-재생에너지의 부족량은 현재 에너지 수요의 3000~4000배 정도로 큰 규모이기에 전 세계적으로 이를 개발하기 위한 투자가 벌어지고 있다. 기술 개발, 생산 효율 향상 등으로 신-재생에너지의 경제성이 화석연료와 경쟁 가능한 수준으로 향상될 전망이며, 풍력, 태양광, 바이오매스 등의 분야에 대한 연구개발 투자가 세계적으로 증가하는 추세다. 특히 일본의 원전사고 이후 재생에너지의 중요성이 증가하고 각국의 시장 선점 경쟁이 보다 치열해지는 상황이다. 중국의 경우 2011년 한 해만 42조 원을 태양광 산업에 집중 지원했으며 풍력 등 다른 에너지원에서도 중국 업체의 성장세가 지속되고 있다.[66]

4장

지속가능한 환경과 에너지복지

'지속가능한 발전'의 개념과 7가지 원칙

'지속가능한 발전'에 대한 개념이 1992년 리우회의를 통하여 국제 사회의 핵심 규범으로 정착되게 된 결정적인 계기를 마련한 것은 1987년 세계환경개발위원회WCED, World Commission on Environment and Development가 제출한 '우리 공동의 미래Our common future'라는 제하의 보고서(위원회 위원장이었던 노르웨이의 수상, 브룬트란트의 이름을 따 '브룬트란트 보고서'라고도 불린다)였다.

이 보고서에서는 지속가능한 발전을 '미래 세대의 필요를 충족시킬 수 있는 능력에 손상을 주지 않으면서 현재 세대의 필요를 충족시키는 발전'이라는 다소 추상적인 표현으로 정의하고 있다. 여기에서 지속가능한 발전은 필요의 개념the concept of needs과 한계의 이념the idea of limitation이라는 두 가지 핵심 개념을 포함한다.

'필요의 개념'이란 전 세계 가난한 사람들의 기본적인 필요를 의미하며, '한계의 이념'이란 현재와 미래의 필요를 충족시키는 환경의 수용 능력의 한계를 의미한다. 환경보호와 경제발전이라는 두 축의 균형과 조화로운 발전 속에서 세대 내의 형평성, 세대 간 형평성과 더불어 장기적으로 지속가능한 발전, 즉 사회 · 경제적인 지속가능성과 생태적인 지속가능성을 모두 충족시켜야 한다는 것이다. 아울러 삶의 질과 인간의 기본적 욕구가 충족될 수 있는 사회가 구현돼야 한다는 뜻이다. 이 두 가지 조건이 충족되었을 때 경제성장도 지속적으로 이루어질 수 있다. 사회적 빈곤과 환경 악화는 경제성장으로 인해 초래될 수 있는 부작용이므로 이를 해소해야 한다. 그리고 지속적인 경제성장을 이루기 위해서는 상호 밀접하게 영향을 미치는 경제와 환경, 사회에 대한 고려를 동시에 해야 한다.

한계는 자연환경의 생태적 한계가 아니라 현재 세대와 미래 세대의 욕구를 만족시켜주는 환경의 능력에 대하여 사회조직과 기술의 상태가 보여주는 한계다. 즉 지식이 쌓여 기술이 발달하면 자연자원의 용량을 늘릴 수는 있지만, 기술 정책이 자연자원에 접근하는 현재의 방법을 바꾸는 데 주의를 기울이지 않으면 생태적 지속가능성은 보장되지 않는다. 세계환경개발위원회WCED에 의하면 생태적 지속가능성은 현재 자연자원에 접근하는 기술의 사용 방법, 부의 불평등 분배 등 사회조직의 한계가 바뀌지 않고는 이룰 수 없다.

따라서 지속가능한 발전은 고정된 상태가 아니라 '자연자원의 착취, 투자의 방향, 기술 발전의 방향, 제도의 변화가 현재와 미래의 욕구에 일치하는 방향'으로 변해가는 과정이다. 결국 최종적으로는 정치적 의지에 달려 있는 것이다.

세계은행World Bank 은 지속가능한 발전을 '경제성장, 빈곤 문제의 해결, 건전한 환경 관리가 병행되는 것'으로 정의를 내리고 있다. OECD에서는 '경제 정책과 환경 정책의 통합'이라고 정의하고 상호 간의 연계, 경제 및 사회 발전과 함께 환경 보전을 조화시켜 현재 세대와 미래 세대의 삶의 질을 향상시키려는 의지의 표현이라고 설명한다.

이와 같이 지속가능한 발전의 개념은 '환경과 경제가 조화된 발전'이라고 정의한 1992년 리우회의 이후 환경과 경제 중심의 논의가 많았으나 2002년 남아공 요하네스버그에서 개최된WSSD, World Summit on Sustainable Development(1992년 리우회의 이후 10년 만에 열린 환경정상회의)에서 사회 분야가 추가됨으로써 경제, 환경, 사회의 균형 있고 조화로운 발전으로 자리매김 되고 있다. 즉, 지속가능한 발전의 개념은 환경보호라는 소극적 주제에 머물러 있는 개념이 아니라 사회통합과 형평성, 환경보호, 인간의 욕구를 충족시키는 경제성장이라는 3대 요소를 축으로 삼는 포괄적이고 미래지향적인 인류의 보편적 발전 이념으로 이해할 수 있다. 아울러 인간을 둘러싸고 있는 사회와 환경의 발전을 강조하고 국가 간 관계에서도 윈-윈Win-Win 을 추구하는 탈국가적 발전 양식을 상정하고 있으며, 사회 중심적이고 민주적이며 시민 참여적 요소를 깊게 내포하고 있다.

그러나 아직까지도 지속가능한 발전의 개념에는 일정한 한계가 있는 것으로 지적되고 있다. 큰 맥락에서 환경과 경제를 통합하고 사회 형평성을 도모하는 발전으로 그려지고 있지만 교시적 이념형 모형Heuristic ideal type 으로 내용이 추상적이고 모호하며, 현재 세대와 미래 세대 간 배분 원칙, 경제와 환경을 통합하는 매개 변수와 이를 측정하는 기준, 그리고 과학적 불확실성 등 다양한 요소로 인해 명쾌한 개념 정립이 쉽지 않다는 것이다.

지속가능한 발전을 보는 시각은 행복지수와 같이 주관적인 요소가 커서 국가별, 지역별, 그리고 개개인이 직면해 있는 여건에 대한 인식을 통하여 정립되는 만큼 도덕성과 사회정의에 기초한 의미 분석이 필요하다. 이처럼 지속가능한 발전의 개념에 대하여 논란이 있는 것은 사실이지만 인간의 복지, 즉 자연자원에 대한 인간의 절대적 의존과 경제발전에 대한 보편적인 욕구를 전제로 하는 개념이라는 점에 대해서는 합의가 이루어지고 있는 것으로 보인다.

앞서 지속가능한 발전에 대한 논의의 전개 과정, 개념 등을 살펴보았듯이, 지속가능한 발전은 현실적인 상황과 필요에 의해 다양한 시각으로 표현될 수 있으므로 그것이 추구하는 가치에 대하여 세계적 합의가 이루어지기는 어렵다. 그러나 다양한 사회적 목표들을 조정하는 틀Framework로써 지속가능한 발전이 이용될 수 있다. 이러한 측면에서 지속가능한 발전에 대한 개념적 한계를 규정할 수 있는 핵심 개념이나 원칙에 대한 논의가 필요하다고 할 것이다.

경제 컨설턴트이자 저술가인 게리 제이콥스Garry Jacobs는 지속가능한 발전의 핵심 관념을 '환경과 경제의 통합, 미래 가능성, 환경보호, 형평성, 삶의 질, 참여'의 6가지로 요약한 바 있고, 국제환경법학회ILA 지속가능발전법률위원회CLASD는 2002년 「지속가능한 발전에 관한 국제법원칙에 관한 뉴델리 선언」에서 아래와 같은 7대 원칙을 제시했다.

- 자연자원의 지속가능한 이용을 보장할 국가의 의무
- 형평(세대 간 형평 및 세대 내 형평)과 빈곤 퇴치의 원칙
- 공통의 그러나 차별화된 국가 및 행위자들의 책임 원칙
- 보건 · 자연자원 및 생태계에 대한 예방적 접근Precautionary approach의 원칙
- 정보 및 정의에 대한 공중의 참여와 접근의 원칙
- 훌륭한 협치Good governance의 원칙
- 인권과 사회경제적 및 환경적 목표들에 대한 통합과 관계의 원칙

한편, 우리나라의 지속가능발전위원회는 2008년 지속가능발전정책의 한국적 상황을 고려하여 세대 간 형평성, 삶의 질 향상, 사회적 통합, 그리고 국제적 책임 등 4가지 원칙을 제시했다.

지금까지의 논의를 함축하는 지속가능한 발전의 원칙을 정리하면 통합의 원칙, 개발권의 원칙, 지속가능한 이용의 원칙, 세대 내 형평성의 원칙, 세대 간 형평성의 원칙, 훌륭한 협치Good governance의 원칙, 국제적 책임의 원칙 등 7가지 원칙을 들 수 있다. 이를 구체적으로 살펴보면 다음과 같다.

첫째, 통합의 원칙이다. 이 원칙은 사회적, 경제적 발전 계획에 환경적 요소를 고려하고, 환경 계획 수립 시 경제적, 사회적 요소를 고려해야 한다는 것을 의미하는 것으로 지속가능한 발전에 있어 가장 중요한 요소다. 1992년 리우회의에서는 기존의 환경적 요소에 경제발전을 추가함으로써 지속가능한 발전의 개념을 환경과 경제의 균형 있고 조화

로운 발전으로 규정한 데 반해, 2002년의 WSSD는 여기에 사회적 통합과 형평성을 추가했고, 이를 위한 국가 전략과 이행 계획을 요구했다. 국제적으로 이와 같은 국가적 의무 부여는 전략과 이행 계획을 작성하는 과정에서 모든 분야의 정책을 조율하는 통합성이 발휘될 수 있다는 것이고, 정부의 책임을 높여 그 계획의 실행을 담보하고자 하는 것이다.

둘째, 개발권의 원칙이다. 리우선언의 제3원칙은 '개발의 권리는 개발과 환경에 대한 현재 세대와 미래 세대의 필요를 형평하게 충족할 수 있도록 실현되어야 한다'라고 명시함으로써 각 국가가 자국의 자연자원을 개발할 권리를 인정하되 현재 세대와 미래 세대 간 형평성을 충족하도록 요구하고 있다. 이 원칙은 개도국의 입장을 반영한 것으로, 환경보호를 이유로 경제개발에 가해지는 국제적 제한에 대한 개도국의 반발을 무마하기 위하여 마련된 선진국과의 타협안이라고 볼 수 있다. 그러나 리우 선언은 제2원칙에서 '각 국가의 자연자원 개발권을 인정하되 월경성 대기오염 물질이나 오존층 파괴물질인 프레온 가스 사용 규제와 같이 그 개발 활동이 다른 국가나 국제 공익에 피해를 주어서는 안 된다'라고 명시하고 있다.

셋째, 지속가능한 이용의 원칙이다. 이 원칙은 자연자원의 지속가능한 이용 및 개발, 즉 자연자원의 재생 능력 범위 내에서 이용되어야 한다는 것을 강조하는 것으로 공기, 물, 기타 자연자원에 대한 무제한적인 이용을 제한하는 개념으로 이해된다. 이 원칙은 지속가능성이라는 원리의 기초가 되는 개념으로 경제성장의 토대가 자연자원의 이용에 있는 만큼 자원의 고갈을 막기 위하여 자연자원의 적절한 이용과 관리가 필요함을 의미한다.

넷째, 세대 간 형평의 원칙이다. 이것은 자연자원과 자연환경을 이용, 개발할 때 현재 세대와 미래 세대의 이익을 형평성 있게 고려해야 한다는 원칙이다. 비록 대상 자원과 형평성의 기준 등 세대 간 형평성을 결정할 수 있는 잣대가 마련되어 있지 못한 것이 현실이지만, 본질적으로 각 세대는 자신이 물려받은 것보다 더 악화되지 않은 상태로 미래 세대에게 자연환경을 물려주어야 할 의무가 있다. 현재의 상황에서는 자연환경을 떠나 천연자원과 쾌적한 환경, 의료보험 등 각종 복지시스템, 안정적인 재정구조 등 모든 삶의 질의 요소들이 최소한 현 세대와 같거나 나아야 한다는 의미로 확대되고 있다.

다섯째, 세대 내 형평의 원칙이다. 이 원칙은 현재 세대 내의 지역 간, 계층 간 격차 해소 등 현재 세대 구성원 간의 형평성이 제고되어야 한다는 것으로 빈부격차 해소, 모두가 건강하고 쾌적한 환경에서 살 권리와 함께 사회적으로 차별받지 않을 권리 등 지속가능한 발전을 위한 구성 요소의 모든 분야에 해당한다고 볼 수 있다. 이 원칙은 개도국과 선진국 사이의 부의 불균형을 시정하고 빈곤층의 필요에 정책의 우선순위를 부여하는 등 국가 간 관계에도 적용된다. '우리 공동의 미래'라는 '브룬트란트 보고서'는 세대 간의 형평성뿐만 아니라 각 세대 내 형평의 원칙을 지속가능한 발전의 핵심 요소로 포함시키고 있다.

여섯째, 훌륭한 협치Good governance의 원칙이다. 1992년 리우회의에서 채택된 의제 21은 지역의 지속가능한 발전을 위한 지방의제 작성에 지방자치단체, 청년단체, 여성단체, 과학자, 농민, 기업, 노조, 환경단체, 주민 등을 필수적인 참여자로 규정하고 있다. 이는 지역의 이해관계자, 특히 사회적 소수자와 약자의 목소리를 거버넌스 체제를 통하여 반영함으로써 사회적 형평성을 도모하고자 하는 것으로 이해될 수 있다.

훌륭한 협치는 정부 실패에 따른 행정의 비효율성을 극복하고 민주적 의사결정 과정을 통하여 정책의 신뢰성과 추진력을 강화하는 데 기여할 것이며, 특히 우리나라의 활성화된 시민사회의 참여는 행정에 지속가능한 발전의 개념을 접목하는 데 큰 시너지 효과를 낼 것으로 기대된다.

일곱째, 국제적 책임의 원칙을 들 수 있다. 국제적 책임은 국제적 협력을 통하여 환경 보호와 빈곤 퇴치 등 전 지구적으로 지속가능한 발전을 실현하기 위하여 노력해야 한다는 것이다. 리우선언도 제5원칙에서 '모든 국가와 국민이 세계 대다수 사람들의 기본 수요를 충족시키기 위하여 빈곤 퇴치를 위한 협력을 할 것'을 규정하고 있어 지속가능한 발전을 위한 국제 협력을 촉구하고 있다. 특히, 개도국의 경우 자원개발과 경제개발 우선 정책에 따라 환경파괴가 가속화되고 있어 기후변화협약에서 규정하고 있는 바와 같이 선진국의 개도국에 대한 재정지원과 기술지원 등 국제 협력 강화가 절실한 시점이다.

'환경복지'의 출현과 의미

환경복지란 무엇인가

2005년 UN은 생태계서비스Ecosystem service 개념을 도입하고 발전시키면서 생태계로부터 제공되는 자원과 서비스가 인간 사회와 어떻게 연계되는가에 대한 체계를 만들게 된다. 생태계서비스란 인간의 관점에서 자연자원으로부터 받는 편익을 평가하고 생태계의 가치를 평가하는 수단으로, 인간 사회와 생태계 간의 관계를 파악하고 자연이 인간에게 주는 혜택을 규명한다.

환경이 인간에게 주는 혜택이라는 측면에서 복지에 대한 구체적인 접근이 이루어지고, 생태계에 대한 다차원적인 가치를 평가하기 위한 시도들이 맞물리면서 환경이 인간에게 가져다주는 복지의 개념이 발전하게 된 것이다.

환경복지는 환경과 복지가 결합된 용어로, 환경이 미치는 영향이 증

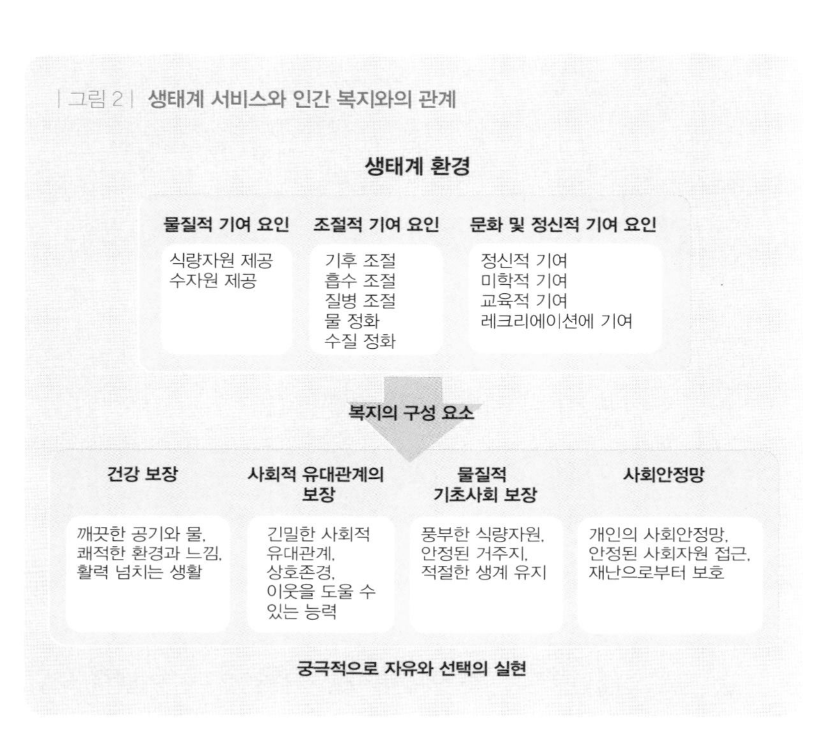

*출처 : Millenium Ecosystem Assesment(2005), 최재천 외(2009).

대되고 이로 인해 삶의 질이 악화되는 결과가 초래되면서 등장하게 되었다. 대표적으로 로브슨Robson은 환경복지Environmental welfare를 "물리적 인공 환경이나 사회 환경의 개선을 뜻하는 것"이라고 말하며, 복지국가는 각종 환경오염이 전체 공동체를 위협하는 상황을 고려해야 한다고 주장한다. 즉, 환경을 개선하고 아름답고 쾌적한 도시 환경을 조성한다면 주민의 복지에 긍정적 영향을 미칠 것이라고 했다. 환경복지 자본주의를 주창하며 환경 문제와 사회 문제를 통합적으로 해결해야 지속가능한 사회가 가능하다고 한 것이다.

최근의 연구에 의하면, 환경복지는 사람들이 인간다운 삶을 영위하는 데 필요한 일정 수준 이상의 환경과 서비스를 동등하게 누리고, 환경 약자가 건강하고 쾌적한 환경에서 배제되지 않도록 하는 환경 불평등 해소를 주요 내용으로 하고 있다. 즉, 환경복지는 '모든 사람이 건강하고 쾌적한 환경에서 생활하도록 환경 자원과 서비스 혜택을 동등하게 누리고 환경오염으로부터 동등하게 보호받으며 정책 과정에 대한 참여 기회와 정책 결과의 배분이 공평하게 이루어져 보다 나은 삶의 질을 보장받는 것'으로 정의된다.

아직까지 환경복지가 개념적으로 정의되었을 뿐 관련 연구 및 정책적 정립은 부족한 상황이다. 하지만 지속가능성 패러다임과 사회복지의 결합을 통한 환경복지 국가가 제시되기도 했으며, 이를 정책적으로 도입하기 위한 연구도 시도되고 있다. 기존에 환경복지는 주로 정책 차원에서 논의되어왔으며 모든 사람들이 건강하고 쾌적한 환경을 누릴 권리를 지닌다는 내용을 기초로 인간다운 생활을 할 수 있는 삶의 질 보장 원칙을 담고 있다. 또한 환경복지의 구성 요소로 6가지 원칙을 제시하고 있다.

첫째, 보편적 복지로서 일정 기준을 넘는 환경의 질과 서비스가 보장되거나 환경 위험으로부터 보호되어야 한다. 둘째, 지속가능성 원칙으로 자연의 한계를 존중하고 미래 세대와의 형평성을 강조한다. 셋째, 최소 극대화의 원칙을 통하여 전반적인 환경복지의 질을 개선하고 환경 약자의 복지 수준 향상에 우선순위를 둔다. 넷째, 수요자 중심의 참여가 원칙이다. 이해당사자의 참여와 정보의 접근성을 전제로 한다.

다섯째는 환경 비용의 형평성으로 비용 편익 부담의 형평성, 오염원인자의 부담, 피해보상과 책임을 들고 있다. 마지막으로 사전 예방의 원칙은 사전 예방적 투자와 복지 비용의 절감을 강조한다.

이러한 원칙하에 사회복지와 환경복지를 비교하면 아래의 〈표 13〉과 같다. 환경복지는 공공재를 대상으로 현재 세대와 미래 세대의 복지를 포함하며 사전 예방적 접근을 강조한다. 또한 공간적 접근에 의한 지역 기반의 서비스를 특성으로 가지며 포괄적 삶의 질 개선을 목표로 정책 과정의 참여를 강조한다는 측면에서 사회복지와 차별성을 가진다.

| 표 13 | **환경복지와 사회복지의 비교**

구분	환경복지	사회복지
재화의 특성	공공재 제공	사적재 제공
시간 프레임	장기적 접근	단기적 접근
정책 대상 범위	현재 세대와 미래 세대	현재 세대
목표	사전 예방적 접근 강조	결과적 형평성 개선
접근 방식	공간적 접근에 의한 포괄적 삶의 질 개선, 면단위 접근	가구, 개인 등에 초점 일부 계층, 집단에 국한
정책 과정 참여	환경에 영향을 미치는 의사결정 과정에의 참여 강조	공급자-수혜자 구조
서비스 특성	지역 기반 서비스	표준화
서비스 제공 기준	소득, 연령, 성, 지역 · 물리적 요소 등 복합적	소득

'환경정의'와 '환경공평성', '생태복지'와 '녹색복지'

환경복지와 유사한 개념으로 환경정의, 환경불평등, 환경공정성 등이 논의되어 왔으며, 복지의 차원에서는 생태복지, 녹색복지 등의 개념들이 제안된 바 있다.[67]

환경정의Environmental justice는 좁은 의미로는 분배를 강조하는 '환경평등Environmental equality'과 이를 포함하면서도 환경 부정의를 교정하는 다양한 절차적 과정을 강조하는 광의의 환경정의로 구분된다. 환경정의는 환경파괴와 오염이 분배되는 과정을 비롯해 이러한 분배에 관여하는 의사결정 과정에서의 민주적인 참여, 정보의 접근성, 피해 보상의 권리 보장과 권리 회복 등의 실현을 포함한다.

미국 환경청EPA은 환경정의에 대해 '인종, 민족, 소득 수준과 관계없이 모든 사람들이 환경법 · 규제 · 정책의 개발과 집행에서 공정하게 대우받고 이 과정에 의미 있게 참여하는 것'이라고 규정하며 '공평한 대우Fair treatment'와 '의미 있는 참여Meaningful involvement'를 핵심 내용으로 제시했다. 공평한 대우는 부정적인 영향이 어느 한쪽으로 치우지지 않고 연방, 주, 지방 등의 프로그램이나 정책으로부터 배제되어서는 안 된다는 것이다. 의미 있는 참여란, 잠재적 영향권에 있는 주민들이 그들의 환경과 건강에 영향을 미칠 수 있는 활동과 관련된 의사결정에 참여할 기회를 가질 뿐 아니라 해당 결정에 그들의 의견이 반영되고 그들의 관심이 의사결정 과정에서 고려되어야 함을 의미한다.

환경정의는 환경정의 운동 및 학문적인 관심을 통하여 발전해왔다. 이를 통하여 다양한 스펙트럼의 환경정의 이론들이 원칙 및 영역별 범주화를 기준으로 종합되기도 했다. 개별 사안에 따라 어떤 유형의 정의가 우선 적용될 수 있는 것인지를 이해할 수 있게 되었고, 보편적으로 적용될 수 있는 범주와 기준이 설정되었다는 점에서 모든 규모에 적용될 수 있는 보편적 윤리로 자리매김했다는 의미가 있다. 그러나 환경정의가 인종과 계급 변수에 집착한다는 것과 지역사회에 대한 물신화 경향, 분배적 정의와 절차적 정의에 대하여 지나친 강조를 한다는 점에서 한계를 갖기도 하며 이에 대한 대안적 개념화가 시도되기도 했다.

환경정의의 내용을 포함하는 유사한 개념으로 환경 공정성이라는 개념이 있다. 환경공정성은 '모든 국민이 사회적 지위나 능력, 거주 지역에 상관없이 동등하게 환경 훼손과 환경오염에 대한 응당한 책임을 지며, 건강하고 쾌적한 환경에서 생활할 수 있도록 환경 자원에의 접근, 환경 정책 및 사업의 수립, 집행 및 결과에서 공정한 대우를 위하여 실질적인 참여를 하는 것'으로 정의된다.

환경평등이란 개념도 있다. 인종, 성, 계급 등에 의해 특정 집단이나 특정 지역에 환경오염 피해가 집중되어 발생하는 것을 보고, 환경법에 의한 평등한 보호, 환경 자원 향유라는 편익과 환경 파괴로 인한 피해에 있어 시공간적으로 평등 원칙을 적용한 것이다. 이는 불평등한 구조와 그 원인을 규명하는 데 초점을 맞추고 있다. 형평성에 어긋나는 사건이 발생하면 이를 사후적으로 해결하기 때문에 환경 정책의 결정

과정 참여에 대해서는 관심을 두지 않는다는 한계가 있다.

환경평등의 반대 개념인 환경불평등은 '소득 수준 등 사회경제적 지위의 차이로 인해 특정 사회계층이 건강과 재산에서 겪는 환경 피해, 환경 혜택 및 환경 책임의 불평등한 상태 또는 과정'으로 정의하여 사회계층과 환경의 관계로 개념화하기도 했다.

한편, 녹색 또는 생태라는 용어와 결합한 복지 개념들도 등장했다. '생태복지'를 지속가능성, 평등성, 다양성, 사전 대응, 인간과 자연의 조화를 그 속성으로 개념화하며 생태계의 복지가 인간의 복지와 더불어 추구되어야 한다고 주장하는 학자들도 있다. 또한 시스템적 접근 차원에서 녹색복지나 환경복지보다는 생태에 중심을 두기 위하여 자연환경과 인간 환경까지 포함하는 개념으로 생태복지를 도입하기도 했다. 광의의 개념으로는 '궁극적으로 생태계의 복지와 인간의 복지를 동시에 구현함으로써 필연적으로 생태계에 의존하고 있는 인간의 복지가 지속가능하게 하는 것'으로 정의된다.

또한 생태정의의 관점에서 생태복지에서는 인간을 생태계의 일부로 보고 자연과 인간관계의 질을 제고하고 생태계의 한계를 존중하며 생태계 원리의 적용, 참여민주주의 등을 강조한다. 한편, 국토환경을 파괴하는 토건 국가와 개발주의, 그리고 생태적 한계에 대한 고려가 부족한 복지국가를 비판하고 이에 대한 대안으로 생태복지국가를 제안했다. 복지국가의 생태적 전환을 목적으로, 기존 토건 국가 확립에 투입된 세금을 복지에 활용하여 복지의 증진과 자연의 보전을 동시에 실현하고자 하는 것이다(여기서 말하는 복지는 환경, 복지, 문화, 교육 분야 재정의 강화를 포함한다).

복지의 관점에서 생태주의를 적용하여 기존의 복지국가 체계의 개선을 위한 접근도 나타난다. 기존 사회복지 혹은 복지국가에 생태학적 관점을 적용함으로써, 현대사회의 환경 문제 및 다양한 위험성에 대응할 수 있는 새로운 사회복지 실천 전략과 대안의 가능성을 열었다는 의의가 있지만, 복지국가의 한계를 극복하기 위하여 생태주의의 전략인 생태 공동체나 대안 경제 등 지나치게 이상적인 대안을 제시했다는 비판이 있으며, 구체적인 정책 수준에서의 관심은 낮은 편이다.

한편, 복지 국가론의 대안 담론으로 복지와 생태를 통합적으로 접근하려는 '녹색복지Green welfare'도 있다. 복지국가에 대한 논의와 구상안들이 지속가능한 발전의 주요 요소 중 경제적, 사회적 지속가능성에만 초점을 맞추고 있다는 점을 비판하며 복지적 관점과 생태적 관점을 결합한 포괄적 개념으로 접근하는 것이다. 이는 생태주의의 이념적 기반 및 그 강도와 목표를 성취함에 있어 국가의 역할을 강조하는가 혹은 지역 중심의 생태 공동체를 더 강조하는가에 따라 그 성격이 달라지며 앞에서 언급한 생태복지, 복지국가 차원에서의 생태주의 도입 등을 포함한다.

환경복지를 위한 원칙과 기준

환경복지는 환경정의 개념이 담고 있는 '공정한 대우'와 '의미 있는 참여' 등 분배적 형평성과 절차적 형평성을 포함하고 있으며 동시에 지속가능한 발전이나 생태복지 등이 제시하고 있는 '자연의 한계 존중'과 '환경 수용 능력'을 강조한다. 따라서 환경복지는 지역사회의 지속가능한 환경의 질을 유지하면서 지역주민들의 삶의 질을 저해하지 않도록 하는 원칙 혹은 기준을 의미하며, 그 구체적인 특징은 다음과 같다.

첫째, 환경복지는 지역, 커뮤니티 등의 공간적 접근에 의한 포괄적인 삶의 질 개선을 고려함으로써 전략 혹은 정책으로 활용될 수 있다. 환경정의, 환경불평등은 다양한 환경을 포괄할 수 있는 좀 더 일반적인 규범으로 종합되어왔으며 실제 다양한 사회 · 경제적 조건과 생태적 조건의 특수성을 고려하는 규범으로 적용하는 데 한계가 있다. 환경복지는 기존의 유사 개념들이 보편적으로 지향하는 원칙들을 복지와 결합하여 면(面) 단위의 특정한 공간 단위를 설정함으로써 다양한 자연, 사회, 경제, 문화적 조건을 가지는 지역, 국가의 특성을 고려할 수 있다.

둘째, 환경복지는 사전 예방의 원칙을 강조하여 특정사업이나 정책이 지역사회에 가하는 부정적인 환경적, 사회적 영향을 최소화할 수 있는 기준이 될 수 있다. 환경복지는 환경정의 논의와 맥락을 같이하고 있는데, 환경정의의 중요한 요소인 분배적 정의는 사실 환경정의 맥락에서는 실현되기 어려운 측면이 있다. 오염물질이나 위험의 재분배는 현실적으로 비합리적일뿐 아니라 부담의 형평성을 통하여 환경정의 실현에 기여하기는 어렵다. 환경 위해 시설이나 오염물질은 일단 생산된 후에는 분배적 정의를 통해서는 해결되기 어렵기 때문이다. 그래서 생산적 정의Productive justice 또는 실질적 정의Substantive justice가 대안으로 제시된다. 실제 환경 문제 발생의 근원을 생산 관계에서 찾아야 한다는 것이고, 그 생산의 의사결정 과정에의 참여를 강조하는 것이다. 즉, 환경적 위험이 얼마만큼 균등하게 배분되었느냐보다는 사전에 피해와 위험이 발생하지 않도록 하는 사전 예방적 노력이 중요하다. 환경정의가 실현되기 위해서는 결국 위험이 생산되는 과정을 통제할 수 있는 절차의 강화, 즉 자본 투자 결정에 대한 민주적 참여의 강화를 담보하는 생산적 정의가 강조될 필요가 있으며,[68] 이는 환경복지가 가지고 있는 사전 예방적 접근을 통하여 실현 가능하다.

셋째, 환경복지를 통하여 빈곤의 최하위층, 환경 약자에 대한 환경 혜택 및 환경 부담을 우선적으로 고려할 수 있다. 사회 · 경제적인 약자가 겪는 환경오염은 환경적인 조건이 취약한 지역이나 인구에 대한 영향이 크다는 것이 알려져 있으며, 기후변화와 같이 새롭고 불확실성이 높은 환경위험이 나타나면서 환경 약자라 불리는 집단과 그 거주 지역이 상대적으로 큰 피해를 입을 가능성이 높아졌다. 자연환경을 생계의 기반으로 삼고 있는 저발전 지역의 경우 이러한 특성이 더 크게 나타날 수밖에 없으며 환경복지의 개념과 원칙을 적용함으로써 건전한 환경의 질을 유지하기 위하여 전반적인 환경복지의 수준을 고려하고 이 과정에서 환경 약자의 복지 수준 향상에 우선순위를 둘 수 있다.

'에너지복지'에 주목해야 하는 이유

에너지복지의 등장 배경

2007년 IPCC 제4차 보고서에서는 에너지 효율 개선이 단기적 측면에서 가장 효과적이고 가장 경제적인 온실가스 감축이라고 밝혔다. 2006년에 유럽환경청EEA, European Environment Agency에서도 에너지 효율 개선이 비용 대비 가장 효과적인 기후변화 대책이기 때문에 EU가 에너지 효율 개선 정책을 강화해야 한다고 주장한 바 있다. 2016년 국제에너지기구IEA에서도 2050년 온실가스 배출량의 38%를 에너지 효율 개선으로 감축할 수 있다고 발표했다.

이처럼 각 국제기구와 세계 정부들이 에너지 효율 개선 정책을 수립하기 시작하면서 에너지 효율 개선 사업에 대한 관심이 세계적으로 높아지기 시작했다. 미국의 오바마 대통령도 에너지 효율을 2배 이상 높이겠다는 정책이 포함된 '기후변화 액션플랜'을 2013년 6월 25일에 제시한 바 있다. 효율 개선에 대한 세계 각국의 관심이 높아지는 이유는 에너지 소비를 줄임으로써 비용을 절약할 수 있을 뿐만 아니라 온실가스 배출량을 줄이는 일석이조의 효과를 거둘 수 있기 때문이다.

에너지 효율 개선은 기후변화협약이 체결되기 전인 1970년 석유파동 이후 에너지 안보 차원에서 시작되었다. 석유 공급 부족으로 인한 충격을 완화시키고 에너지 사용량을 줄이기 위하여 에너지 효율 개선 정책이 추진된 것이다. 우리나라는 1970년에 두 차례 발생하였던 석유파동으로 인해 「에너지 이용 합리화법」이 만들어졌으며 관련 사업을 추진하기 위한 에너지관리공단이 1980년도에 설립되어 지금까지 운영되고 있다. 이처럼 에너지의 안정적인 수급을 위하여 법적 제도 마련 및 에너지 효율화를 위한 노력을 하고 있지만 이러한 과정에서 환경 불평등과 사회 불평등으로 인한 에지 빈곤층이 생겨나게 되었다.

기후변화에 대응하는 과정에서 시행된 에너지 절약 및 온실가스 감축 정책으로 인한 에너지 비용의 변동과 증가로 저소득 계층이 부담해야 할 에너지 비용이 증가하였고, 기존의 빈곤 상황을 더욱 악화시켰다. 실제로 1973년 제1차 석유파동으로 인하여 유가 등은 에너지 비용을 상승시키게 되었고 이는 저소득층에게 심각한 경제적 부담을 안겨주었다.

에너지 빈곤층을 위한 지원 정책은 '에너지복지 정책'이라고도 불린다. 에너지복지는 사회복지에서 에너지 빈곤층에 대하여 더 많이 배려하는 정책 프로그램의 실현이다. 에너지는 인간의 삶에 필수적 요소로서 공공재인 성격을 지니고 있음에도 불구하고 소득층의 에너지 소비 여건 악화 등을 고려할 때 저소득 가구에 대한 에너지 지원을 통한 복지 증진이 절실하다.

에너지 빈곤층을 최소화하기 위하여 영국, 미국과 같은 주요 선진국들은 오래 전부터 다양한 지원 수단을 마련해왔고, 에너지복지 정책의 시행을 국가의 중요한 의무로 받아들이고 있다. 미국의 경우 에너지 빈곤 해결 문제를 30년에 걸쳐 논의 및 시행하고 있으며, 에너지 정책의 긴 역사만큼 다양한 문제의 사례와 그 해결책이 제시되고 있다. 영국의 경우는 에너지복지의 수혜를 받는 저소득층과 에너지 효율 산업, 에너지 공급자, 지방정부 등의 효율적인 협업이 잘 이루어져 효과적인 업무 처리의 모범적인 사례를 보이고 있다.

캐나다의 경우, 영국이나 미국처럼 에너지 빈곤 문제를 해결하기 위한 연방 차원의 법률은 존재하지 않지만 2005년 「에너지비용지원조치법안Bill C-6: Energy Cost Assistance Measures Act」이 통과됨에 따라 이후 5년 동안 저소득층을 위한 에너지 효율 개선 사업을 시행할 수 있게 되었다.

일본의 경우, 저소득층을 위하여 일부 에너지 사용을 금전적으로 지원하는 전력 가격 제도와 재난 시 에너지 지원 프로그램 등이 있으며, 에너지 절약 추진을 위하여 제로 에너지 주택 및 에너지 절약 주택 보급 지원 등 에너지 빈곤 지원 제도에 접목시킬 수 있는 좋은 정책들을 가지고 있다.

우리나라 또한 2006년 「에너지기본법」을 제정하고, 그다음 해인 2007년 에너지복지 원년을 선포하여 '모든 국민이 소득에 관계없이 기본적인 에너지를 사용할 수 있도록 지원하는 체계'를 에너지복지라

정의하고 적정 수준의 에너지 공급을 보장하기 위한 에너지 빈곤층 지원 정책을 시행하고 있다.

에너지 빈곤층의 대상

에너지 빈곤층이란, 광열비(전기료, 연료, 난방비) 구입 비용이 가구 소득의 10% 이상인 가구로 소득 대비 광열비 비중이 높아 최소한의 에너지마저 제대로 공급받지 못하거나 사용하기 힘든 사회계층을 뜻한다. 에너지 빈곤은 광열비 비중 증가로 다른 지출 항목의 감소를 유발함으로써 삶의 질을 떨어뜨린다. 특히 가구원 중 노인, 어린이, 장애인, 만성질환자 등이 있는 가구가 에너지 빈곤에 상당히 취약하다.

서울시정개발연구원에서 2017년에 조사한 에너지 빈곤의 원인은 대부분 낮은 가계 소득, 에너지 가격의 상승, 주택 및 가전의 비효율성, 사회취약계층, 저비용 에너지 연료의 보급 미흡, 복지 프로그램에 대한 정보 부족으로 나타났다. 에너지 빈곤층은 대부분 저소득층 집단에서 나타나며, 소득을 기준으로 저소득층 집단에서도 기초생활수급자와 차상위 계층으로 나누어진다. 에너지 빈곤층을 중심으로 이 두 저소득층 집단과의 관계를 살펴보면, 기초생활수급자 계층에 속하는 모든 가구는 에너지 빈곤층이라 할 수 있으나, 차상위 계층은 일부만 포함이 된다. 즉 기초생활수급자를 포함한 일부 차상위계층이 에너지

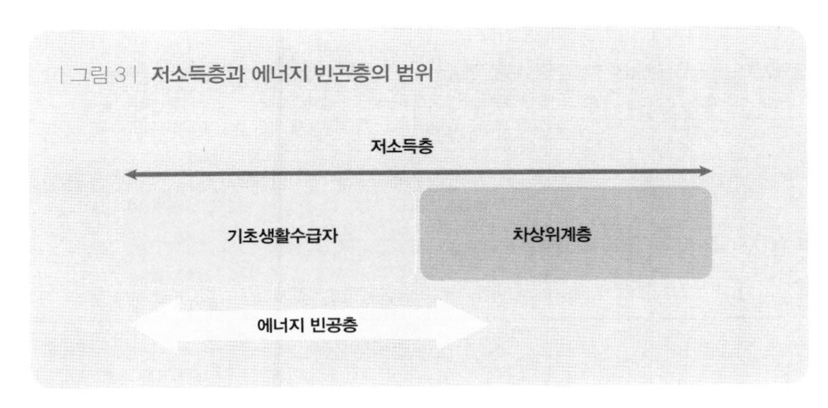

* 출처 : 저소득층을 위한 에너지복지 프로그램 비교연구, 서울시정개발연구원, 2017.

빈곤층이 되며, 에너지복지 프로그램의 대상이라 할 수 있다.

미국의 에너지복지

미국은 1973년 1차 석유파동 이후 저소득계층의 에너지 비용이 경제적 부담으로 작용하여 보건복지부를 중심으로 저소득계층 에너지 지원 사업을 본격화하였다. 1975년 「에너지 보존 및 생산법Energy Conservation and Production Act」을 제정, 이를 근거로 난방비와 수입 석유를 감축하고 에너지 취약 계층을 위한 지원 활동을 시행하였다. 가장 대표적인 미국의 에너지 빈곤 지원 프로그램으로는 단열지원 프로그램WAP, Weatherization Assistance Program과 에너지 비용지원 프로그램LIHEAP, Low Income Home Energy Assistance Program이 있다. 또한 미국에서는 에너지 빈곤Energy poverty이라는 용어 대신 에너지 부담Energy burden이

| 표 14 | 미국의 에너지 취약계층 지원 프로그램

프로그램	세부내용
주택 단열지원 프로그램 (WAP)	– 1970년 석유파동 이후 「에너지 보존 및 생산법」에 근거하여 에너지부(DOE)가 주관 – 저소득층 대상 무상 주택단열 효율화 시설 보조 – 에너지 빈곤 해결과 일자리 창출, 지역 경제 활성화를 목표로 진행
에너지 비용 지원 프로그램 (LIHEAP)	– 보건복지부(HHS)에서 재정을 담당 및 관장 – 연방자금을 기반으로 에너지 난방 및 냉방 비용 지원 – 난방비의 직접 지불이 주 목적이나 25% 가량은 내후화 수행에 활용

라는 용어를 사용하여 실질적으로 소득에서 실제 지불하는 연간 에너지 비용이 차지하는 비중을 산정한다. 또한 에너지 절약 주택 개량 서비스 산업에서 전문적이고 지속적인 친환경 일자리 창출도 지원하고 있다.

주택단열 지원 프로그램(WAP)

미국의 WAP은 미국의 에너지부DOE, Department of Energy에서 주관하는 프로그램으로 저소득 가구의 에너지 효율을 향상시킴과 동시에 저소득층의 에너지 비용을 감소시키고, 건강과 안전을 지키는 것을 목적으로 한다. WAP은 미국 내 가장 오래되고 성공적으로 운영된 에너지 효율 시스템이다. 1976년을 시작으로 에너지 부담률을 산정하여 이를 지원한다. WAP의 자금원은 미국 에너지부와 복지기금, 기업 지원으로 이루어지며 정부부처, 지자체, NGO, 기업 파트너십의 대표적 사례이다. 전국의 52개 지역별 WAP센터를 통하여 지역 내 빈곤 해결과 일자리 창출, 지역 경제 활성화를 목표로 진행하고 있으며 가구당 2.70달러 이내에서 비용 효과적인 방법을 적용하면서 시작되었다.

WAP의 조직인 미 에너지부는 각 주들과 콜롬비아지구, 인디언 원주민 정부들과 함께 이러한 목표를 달성하기 위하여 직접적으로 함께 일했으며, 각 기구들은 저소득 가구들에 내후화Weatherization 서비스를 전달하기 위하여 각 지역에 있는 약 1000개의 지방정부 및 비영리기구들과 함께 계약을 체결했다.

WAP에서 에너지부의 역할은 각 주들에 1978년 이래 50억 달러 이상을 제공한 데 있으며 자격 규정에 대한 국가적 지침을 수립하고 에너지 효율 방안들의 기술적 장점들에 대한 문건을 작성하여 보급하기도 했다. 또한 에너지 절약 결과를 문서로 정리하여 내후화 서비스 공급자들에게 기술적인 훈련과 지원을 제공하였다. 주의 역할로는 각 주별 자격 규정에 대한 규칙을 제정하고, 지방의 내후화 기구와 계약을 체결하고, 각 가구들에서 제대로 시행되고 있는지 여부에 대해 감독하였다.

WAP는 주로 노인과 장애인, 어린이가 있는 저소득 가구들의 우선순위를 가장 높게 두었다. 저소득 계층의 가구들은 중산층에 비해 총소득 대비 에너지 비용 지출이 높으며 소득 중 평균 12.6%를 에너지 비용에 지출했다. 연금을 수령하는 고령자들의 경우 연간 소득의 35%를 에너지 비용으로 지출한 것으로 나타났다. 이에 대하여 WAP는 수혜 대상으로 연방정부의 빈곤선Poverty guideline의 150% 이하 또는 주 소득 중앙치의 60% 이하로 설정하였다.

그러나 미국 오바마 정부 이후 주택단열지원프로그램이 최우선 에너지 정책으로 선정되면서 WAP 수혜 대상은 빈곤 수준의

125~150%에서 빈곤 수준의 200% 혹은 4인 가족 기준 연소득 4.00달러 이하인 가구들로 확대되었으며, 가구당 지원 한도 또한 최대 2.50달러에서 최대 6500달러까지 확대되었다. 또한 기술 교육 지원에 있어서도 지원금의 최대 20%까지(그전까지는 10%) 기술 교육 비용으로 활용할 수 있도록 개선하였다. 이에 대한 성과로 2009년 기준 평균 가구당 237달러의 에너지가 절감되었고, 전국적으로 8000개의 일자리가 창출되었다. 또한 화석연료 연소 필요성을 줄여 대기오염 저감에 기여했을 뿐만 아니라 매년 1억 5000만 배럴 석유에 해당하는 에너지 절약 효과를 내 비용 편익 분석 결과 1달러 투자 시 3.39달러의 편익이 발생하는 성과를 달성하였다.

에너지 비용 지원 프로그램(LIHEAP)

미국의 에너지 비용 지원 프로그램은 미국 보건복지부HHS, United States Department of Health and Human Services에서 주관하는 제도로 WAP 실시 이후 1981년도에 제정, 저소득층에 에너지 요금(냉난방비)을 지원하면서 시작되었다. WAP와 마찬가지로 LIHEAP의 수혜 대상은 가정의 소득이 연방정부가 정한 빈곤선의 150% 또는 주 소득 중앙값이 60%를 초과하지 못하도록 규정하고 있다. LIHEAP는 난방비, 의료 목적 냉방비, 날씨나 에너지원 공급 부족과 관련된 응급 상황 지원의 예산으로 조성되었으며, 1982년도에 프로그램이 확장되어 WAP 및 에너지 관련 주택 개·보수 지원이 이루어짐으로써 오늘날의 LIHEAP 지원 프로그램이 완성되었다고 할 수 있다.

LIHEAP의 재원은 연방정부에서 배분하는 예산인 주 할당금, 자연재해나 비상사태에 사용하는 비상사태펀드, 주택의 에너지 효율 향상을 위한 주택 단열화 사업, 민간 기금을 유치하는 주를 포상할 때 사용하는 동기유발 펀드 등으로 구성되어 있다. 또한 보건복지부에서는 기금과 관련한 가이드라인, 정책, 규제 등을 제정하고, 각 주정부에서 예산을 할당하는 역할을 하고 있다. 더 나아가 에너지 사용량, 주별 소득 중앙치, 연료비 등의 통계적인 정보를 수집하고, 프로그램 수행 결과를 평가하며, 프로그램과 관련된 연구를 수행하여 에너지 프로그램 정책과 운영 절차를 지원하고, 공공 또는 민간 조직에 지원금을 제공하거나 교육 및 기술적인 지원도 병행하고 있다.

LIHEAP의 빈곤층 지원 현황을 살펴보면 대부분 빈곤선 100% 이하이며 노인, 장애인, 어린이를 포함한 가구가 수혜를 받은 가구들 중 70% 이상의 비중을 차지하는 것으로 나타났다. 이를 통하여 미국의 경우도 경제적 수준이 낮은 소외계층일수록 에너지에도 취약한 것으로 나타났다. 이외에도 소외받기 쉬운 지역인 인디언 부족과 섬 지역에 대한 고려도 이루어지고 있는데, 50개 주와 컬럼비아 특별구의 경우 LIHEAP의 할당 공식에 따라 예산을 배정받고 있지만, 소수그룹인 인디언 부족과 섬 지역의 경우 별도의 예산을 확보하여 보건후생부에서 직접 지원하고 있다.

또한 LIHEAP는 가구 규모를 참작하여 소득이 가장 낮거나 소득 대비 에너지 비용이나 요구량이 가장 높은 가구에 최고 수준의 지원이 신속하게 제공되도록 지정되었으며, 지원 대상에 대한 차별이 없도록

「차별금지법」을 에너지 비용 지원 프로그램에 도입하였다는 특징이 있다.

미국의 에너지복지 성과

사회적 기여도에 따른 성과를 살펴보면 참여가구에서는 저소득층이 실질적이고 영구적인 에너지 관련 비용 지출을 절감하였고, 친환경 주택개량으로 인한 보건 향상, 이로 인한 의료 관련 비용 절감의 효과도 나타났다. 또한 에너지 효율 개선은 연료 빈곤을 완화시켰다는 결과가 나타났다. 지역경제 부문에서는 주택서비스 산업 일자리 창출로 인한 경제 활성화가 활발해졌으며, 실업수당 부담이 감소하고 저소득층의 소비력이 증가했다고 나타났다. 국가 차원에서는 석유에너지 사용 감소로 원유 수입이 감소하면서 국가 에너지 안보에 기여하였으며 실업, 의료, 에너지 등에 투여되는 사회적 비용도 감소한 것으로 나타났다.

또한 에너지 빈곤 상태였던 저소득층이 사업의 직접적 수혜자로서 에너지복지를 누리게 되고, 이러한 사업에 노동력을 제공하는 참여 업체들은 저소득층에게 일자리를 제공함으로써 환경과 고용, 복지 문제를 동시에 해결하였다는 결과도 나타났다. 마지막으로 환경오염 저감 부문에서는 에너지 효율성 향상 및 환경 고용이 촉진되었으며 저소득계층의 주택만이 아닌 다른 주택 설비나 재건축 시 에너지 효율적인 시설을 유도하는 방안이 적극적으로 추진되어 기후변화 대응에 도움이 되었다는 결과가 나타났다.

영국의 에너지복지

영국은 2007년 제정된 「주택난방 및 에너지절약법Warm Homes and Energy Conservation Act」에 의거하여 2001년 에너지 빈곤 지원 전략Fuel Poverty Strategy을 수립, 2010년까지 에너지 빈곤을 근절하기 위한 제도를 추진하였다. 영국 정부는 에너지 빈곤과 낮은 에너지 효율이 국민 생활의 질을 낮추고 사회적 비용을 발생시킨다는 점을 인식하였다. 또한 2007년 4대 에너지 정책 목표로 ① 2050년까지 약 60% 탄소 배출량 감축, ② 지역주민에게 에너지 공급의 신뢰도 유지, ③ 에너지 시장의 경쟁력 활성화, ④ 모든 가정에 적절하고 경제적인 가격으로 난방 공급을 보장하는 계획을 세워 에너지 빈곤의 중요성을 인지하고 이를 해결하기 위한 목표를 내세웠다.

에너지 빈곤층에 대한 정의는 '세계보건기구WHO가 권장하는 거실 온도 21℃이상, 다른 방은 18℃ 이상을 유지하는 데 소득의 10% 이상을 소비하는 가정'으로 정의하고, 주택 난방 외에도 물을 데우기 위하여 쓰는 열, 전기, 가전제품, 요리 등에 쓰이는 에너지 비용도 포함하였다. 그리고 취약 가구와 일반 가구를 포함하여 각각 2010년과 2016년까지 에너지 빈곤 근절을 목표로 설정하였다.

이에 따라 영국은 에너지 빈곤 가구를 선정하고 에너지 이용 효율 개선과 에너지 비용 절감, 부가세 조정 등을 채택하여 지원하고 있다. 에너지 빈곤층에 대한 정의와 관련 제도의 체계화가 이루어지면서 에너지 빈곤층이 추위에 방치되는 일이 없이 만족스러운 난방을 향유하

| 표 15 | 영국 에너지 취약 계층 지원 프로그램

프로그램	세부내용
난방 전선 보조금 (WF)	– 대상가구들에게 중앙난방공급 및 보조금 지급 – 에너지 이용 효율 개선을 위한 단열, 난방, 조명 등 설치 – 혹한기 지원(Cold Weather Payments)과 동절기 연료 지원(Winter Fuel Payments)
에너지 효율 약정 (EEC)	– 가스전력시장관리청 주관으로 전기 및 가스사업자에 의무 부과 – 주택단열, 절약형 전기제품 사용과 고효율 보일러 사용, 건물 단열 시공 – 에너지공급자는 구체적 에너지 절감 목표를 설정하고, 절감량 중 50% 이상을 에너지 빈곤층을 통하여 달성

고 추위로 인한 질병을 방지할 수 있게 되었다. 또한 에너지 빈곤층에 대한 지원 체계를 수립하여 정부와 에너지 트러스트, 가스전력위원회와의 유기적인 협력 관계를 설정하고 에너지 빈곤층 지원 전략자문단을 두었다. 영국의 에너지복지 프로그램은 그 형태와 혜택이 매우 다양하지만 가장 대표적인 프로그램으로는 난방 전선 보조금WF, Warm Front Grant과 에너지 효율 약정EEC, Energy Efficiency Commitment이 있다.

난방 전선 보조금(WF)

영국의 난방 전선 보조금은 2011년 6월에 도입된 것으로, 가정에서의 따뜻한 거주 생활과 에너지 효율을 목표로 하는 프로그램이다. 이 프로그램의 주요 대상은 추운 날씨에 건강 위험 노출이 쉬운 어린이, 장애인, 노약자, 만성 질환자 등이다. 난방 전선 보조금에는 동절기 연료 보조금을 지원하는 혹한기 지원Cold weather payments과 60세 이상의 모든 노인 가구에 연료비를 지원하는 동절기 연료 지원Winter fuel payments이 있다. 이는 에너지 효율 개선 및 난방 지원을 위한 영국의 가장 핵심적인 프로그램이다.

주요 사업으로는 난방기기 교체와 이중벽 단열 공사, 다락방 단열 공사 등이 있으며, 정부는 에너지 공급 회사와의 개별 협약을 통하여 사업을 진행한다. 2004년에 발간된 「영국의 연료 빈곤: 정부의 행동 계획」을 살펴보면 다음과 같은 전략이 담겨 있다. 첫째, 기금 혜택을 받을 자격이 되는 모든 가구들에 중앙집중식 난방을 제공한다. 둘째, 보조금을 인상한다. 셋째, 목표 행동들을 에너지 빈곤 가정에 보다 집중한다. 넷째, 가능하다면 건물 에너지 효율을 연료 빈곤의 최저 위험 수준까지 높이거나 기금 혜택을 받을 자격을 점검한다.

또한 영국 정부는 2010년까지 에너지 빈곤층을 완전히 구제한다는 목표를 설정하였으며 1차적으로 기후변화에 노출이 쉬운 기후변화 취약계층 노인 가구, 어린이 양육 가구, 장애인 가구 및 부실 난방으로 인하여 건강상의 위협이 있는 가구 등을 우선시한다는 방침을 마련하였다. 실제로 2010년부터 2015년까지 100만 가구 이상이 지원을 받았으며, 에너지 빈곤층에 해당하는 모든 가구에 대하여 중앙난방을 공급하고 보조금을 2.70파운드, 석유를 사용하는 중앙난방의 경우 약 4.0파운드를 각각 지급하였다.

에너지 효율 약정(EEC)

에너지 효율 약정은 영국의 가스전력시장관리청OGEM, Office of Gas and Electric Markets에서 운영하는 제도로 허가를 받은 가스와 전력 공급업자들이 국내 소비자들의 에너지 이용 효율을 돕고 이를 장려하도록 하는 의무를 부과하는 제도이다. 주택 단열, 절약형 전기 제품 사용과 고효율 보일러 사용, 건물 단열 시공 등을 통하여 소비자들의 에너지 절약을 유도하도록 해야 하는 의무가 있다. 또한 에너지 공급업자는 구체적인 에너지 절감 목표를 설정하고 이를 달성해야 하는데 목표 달성 기간 동안 총 목표 절감량 가운데 50% 이상을 에너지 빈곤층을 통하여 달성해야 한다는 특징을 가지고 있다. 또한 에너지 공급자는 소비자의 에너지 이용 효율 개선이 가능한 부분을 파악하고 적용 가능한 방법을 소비자에게 권고해야 한다. 소비자는 단열과 중앙난방 및 보일러 설비 등 설치비의 60%까지 지원받을 수 있다고 설정되어 있다.[69]

그 외 에너지 관리 법규 및 제도

부가세 조정VAT and Energy Efficiency Measures 은 에너지 절약 시설과 60세 이상 노인 가구의 중앙난방시스템 유지 보수, 저소득층의 난방시스템 설치에 대하여 일반 부가세인 17.5%가 아니라 5%의 특별 할인 세율을 적용하는 제도이다.

에너지 효율 상담은 전국적으로 총 52개의 센터가 지방 및 중앙정부와 협력하여 가정의 에너지 효율과 주거 환경 개선을 위한 무료 상담 프로그램을 운영하는 것이다.[70]

적정 가구 기준은 영국 정부가 2010년까지 효율적인 난방과 단열 설비를 갖추어 모든 가구가 적정 온도를 유지하고 저소득 가구의 연료 빈곤 문제를 경감한다는 목표를 수립하면서 등장하였다. 이것은 효율적인 난방과 단열 설비를 갖춘 건물 단열화 노력을 통한 에너지 효율 향상을 위한 제도이다.

지역에너지 프로그램은 영국의 전 지역에 지역에너지 시스템을 설치하고 개선하는 것을 지원하기 위한 프로그램으로 저소득층에게 난방을 공급하는 것이다.

가정에너지 효율 제휴는 기후변화협약에 대응하는 동시에 에너지 빈곤을 근절하기 위하여 실시된 것으로 연료 빈곤의 정도와 분포에 대한 조사 활동 및 연료 빈곤 가구에 대한 난방기술 연구 등을 수행하고 있으며, 영국의 에너지 및 기후변화부가 필요한 운영자금을 지원한다.

위에서 언급한 제도들 외에도 영국은 난방 전선 보조금과 에너지 효율 약정을 포함한 에너지 빈곤층에 대한 대책 마련을 위하여 관계부처 간의 연합 그룹을 결성하여 각계각층의 관련 분야 전문가로부터 의견을 수렴하고 있다. 에너지 빈곤 해결과 에너지 효율 향상을 동시에 해결할 수 있도록 제도를 체계화하고 개선하기 위한 노력을 많이 하고 있다.

영국의 에너지복지 성과

영국은 에너지 빈곤층에 대한 정의를 명확하게 내리고 있을 뿐만 아니라 정부와 중앙부처, NGO, 시민들 간의 유기적인 협력 관계를 가지고 있어 에너지 빈곤을 해결하기 위한 방법과 계획이 제시된 로드맵을 준비하였다. 또한 에너지복지 정책을 통하여 사회문제와 에너지 빈곤층을 동시에 개선할 수 있게 되었다. 사업 비용의 부담 또한 전력 및 가스 사업자가 모두 부담하는 것이 아니며, 사업자는 공영주택 및 민영주택 소유자인 지방자치단체, 주택조합, 민간소유자, 다른 에너지 회사, 자선단체, 기타 영리 목적의 조직, 기업 등과의 공동 사업을 통하여 비용을 나누어 부담하였다.

에너지 공급회사가 에너지 빈곤층을 위하여 사회적 의무를 부담하게 되는 법을 제정하여 에너지 빈곤층 지원을 위한 재정을 확보하고, 또한 이 법을 통하여 가격을 통제하고 발전 경쟁을 유도하여 에너지 가격을 낮추는 데 기여하였다. 또한 재원과 프로그램을 각 지방정부에 제시하고 실행하도록 하여 각 지역 커뮤니티가 NGO와 파트너십을 맺어 주민들의 참여를 주도하게 하고, 정부의 정책이 신속하게 전달되는 데 활용하였다.

캐나다의 에너지복지

캐나다는 미국과 영국처럼 에너지 빈곤층에 대한 명확한 정의는 존재하지 않지만, 정부가 정한 저소득층 기준을 활용하여 통계청의 최저소득 기준Low income cut-off의 +15% 이하를 근거로 에너지 빈곤층에 대한 지원이 이루어지고 있다. 통계청 기준의 최저소득 기준은 자신이 살고 있는 도시의 면적과 가족 수에 따라 결정된다. 하지만 에너지 빈곤층은 통계청의 최저소득 기준 외에도 전기요금이 연체되었다거나 단전이 될 위협에 놓이게 되는 등 주거용 전기 고객으로 캐나다의 긴급재정지원Emergency financial assistance을 받을 수 있는 자격을 갖춘 자라면 누구나 지원이 가능하다.

캐나다에서 에너지 빈곤 가구가 가장 많은 주는 브리티시컬럼비아British columbia 주로 전체 가구의 약 18%(약 2만 7000가구)가 평균 17%의 세후 소득을 에너지에 지출하는 것으로 나타났다. 에너지 빈곤을 위한 사업이 활발하게 진행되고 있는 온타리오Ontario 주는 5가구 당 1가구가 에너지 빈곤에 해당하며, 이들은 평균 12%의 세후 소득을 에너지에 사용하는 것으로 나타났다.

캐나다 정부는 영국 정부와 같이 에너지 빈곤의 문제가 사회적, 경제적, 환경적 영향을 주며 이에 대한 비용을 초래한다는 점을 인지하여 적극적인 조치가 필요하다고 인식하고 있다. 이에 대하여 2015년 「에너지비용 조치법Energy Cost Assistance Measures Act」을 도입함으로써 정부, 에너지 사업자, 사회복지기관과 협업하고 유기적으로 에너지 빈곤층에 대한 지원 및 제도를 수행하고 있다.

캐나다는 다른 국가의 에너지 빈곤층 지원 법제와 비교하여보았을 때 에너지 빈곤층에 대해 상대적으로 모호한 법적 근거와 부족한 경험에도 불구하고 주 차원에서 에너지 빈곤 문제 해결을 위한 포괄적, 체계적, 유기적인 노력을 기울이고 있다. 에너지 빈곤 문제 해결을 위하여 소득 지원(에너지 비용 지원), 주택 에너지 효율 개선 사업(에너지 절감) 추진, 합리적인 에너지 가격 결정 체계 구축(에너지 비용의 합리화) 등을 주요 수단으로 활용하고 있다. 그중에서 활발한 에너지 빈곤 정책을 펼치고 있는 온타리오 주의 사례를 살펴보면 다음과 같다.

| 표 16 | 캐나다의 에너지 취약 계층 지원 프로그램

프로그램	세부내용
저소득층 에너지 지원 프로그램 (LEAP)	온타리오 에너지위원회(OEB) 주관 긴급에너지기금(EAP), 저소득 고객 서비스 규칙, 에너지 보존 및 수요 관리 프로그램으로 구성 요금 규제 계획

* 출처: UK CIP(2013), Technical Report.

온타리오 에너지위원회(OEB)의 LEAP

캐나다의 온타리오 주는 전기 및 천연가스를 전문으로 규제하는 온타리오 에너지위원회OEB, Ontario Energy Board에 의해 '저소득층 에너지 지원 프로그램'이 운영되고 있다. OEB의 주 업무는 합리적이고 공정한 전기 및 가스 요율 및 요금을 설정하고, 에너지 사업자의 규제 준수 및 재정 상황을 감시하며, 에너지 규제 정책 개발과 동시에 에너지 시장을 감시하고 소비자를 보호하는 역할을 한다. 이 중 LEAP를 담당하는 부서는 소비자 서비스부로 에너지 사업자, 사회복지기관, 소비자단체 및 그 밖의 에너지 부문 참여자의 지원을 받아 협업을 통하여 저소득 에너지 소비자가 요금 납부 및 에너지 비용 관리 방식을 개선하도록 규칙이나 프로그램을 개발한다. 이외에도 소비자 서비스 규칙 강화, 에너지에 대한 소비자 인식 개선 등의 업무를 수행한다.

OEB의 LEAP 제도는 주로 에너지 빈곤층의 에너지요금 납부 능력과 에너지 비용 관리 방식에 도움을 주는 역할을 하는데, LEAP 안에는 대표적으로 긴급재정지원제도, 고객 서비스 규칙, 에너지 보존 및 수요 관리 프로그램으로 구성되어 있다. LEAP의 운영에 있어 사회복지기관의 역할은 매우 중요한데, 이들은 LEAP의 혜택을 받을 수 있는 사람들을 판별할 뿐만 아니라 그들이 연체한 전기요금을 지원하고 각 고객에 맞는 적절한 지원 프로그램을 연결해주는 역할을 한다.

LEAP 수혜 고객들의 기준을 살펴보면, 세전pre-tax 가구 소득이 캐나다 통계청에서 정한 최저소득 기준 +15% 이하인 가정으로 가구 및 지역의 규모와 가족 부양 수를 고려한 가정용 전기 사용자에 해당한다. 정부기관 또는 사회복지 기관에 의해 적합 판정을 받은 고객 및 주거용 전기 사용자로 긴급재정지원을 받을 수 있는 자격을 이미 갖춘 고객이다. 이 조건에 적합한 가구는 사회복지기관과 정부기관과 함께 일을 진행하는 에너지 사업자에 의해 심사되며, 심사가 통과되고 인정 통보를 받은 날로부터 2년간 그 자격이 유지된다.

OEB에 명시된 LEAP의 일반 에너지를 사용하는 가구에 적용되는 규칙 중 저소득층이 받을 수 있는 규칙의 혜택은 총 5가지로, 그 항목으로는 보증 예치금Security deposits, 청구상의 오류Billing error, 균등요금 납부Equalized billing, 단전 유예기간Disconnection grace period, 체납 요금 납부 계약Arrears payment agreement 등이 있다.

마지막으로, 에너지 보존 및 수요 관리 프로그램은 에너지 효율을 위한 사업으로 다수의 에너지 사업자가 주택 에너지 진단과 개·보수를 통하여 저소득 가구의 주택에너지 효율 사업을 시행하는 것으로 대부분 단기적이고 임시적인 성격을 띤다. 주 사업 내용은 에너지 절약용 백열등 및 콘센트로의 교체, 전기로 온수를 공급하는 주택을 위한 저수용 샤워꼭지low-flow showerhead 및 수도꼭지 통풍 장치Aerator 등 무상 설치 및 교체 작업, 에너지 효율이 높은 냉장고나 에어컨 등의 가전기기 제공, 전기로 온수를 공급하는 주택과 다락 및 지하 가구에 온도 조절 장치Thermostat와 문과 창에 설치하는 단열재Weatherstrip를 지원한다. 또한 사업을 시행하기 전 주택을 직접 방문하여 에너지 정밀 진단을 실시하고, 전문적인 에너지 절약 장치 설비 및 에너지 절약에 관한 전문가 조언 등을 무상으로 실시한다.

캐나다의 에너지복지 성과

캐나다는 다른 선진국에 비해 제도적으로 부진하다는 평가를 받아왔다. 이에 캐나다 정부는 법 체계와 문화가 유사한 영국과 미국의 법제와 경험 및 연구 결과를 분석하여 이에 대한 개선을 지속적으로 추진하고 있다. 캐나다는 영국과 미국에 비해 스마트그리드Smart grid(기존의 전력망에 정보기술을 접목해 전력 공급자와 소비자가 양방향으로 실시간 정보를 교환함으로써 에너지 효율을 최적화하는 차세대 지능형 전력망)를 가장 활발하게 추진하고 있다는 장점이 있다.

이 스마트그리드는 2003년 8월, 갑작스런 전기 수요 증가로 인해 뉴욕 및 온타리오 주에서 발생한 대규모 정전 이후에 등장하였다. 이틀간 5500만 명의 피해를 낳은 세계 최대 정전 중 하나로, 캐나다는 이후 전력망 고도화 시스템의 필요성을 인식하게 되었다. 그 후 2006년부터 전자식 전력량계인 스마트미터기 구축을 시작해 2007년 본격적으로 온타리오 주에 있는 가구의 미터기를 스마트미터기로 교체하는 계획을 추진, 실제로 80만 가구 및 중소기업을 대상으로 스마트미터기

구축을 마쳤다. 이로 인해 캐나다는 전력 소모와 관련된 다양한 정보를 의무적으로 제공받게 되었다. 또한 스마트그리드에 대한 정책을 담고 있는 「그린에너지법」을 채택하는 등 전력 소모와 관련된 다양한 정보를 얻을 수 있는 데이터베이스를 구축하게 되었다.

이것은 에너지 빈곤층에 대한 데이터베이스를 구축하게 했을 뿐만 아니라 실제로 에너지 빈곤층의 사각지대를 최소화하는 방안의 일환으로 작용하였다. 또한 세계적으로 온실가스 감축 의무가 부상함에 따라 국내적으로도 시민의 삶의 질을 향상시키고, 의료보험 비용을 절감하며, 친환경적 녹색 일자리를 창출함과 동시에 탄소 배출도 줄이는 법제와 정책을 개발하는 방향으로 개선을 추진하고 있다.

일본의 에너지복지

일본은 여러 섬으로 이루어진 지리적 특성과 활발한 연구 개발로 신-재생에너지를 통한 에너지 효율의 강대국으로 자리잡고 있다. 실제로 IEA에 따르면 일본의 에너지 효율은 세계적으로도 최고 수준이며, 한국무역협회 국제무역연구원에 따르면 한국, 미국, 일본의 총에너지 소비량을 GDP로 나눈 에너지원 단위(2012년 기준)는 OECD의 평균인 0.13보다 훨씬 낮은 0.1로 나타났다.

일본의 에너지 정책 목표는 국민에게 신뢰받는 에너지 안보 확립과 에너지 문제와 환경 문제를 동시에 해결하기 위한 지속가능 성장 기반

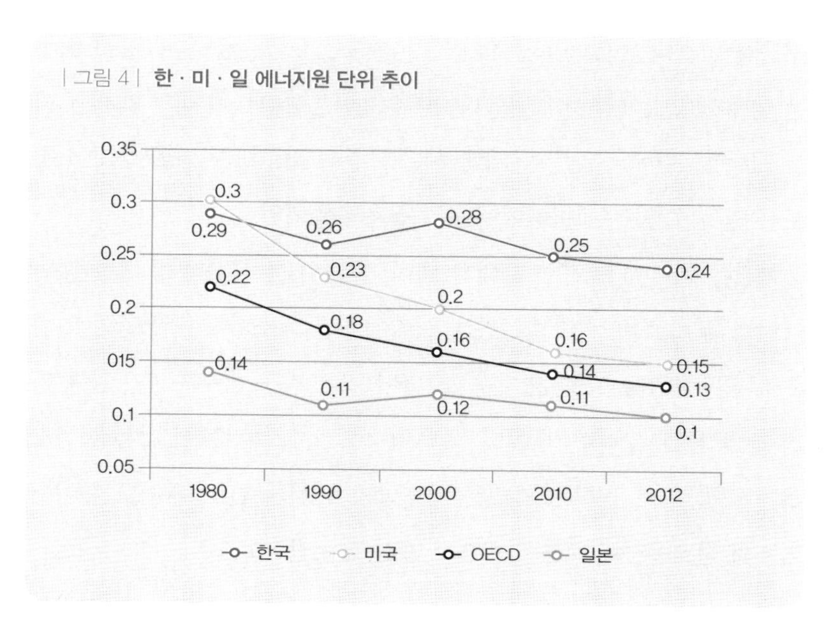

| 그림 4 | **한 · 미 · 일 에너지원 단위 추이**

*출처 : 국제무역연구원(2012)
* 주 : 2005년 달러 기준

확립에 있다. 아시아 및 세계 에너지 문제 극복에 적극적으로 공헌한 만큼 신-재생에너지를 통하여 에너지 효율 사업에 대한 관심과 함께 에너지 절약 및 고령인구에 대한 에너지복지에 대한 관심도 증가하고 있다. 또한 일본은 이미 초고령화 사회(유엔 기준에 따라 전체 인구 중 65세 이상 고령인구 비율이 20% 이상인 사회)에 진입한 만큼 노인 에너지복지에 관한 관심이 매우 높아 2020년까지 500만 명 수준으로 증가할 것으로 보이는 고령인구에 대한 에너지복지에 더욱 신경을 쓰고 있다.

우선, 에너지 빈곤층에 대한 정의는 따로 없지만 에너지복지의 혜택을 받는 자들은 주로 사회복지 지원을 받는 저소득 계층과 「노인복지

| 표 17 | 일본의 에너지 취약계층 지원 프로그램

프로그램	세부내용
전력가격 제도를 통한 저소득층 지원제도	–「생활보호법」에 의한 저소득층 및 노인 대상 – 전력 가격 차등을 통한 저소득층 전기요금 지원
재난 시 에너지지원 프로그램	– 지진, 태풍, 홍수 등 재해 피해자 – 에너지 생명선 확보, 재난 시 비용 및 현물 지원 – 전기, 가스, 전화 요금 등 감세 및 감면

*출처 : 일본 내각부

법」의 지원을 받는 노인들이 주 대상이다. 일본의 에너지복지 정책은 크게 전력 가격 제도를 통한 저소득층 지원제도, 재난 시 에너지 지원 프로그램으로 나누어진다.

전력 가격 제도를 통한 저소득층 지원 제도

일본 헌법 제25조 생존권과 「생활보호법」 제1조에 따라 일본은 국민의 최저생활 보장을 위하여 생활비 성격에 의한 생활부조, 교육부조, 주택부조, 의료부조, 개호부조, 출산부조, 생업부조, 상제부조 등 총 8종류의 지원을 실시하고 있다. 특히 생활보호의 차원에서 이들 부조들 중 의료부조를 제외한 모든 부조는 현금으로 지급되는데, 생활부조의 경우 광열비 등 세대 생활비를 필요한 이들에게 직접적으로 현금을 지급하고 있다.

「생활보호법」에 의한 최저생활 대상자는 저소득층의 부담 경감이라는 사회 정책상의 목적과 에너지 환경 정책상 에너지절약 추진을 목적으로 하는 가정용 전등 요금제도에 따라 '3단계 요금 제도'를 적용받고 있다. 이는 생활 필수적인 소비량에 상당하는 제1단계 부분에 대해

| 표 18 | 재난 시 피해자 지원에 관한 각종 제도

	특별조치 내용
지원의 종류	감세, 감면
지원의 내용	도도부현(都道府県)이나 시읍면 등 자치단체 관할의 공공 요금, 시설 사용료, 보육료 등의 경감 · 면제. 전기 · 가스 · 전화요금 등 각종 요금의 경감 · 면제
대상자 결정	도도부현(都道府県), 시 · 읍 · 면, 관계 사업자가 정함

*출처 : 일본 내각부

서는 비교적 저렴하며 전국 격차가 적은 요금을 부과하고, 생활 필수적인 부분을 넘어서는 소비량에 대해서는 제2단계와 제3단계로 나누고 요금 제도의 할증제를 도입한 것으로 1974년부터 시작된 오랜 역사를 가지고 있다.

재난 시 에너지 지원 프로그램

일본은 기후변화의 영향으로 인한 지진, 태풍, 홍수 등 자연재해의 발생이 빈번하다. 이로 인하여 피해 지역의 전기나 가스 공급이 중단되고 에너지 확보가 곤란하게 되는 상황들이 생기는데, 이에 대해 일본 정부가 마련한 프로그램이 있다. 바로 '재난 시 에너지 지원 프로그램'이다.

이 시스템의 목적은 재해 발생 후 이를 복구하는 시간이 오래 걸리기 때문에 우선적으로 에너지 생명선Lifeline(생활, 생명을 유지하기 위한 전기, 수도, 통신 등의 시설)을 확보하는 것으로 재해에 의한 피해 확대를 막는 것이 가장 중요하다. 재해 시 식사 공급 등을 위하여 LP가스, 가스 저장 용기, 가스풍로, 온수기, 스토브 등을 피해 지역에 공급한다. 그리고 2차 재해 방지를 위하여 LP가스 공급 정지 등의 조치 및 홍보 활동을 벌인다. 좀 더 구체적으로, 재해 피해자는 도도부현(都道府県, 일본의 광역 자치단체를 묶어 이르는 말)이나 시 · 읍 · 면의 각 자치단체가 관할하는 공공 요금이나 시설 사용료, 보육료, 전기 · 가스 · 전화 요금과 같은 각종 요금을 경감 받거나 면제받게 된다.

일본의 에너지복지 성과

일본은 에너지 빈곤층에 대한 명확한 정의는 없지만 일본의 사회보장제도의 혜택을 받는 저소득층 및 초고령화 사회를 대비하는 「노인복지법」에 에너지 관련 정책을 포함시켜 에너지 취약 계층에게 지원을 시행하고 있다. 일본의 가계조사보고에 따르면, 가계소비에서 전기요금이 차지하는 비중이 4% 이상인 소득 최하위 20% 층의 전기요금을 저렴하게 유지하도록 하는 것은 저소득층의 가계 부담을 완화해주는 효과가 있는 것으로 나타났다.

또한 일본의 에너지복지의 특징으로는 에너지 효율화 적용 및 적극적인 활용이 있다. 그 예로 에너지 소비 증가를 주도할 것으로 예상되는 건물 부문에 대한 신규 및 증개축 시 에너지 효율 개선을 적극 독려하고 이에 대한 인센티브로 금융 및 조세를 지원해준다. 그리고 자금이 부족한 소규모 빌딩을 대상으로 무료로 에너지 절약 진단을 통하여 개선 방안의 서비스를 제공하고 있다. 또한 일본 정부는 2009년 친환경 사업부문 시장을 100조엔 규모로 늘리고 220만 개의 녹색 일자리를 창출하겠다고 발표한 바 있다.

이뿐만 아니라 가정 및 학교를 대상으로 에너지 절약의 실천적 효과와 환경 교육에 대한 홍보를 확대하고 누구나 쉽게 참여하고 실천할 수 있는 에코포인트 제도 등을 도입하여 생활 속에서 에너지 절약이 나타날 수 있도록 유도하고 있다. 이는 자연스러운 일상생활에서 몸소 환경 친화적인 행동을 하게 함으로써 에너지 절약 및 효율화를 가능하게 할 것이고, 그럼으로써 에너지 빈곤 계층의 수를 감소시킬 것이다.

국가별 에너지복지 요약

이상에서 살펴본 미국, 영국, 캐나다, 일본 등 각 나라의 에너지복지 프로그램을 분석해보면 대부분 에너지복지와 함께 에너지 효율 개선, 사회적 비용 감소 및 지역경제 활성화 등 기후변화 대응 및 적응을 위한 에너지 빈곤 문제에 포괄적으로 접근하고 있다. 이는 우측의 〈표 19〉와 같이 요약할 수 있다.

국내 에너지복지 현황과 방향

에너지 빈곤층을 위한 정책 현황

우리나라의 에너지 정책은 2005년 7월 일어난 단전 가구 여중생 사망사건 이후로 대두되기 시작하였고, 이후 2006년 3월 「에너지기본

| 표 19 | 각 국가별 에너지복지 제도 요약

구분	미국	영국	캐나다	일본
에너지빈곤 선정 기준 및 수혜 대상	- 노인, 장애인, 어린이가 있는 저소득 가구 - 연방정부 빈곤선의 150%~200% 혹은 4인 가족 기준 연소득 $4 이하	- 거실온도 21℃ 이상, 다른 방은 18℃를 유지하는데 필요한 소득의 10% 이상을 소비하는 가정 - 건강 위험 노출이 쉬운 어린이, 장애인, 60세 이상 모든 노인, 만성질환자	- 통계청의 최저소득기준의 +15% 이하인 가정(가구 및 지역 규모, 가족 부양 수 고려) - 전기요금 연체 가구 및 단전 위협에 처한 주거용 전기 사용자	- 사회복지 지원을 받는 저소득계층과 「노인복지법」의 지원을 받는 노인 - 재난가구 - 저소득 계층
에너지복지 제도 및 프로그램	- 「에너지 보존 및 생산법」 - 주택 단열지원 프로그램 - 에너지 비용 지원 프로그램 - 에너지복지 펀드 - 환경 고용	- 난방 전선 보조금 - 에너지 효율 약정 - 부가세 조정 - 에너지 효율 상담 - 지역사회 에너지 프로그램	- 「에너지비용조치법」 - 저소득층 에너지 지원 프로그램 - 긴급 에너지 기금 - 저소득 고객 서비스규칙(2년 보장)	- 전력 가격 제도를 통한 저소득층 지원 제도 - 재난 시 에너지 지원 프로그램 - 무료 에너지 절약 진단
에너지복지 정책의 중점 사항	- 저소득 계층의 빈곤 해결, 일자리 창출, 지역 경제 활성화 - 화석연료 사용 절감을 통한 에너지 절약 효과	- 에너지 효율 개선 및 에너지절약 교육을 통한 사회적 비용 절감	- 「에너지 빈곤층 지원 법」 제정 및 정책 개발 개선	- 초고령화 사회 대비 중심의 복지 제도 에너지 효율화 적용 및 적극 활용
제도의 특징	- 에너지 비용 지원 프로그램에 차별금지법 도입 - 주택서비스 산업 일자리 창출로 인한 경제 활성화 - 에너지복지 펀드 - 환경과 고용, 복지 문제 동시 해결	- 에너지 빈곤층에 대한 정의가 명확 - 에너지 공급업체가 에너지 빈곤층을 통하여 사회적 의무를 부담하도록 법 제정 - 정부와 중앙부처, NGO, 시민들 간의 유기적 협력 관계	- 에너지복지 펀드 - 에너지 사업자는 의무적으로 하나 이상의 사회복지기간과 파트너십을 구축 - 스마트그리드 정책을 담은 「그린에너지법」 채택(스마트미터기 구축)	- 3단계 요금 제도 - 건물 부문 에너지 효율 개선 인센티브 지급 - 에너지 절약 및 효율화 교육 및 에코 포인트 제도 도입

법」을 제정하여 실시하게 되었다. 정부는 2007년 5월 에너지복지 원년을 선언하며, 한전과 가스공사를 포함한 25개 에너지기업과 공동으로 에너지복지헌장을 채택하여 2016년까지 120만 에너지 빈곤 가구를 제로화하는 목표를 제시했다. 그 후 2030년까지는 소득 차상위 계층의 에너지 비용 절감을 위한 2단계 계획을 추진하는 것을 목표로 하고 있다.

또한 2009년 7월, 기후변화에 대응하고 적응하기 위한 녹색성장 국가전략 및 5개년 계획을 발표하며 에너지 빈곤층 해소를 위한 에너지 기본권 정립을 모색하였다. 이후 지식경제부(현 산업통상자원부)가 기초한 「에너지복지법」의 입법화를 통하여 에너지 빈곤을 해소하기 위한 국가의 책임과 관심은 더욱 높아지기 시작했다. 에너지 빈곤층 지원 법률 및 근거로는 「에너지기본법」, 「저탄소 녹색성장 기본법」, 「국민기초생활보장법」 등이 있다.

국내의 에너지 저소득층의 개념은 녹색성장위원회에서 2009년 '녹색성장 5개년 계획'을 통하여 제시한 '에너지 구입 비용(난방, 취사, 조명 등 광열비 기준)이 가구소득의 10% 이상인 가구'로 정의되고 있다. 이는 영국의 에너지 저소득층 개념을 그대로 수용한 것으로, 이 정의를 따를 경우 우리나라의 에너지 빈곤 가구의 수는 약 130~150만 가구에 달할 것으로 추정된다. 정부는 2013년까지 에너지 빈곤 가구의 비율을 전체 가구 수의 5% 수준으로 줄이고, 2030년까지 에너지 저소득층 0% 달성이라는 목표를 제시하였다. 그러나 고유가 지속으로 에너지 가격이 전반적으로 상승함에 따라 에너지 빈곤층은 증가하였다. 이에 따라 정부는 단기 및 산발적 지원 제도의 근본적 개선이 필요하다고 인식하였으며 이를 개선하기 위한 노력이 이루어지고 있다.

에너지 빈곤층 지원 정책의 운영 현황

2009년 '녹색성장 5개년 계획'의 '저탄소 녹색성장'의 구체적 실천 방안은 1차 에너지 기본계획('08)을 통하여 5가지의 비전으로 수립되었다. 이 5가지 비전은 에너지 자립 사회 구현, 탈석유 사회로의 전환, 에너지 저소비사회로의 전환, 녹색기술과 그린에너지로 신성장동력과 일자리 창출, 더불어 사는 에너지사회 구현이다.

이 중 에너지복지 부문에서 '2030년 에너지 빈곤층 Zero 달성'을 선언한 것이다. 에너지 빈곤 개선을 위한 세부 과제로는 저소득층 주택 에너지 효율 개선, 저소득층 주거 신-재생에너지 보급 확대 및 복지시설 그린화, 에너지복지 사각지대 해소 등 지원 대상 확대, 친환경 에너지세 도입 시 보완 대책 마련, 에너지복지 재원 확충, 기업의 사회적 책임 강화 유도, 전달 체계 및 지원 방법 개선 등이 있다.

국내 에너지복지의 제공 유형으로는 크게 공급형(에너지 비용 지원 및 할인), 효율형(에너지 효율 개선)으로 나누어진다. 에너지복지는 '소득에 관계없이 모든 국민이 건강하고 안정된 생활을 유지할 수 있도록 최소한의 에너지 공급을 보장하는 제도 또는 지원 프로그램'으로 정의할 수 있다. 안정적인 경제성장 및 사회통합 그리고 모든 국민에게 최소 수준의 에너지 공급을 보장하는 것을 의미하는 것이다.

| 표 20 | **국내 에너지복지 유형**

유형	정책	특징
공급형	– 에너지 비용 지원 및 할인 – 연료 및 연료비 직 · 간접 지원 및 보조(현금, 현물, 바우처*) *에너지 바우처: 2015년 시행	– 에너지 자체 중심 – 화석에너지 중심 – 단기적 접근이나 필수적인 성격(공공부조) – 긴급 구호적 해결책 – 요금 할인 및 감면 – 전류 제한 공급 장치
효율형	– 에너지 효율 개선 – 에너지 효율화 지원 (주택, 가전기기 등)	– 주택 개량을 통한 에너지 절감(주거 복지와 에너지복지의 결합) – 에너지 효율성 중심 – 에너지 수요 관리적 접근 – 주거 복지 측면에서 한계

*출처 : 에너지 기후정책연구소(2015)

현재 우리나라의 에너지복지 지원은 법적 지원과 정책적 지원으로 나눌 수 있다. 법적 지원은 사회복지 주관 부처인 보건복지부를 중심으로 「국민기초생활보장법」에 의해 기초생활수급자에게 광열비를 지원하는 것과 긴급복지 지원대상자 중 추가적으로 연료비 지원 수요가 발생한 자에 대해 동절기(10월~3월) 동안 연료비를 지원하는 사업이다. 정책적 지원은 에너지 주관부처인 산업통상자원부와 에너지 공기업을 중심으로 운영되는데, 에너지 서비스 공급 중단 유예와 에너지 요금 할인 및 감면 지원 확대, 에너지기기 무상 보급 및 안전 개선, 그리고 에너지 서비스 지원 체계 구축 사업 등이 포함된다.[71]

국내 에너지복지 예산의 경우, 최저생계비는 정부 복지 예산으로, 전기요금 할인은 한전의 에너지 나눔 기금으로, 가스 · 열요금 할인은 요금수익 일부를 재원으로 하여 운영된다. 에너지 효율 향상 지원은 전력산업기반기금과 에너지 특별회계 예산(에너지 수급 및 가격 안정과 에너지 · 자원 관련 사업 추진을 위하여 설치된 예산)의 일부를 주 재원으로 운영하며 에너지 기업의 소규모 지원금도 일부 활용한다.

공급형 에너지복지

에너지 비용 지원은 「국민기초생활보장법」에 의해 지급되는 광열비 지원과 에너지관리공단과 한국에너지재단 등에서 시행하는 에너지 효율 향상을 위한 에너지 효율 개선, 고효율기기 장려금 지원 및 에너지복지 지원 사업, 한국전력공사 및 한국가스공사, 지역난방 등에서 시행하는 요금할인, 전류 제한 공급 장치, 열요금 감면 등이 있다. 저소득층에 대한 에너지복지 정책은 기초생활보장제도의 최저생계비에 포함되어 지급되는 광열수도비가 주된 지원으로 「국민기초생활보장법」상 타법 지원액에 전기요금 할인액이 포함되어 지급된다.

또한 최저생계비 이외에 전기요금 할인, 가스요금 할인, 연탄보조, 열요금 할인, 에너지 효율성 향상 개선 사업 등의 지원을 실시한다. 에너지 효율 향상을 위한 개선 사업의 지원으로는 난방효율 제고를 위한 주택 단열벽 및 창호교체 지원(에너지 효율 개선), 고효율 조명기기 설치 및 교체 지원(고효율기기 장려금 지원), 사회복지시설 고효율 조명기기 설치 및 교체(에너지복지 지원)가 있다.

한국전력공사는 전기요금을 3개월 이상 체납한 가구에 대하여 단전 조치를 취할 수 있지만, 전류 제한 장치를 설치하여 최소한의 전기 공급을 해주거나 전기 공급 제한을 유예하고 전기요금을 할인해주는 등 저소득층을 위한 에너지복지 지원 프로그램을 시행하고 있다. 도시가

| 표 21 | 저소득층 에너지복지 지원 프로그램

지원부문	지원 프로그램
전력	– 요금 복지할인(한전), 요금 긴급지원(에너지재단) – 전류 제한 장치 및 전기 제한 공급 유예(한전)
가스	– 요금할인(가스공사), 요금 긴급지원(에너지재단)
연탄	– 연탄 현물 보조(산업부)
난방	– 열요금 감면(난방공) – 난방유/도시가스/LPG 지원(에너지재단) – 에너지 효율 개선 사업(에너지재단)
시설/제품	– 고효율 조명기기 교체(에너지재단) – 사회복지시설 고효율 조명기기 무상 교체(에관공) 등

*출처 : 경제경영연구원, 에너지복지 정책 개선 방향과 KEPCO의 역할, 2016.

스 업체들은 2001년부터 사회복지시설의 도시가스 요금을 난방용이 아닌 산업용으로 분류하여 요금을 인하해주는 제도를 시행하고 있다.

또한 지역난방공사도 2006년부터 사용자 가운데 저소득층이 거주하는 공공임대주택에 대해 기본요금을 감면해주고 있으며, 비영리 사회복지시설에 대해서도 기본요금을 감면해주고 있다. 또한 한국전력공사와 한국에너지재단은 2004년부터 저소득 가구 및 사회복지시설을 대상으로 고효율 조명기기로 교체해주는 사업을 시행하고 있다.

긴급 복지지원 제도는 「긴급복지지원법」에 따라 갑작스러운 주 소득자의 사망, 가출, 구금시설 수용 등으로 소득을 상실했거나 중한 질병 및 부상 등으로 생계유지가 곤란한 저소득층에게 생계 의료지원 등 필요한 복지서비스를 지원하는 제도이다. 연료비나 전기요금 지원은 긴급 지원제도 중 그 밖의 지원으로 분류되어 있으며, 주로 동절기에 발생하는 위기 사유로 생계유지가 곤란하거나 단전 상태가 1개월 경과

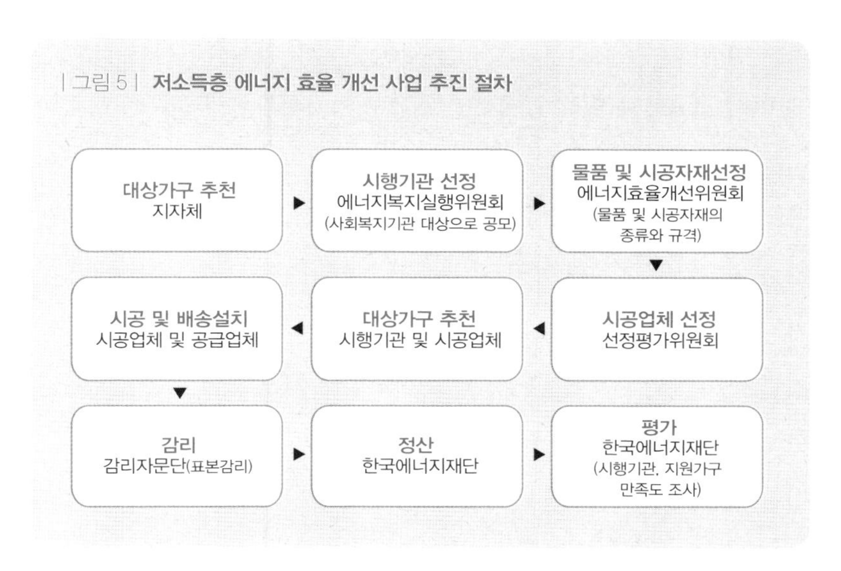

| 그림 5 | 저소득층 에너지 효율 개선 사업 추진 절차

*출처 : 한국에너지재단, 2018.

한 가구 등 이미 에너지 위기 상황에 처한 가구만이 지원 대상에 해당하여 예방적 측면보다 사후 처방적 측면이 강한 성격을 띠고 있다.

효율형 에너지복지

에너지 효율 개선의 대표적인 사업으로는 한국에너지재단의 '저소득층 에너지 효율 개선 사업[72]'이 있다. 이는 국민기초생활수급가구 및 차상위 계층에 단열 및 창호 공사와 고효율 기기 등을 지원함으로써 에너지 효율 개선을 이루는 것이며, 저소득층의 에너지 구입 비용을 줄여줌으로써 에너지 빈곤층 해소에 기여하고 있다.

저소득층 에너지 효율 개선 사업의 시행기관은 공개모집 후 에너지복지 실행위원이 심사를 통하여 선정된 지역의 사회복지기관 및 지자체이며, 시공기관 또한 공개모집 후 선정평가위원회의 심사를 통하여 선정된다. 사업 범위에 있어 시공지원은 단열 및 창호 교체 등 지원가구의 난방 효율을 제고하기 위하여 주택을 개·보수하며, 물품 지원으로는 지원가구의 에너지 구입 비용 절감을 위한 고효율 난방 물품 및 가전제품 등이 보급된다. 대상자 추천은 시장, 군수 및 구청장이 시행기관 등 지역의 사회복지기관과 협의하여 추천한다. 이 사업의 가구당 한도액은 당해 사업계획서를 참조하여 진행된다.

국내의 에너지복지 성과

전기요금 지원으로 기초 에너지 이용을 보장하는 '전기요금 긴급지원사업'의 성과를 살펴보면 2012년 총 1472가구가 2억 1449만 3000원의 지원을 받았으며, 2013년에는 총 166가구가 2억 4972만 3000원의 지원을 받았다. 다음으로 한국에너지재단의 '저소득층 에너지효율 개선사업'의 성과를 살펴보면, 2012년은 에너지 및 지원 사업 특별회계금 295억 8000만 원을 지원받아 2만 9628명이 282억 1291만 6000원의 지원을 받았으며, 2013년에는 총 3만 6508명이 396억 1864만 원의 지원을 받았다.

이처럼 에너지복지의 혜택을 받는 가구의 수는 꾸준히 증가하고 있으며 이에 대한 예산 또한 증가하고 있다. 최근 확정된 복지 분야 예산도 사상 처음으로 100조 원을 돌파했으며 에너지 빈곤층 지원의 대책으로 '에너지 바우처제도'도 실시되고 있다. 또한 서울시는 에너지 빈곤층 제로 목표를 달성하기 위하여 서울에너지복지시민기금을 설립하는 등 에너지 빈곤층을 위한 재정과 기관도 설립하였다.

또한 위의 법적 및 정책적 지원 외에도 기업의 사회적 책임에 의한 에너지 빈곤층의 주거 환경 및 에너지 효율 향상을 돕는 프로그램과 일자리 창출도 늘어나고 있다. 이에 대한 운영 사례로 포스코에너지와 사회복지공동모금회가 협동으로 새터민 20가구와 복지시설 8곳의 주택 개·보수 등 에너지 효율 향상 활동을 전개하였고, 노인요양기관에 20kw 규모의 태양광발전시설을 기부한 바 있다. 또한 한국가스공사의 '온누리 사랑 프로젝트'를 통하여 열효율 개선, 가스요금 감면 등 빈곤층의 주거 환경을 개선하고 시공 과정에 사회적 기업을 참여시켜 396개의 일자리를 창출하는 효과도 낳았다.

또한 비영리민간단체인 '에너지나눔과평화'는 송파구 및 각 단체의 협력을 통하여 태양광발전소기를 무상으로 지원하는 '나눔발전소'를 설립하여 전력 판매로 발생한 순익으로 에너지 취약 계층을 위한 에너지복지기금을 조성하고, 후속 나눔발전소를 설치하여 우리나라 최초로 에너지복지 기금 마련에 이바지하고 있다.

합리적인 '에너지 믹스' 설계

한국의 에너지 해외 의존도는 95%에 이른다. 2015년 기준 국가 총수입 4400억 달러 중 에너지가 차지하는 비중은 23%이다. 이러한 상황에서 에너지 효율은 일본의 3분의 1 수준으로 낮다. 에너지 수요 관리 정책이 있지만 큰 실효를 거두지 못하고 있으며, 부문 간 에너지 가격 세제 불균형으로 에너지 소비가 왜곡되고 전력과 가스는 공기업 체제하에서 정부의 요금 통제를 받고 있다. 세수 중에 에너지세 비중은 OECD 평균의 2배이고 유류세가 높다. 송배전망 증설은 난관에 부딪쳤으며, 미세먼지는 OECD BLI Better life Index 에서 하위권에 머물러 있다.

피해가 재난 수준으로 악화되고 있는 한국의 이산화탄소 배출은 세계 7위이다. 2000년부터 2013년 사이 배출 증가율이 OECD 회원국 중 세 번째이며 33%에 이른다. 온실가스 감축 목표를 내세웠지만 '실현가능성이 있을까?'라는 회의적인 의견이 많다.

21세기형 에너지 체계를 새로 구축하려면 시간이 필요하다. 에너지 기술들이 개발 · 보급된다고 하더라도 사회적 인프라를 구축하기까지 30~40년이 소요될 것으로 전문가들은 보고 있다. 따라서 '징검다리 에너지'가 불가피하고 에너지 선택이 불가피하다. 에너지 안보 차원에서 최적의 에너지 믹스를 설계하는 것이 핵심인 것이다.

200여 개국의 에너지 믹스 설계는 기술, 제도, 인프라 등 변수가 많고 격차가 크다. 신-재생에너지에 기대를 많이 걸고 있지만, 우리 사정을 봤을 때 신-재생에너지는 전체 전력 생산의 7% 수준이고, 그중 61%가 폐기물이다. 지역별로 편중되어서 전남 21%, 경북 15%, 충남 14% 등의 세 지역이 전국의 반 이상을 차지하고 있다. 전기차, 에너지 저장 시스템, 마이크로그리드Microgrid(소규모 지역에서 전력 자급자족인 가능한 스마트그리드 시스템) 기술 개발과 보급을 추진했지만 실제 인프라 구축은 미흡하다.

신-재생에너지 목표가 2030년까지 20%로 설정되었지만 실현가능성은 매우 회의적이다. 역사적으로 보면 재생에너지는 유가 변동, 시장의 신뢰, 경제성, 기술력, 인프라 등이 변수였다. 한국의 재생에너지에 대해서는 외국 전문가들도 자원이 빈약하다고 한다. 간헐성을 해결해줄 전력 저장 장치, 사회적 · 산업적 인프라가 갖추어지더라도 빈약한 자원 때문에 불리하다는 것이다. 세제상으로도 화석연료에 고율의 세금이 부과되고 있는데 신-재생에너지는 공적 보조를 필요로 한다. 따라서 조세 정책의 큰 틀과도 맞물려 있다.

LNG에 관해서는 중국, 일본, 한국, 대만이 수입하는 LNG가 세계 총 수입량의 61%이다. 아시아 국가의 석유 수입은 전 세계의 22%이다. 그중 한 · 중 · 일 3국의 석유 수입이 전 세계의 19%이다. 그런데 역내 천연가스나 기름의 파이프라인을 구축하지 못해서 비싸다. 한국의 LNG 가격은 미국 시장의 4배이다. 한 · 중 · 일 3국이 연대해서 레버리지를 가질 수 있어야 하는데 동북아의 협력과 리더십이 아직 없고, 북한이라는 변수도 걸림돌이다. 그래서 결국 동북아를 중심으로 아주 역동적인 경쟁의 마당이 되고 있다.

유럽에서 시장을 잃고 있는 러시아가 동북아를 공략하고 미국이 이것을 견제한다. 중 · 러 간 에너지 인프라와 군사 협력까지 강화되고 있고, 중국이 북극의 해상유전 개발권까지 따내고 있으며, 미국의 동북아 인프라 구축에 일본이 앞장서는 등 동북아가 역동적인 환경에 처해 있다. 한국이 이 틈새에서 에너지 안보를 어떻게 확충하는가는 국제적인 문제이다.

석탄 발전은 국제적으로 규제가 계속 강화되고 있다. 세계야생기금 보고서에서도 한국이 2007년부터 2014년까지 석탄 관련 국제프로젝트에 70억 달러를 제공했다는 것을 근거로 한국을 석탄 투자국으로 평가한다. 그래서 2016년 국제 NGO '기후 행동추적'이 32개국의 온실가스 감축행동을 평가하면서 한국을 4대 기후 불량국가로 분류하였다. 1인당 온실가스 배출량이 많고, 증가 속도가 빠르며, 석탄발전소 수출에 재정 지원을 한다는 등의 이유였다.

원자력발전에 대해서는 동북아가 원전 클러스터 지역이다. 이제 중국이 미국을 앞질러서 원전 최다 보유국이 되는 것은 시간 문제이다.

원전 가동국은 48개국에 이르고 있다. 한국의 원전 비중은 30% 수준이고 기술 자립도가 높아서 2009년 원전 수출국 반열에 올랐다. 한국은 에너지 자원이 없는 대신 에너지 기술을 갖추었고 그것이 원자력이었다.

그런데 후쿠시마 사고가 난 뒤에 자료들이 나오면서 두 가지 요건이 관심을 끌었다. 하나는 원전 인근 지역의 인구 밀도 분포, 또 하나는 주변의 지진 발생이었다. 한국이 주목한 것은 인근 지역의 인구 밀도가 높다는 점이다. 사고 트라우마도 있고 사회적 협상력이 매우 중요하다는 해결 과제도 안고 있다.

마지막으로 우리는 화석연료 등 자원이 없기 때문에 원자력을 포함해도 에너지 자급도가 15% 이하이다. 에너지산업은 수입해서 정제 · 변환 · 공급 · 소비하는 후속 방식Downstream에 치우쳐 있다. 탐사 · 채굴 · 생산의 방식Upstream으로 진출하려는 노력의 일환으로 자원 외교를 시도했으나 성공하지 못하였다. 전문성과 체계성이 부실한 공기업 독점 체제에 정치적 스캔들로 추락하였다. 앞으로 어떻게 해결해야 할지 막막할 만큼 많은 난제를 안고 있는 셈이다.[73]

모든 에너지 자원의 채굴부터 사용 뒤 폐기에 이르기까지 전 과정에 걸쳐 중요 항목을 철저하게 평가해야 한다. 각 에너지원이 이 시점에서 어떤 역할을 할 수 있기 때문에 에너지 믹스에 어느 정도 비율로 들어가야 한다는 판단을 해야 한다. 전 과정 평가Life-cycle assessment를 해서 합리적인 에너지 믹스를 만드는 것이 중요하다. 에너지 믹스에 대한 사회적 합의를 도출하는 노력을 통하여 그 답을 찾는 것이 필요하다.

왜 에너지 믹스인가?

우리 에너지 정책이 갑자기 광풍을 만나 표류하게 되었다. 우리나라 전력의 30%, 40%를 유지해주던 석탄 화력은 더러워서 못 쓰겠다고 하고, 원전은 위험해서 못 쓰겠다고 한다. 갑자기 환경성, 안전성이라는 화두가 등장하면서 경제성은 이야기하면 안 되는 요소가 되었다. 단순히 환경성, 안전성, 경제성 등 관념적인 틀로 해석할 수 있는 것인가? 대책을 마련할 수 있는 것인가? 이러한 시각에서 뒤로 물러서서 우리 사회가 지금까지 깊이 고민해보지 않았던 '에너지 믹스'라는 시각에서 문제를 분석해볼 필요가 있다. 온실가스와 미세먼지를 해결하여야 한다는 절박한 문제를 앞에 두고 있다. 우리 사회가 추구해야 될 합리적인 에너지 믹스의 방향과 환경성, 안전성, 경제성이라는 개념은 어떤 위치에 있는지 점검할 필요가 있는 것이다.

우리는 지금 역사상 가장 풍요로운 선택의 시대에 살고 있다. 활용할 수 있는 에너지의 종류가 대단히 많다. 50만 년 전부터 사용했던 임산(林産) 연료가 있다. 지난 200여 년 동안 사용해왔던 석탄도 있다. 석유도 사용할 수 있고, 지난 60~70년 동안 사용해왔던 가스도 대안이다. 지금 개발되고 있는 바이오 연료도 가능성이 있다. 130~140년 사용한 전기도 생산하는 방법이 굉장히 다양하다. 석탄, LNG, 원자력, 태양광, 풍력 등의 에너지도 있다. 이 다양한 선택지를 두고 어떻게 합리적인 선택을 할 것인가에 대하여 우리 사회가 고민해야 할 것이다.

최근에서야 에너지 전환이라는 용어가 등장했지만 우리는 에너지 전환 경험이 많다. 임산 연료를 사용하다가 석탄을 사용하였고, 60년대 이후부터 지난 50년 동안 전기, 석유, 원자력, 가스, 재생에너지까지 다양하게 사용하였다. 소비자의 요구도 과거에는 돈 내고 쓸 수 있는지가 가장 중요한 요소 중 하나였다. 그러다가 편리한 것을 찾고, 환경과 안전도 생각하게 되었다. 앞으로는 안보도 중요하다. 우리 사회가 부담할 수 있는 능력도 문제가 된다. 경제력만이 아니라 기술력도 문제가 되고 사회적 수용성도 문제가 된다. 굉장히 복잡한 다차원의 방정식을 풀어야 하는 것이다.

- 역사상 가장 풍요로운 에너지 선택권

– 임산(林産) 연료: 50만 년 전 부터 사용(장작 · 낙엽 · 숯 · 배설물)
– 화석연료: 석탄, 석유(휘발유 · 경유 · LPG, 가스(LNG), 바이오
– 전기: 화력(석탄 · LNG), 원자력, 재생(태양광 · 풍력 · 팰릿)

- '에너지 전환'의 필요성

– 기술 발전: 석탄 → 전기 → 석유 → 원자력 → 가스 → 신-재생
– 소비자의 요구: 경제성 → 편리성 → 환경 · 안정 → 안보
– 사회적 능력: 경제력, 기술력, 사회적 수용성

우리의 에너지 전환을 자세히 살펴보면 1960년대까지는 임산 연료를 사용하였지만 모든 산이 다 황폐화되었다. 그다음 석탄을 쓰기 위하여 엄청난 투자를 했으나 한 10여 년 쓰고 나니 거의 고갈되었고 가

스 중독 위험도 많았으며 연탄재 오염도 심각하였다. 무엇보다 우리나라 안에서의 자원은 거의 고갈되었다. 그리하여 1970년대부터 석유를 쓰기 시작했고, 이는 경제 성장에 크게 기여를 하였다.

원자력은 1958년 투자를 시작해서 1978년부터 우리 사회에 엄청난 기여를 하였고, 세계 최고 수준의 기술력도 확보하였다. 그런데 갑자기 위험성 논란에 휩쓸려버렸다. 가스도 1970년대 중반부터 사용하였는데, 지금 이것은 철저하게 민영 체제가 유지되고 있다. 신-재생에너지는 2000년대에 들어와 시작했지만 난관에 봉착하고 있다.

지금까지 에너지 정책은 다른 요인은 거의 고려하지 않고 수급을 맞추어주는 데 치중하였다. 석유와 화학 산업에 대한 투자도 아주 좋은 선택이었으나 오늘날에 와서는 국민적 정서로 인하여 정유 산업, 석유화학 산업이 기피산업이 되어가고 있다.

2001년에 전략산업 구조 개편이 시작되었는데 에너지 정책은 말뿐인 정책에 불과하였다. 산업 정책, 조세 정책, 환경 정책에 밀렸다. 신-재생에너지는 2000년대 초반 들어서 적극적으로 투자했지만 중국의 태양광산업이 급성장하면서 그 결과는 참혹했다. 탈원전과 탈석탄도 어려운 상황이다.

탈원전 등에 따른 전기요금 갈등은 앞으로 심화될 것이다. 전기요금 체계가 너무 복잡하다. 일반 소비자들은 산업체에서, 특히 철강 산업에서 전기를 공짜로 쓰는 것처럼 이해하고 있다. 심야 전기 제도를 아주 빠른 속도로 축소하고 있다. 밤에 쓰던 전기를 낮에 써야 된다. 피크 수요가 늘어나면 그것을 감당하기 위하여 시설 투자를 또 하여야 한다. 이러한 잘못된 정책이 우리 에너지 정책을 망가뜨리고 있다. 이 과정에서 「원자력 진흥법」, 「원자력 안전법」, 「에너지법」, 「저탄소 녹색성장 기본법」, 「전기사업법」 등의 법률들이 무시되거나 왜곡되어 심각한 문제이다.

온실가스 문제는 매우 심각하다. 우리나라가 자발적으로 2030년까지 37%를 감축하겠다고 국제 사회에 약속하였는데 국내에서 25.7%를 감축하고 나머지 11.3%는 국제 시장에서 탄소배출권을 사서 메우겠다는 것이다. 그런데 '국내 감축 25.7%가 과연 가능한 것이냐'도 문제이다. 감축 약속을 지키지 않았을 때 우리나라가 국제 사회로부터 받을 평가 또는 불이익을 심각하게 고려해야 한다. 2015년 국내에서는 탄소배출권 거래 제도를 실시[74]하여 기업체가 실제 돈을 부담하였고, 2021년에 이 부담은 3배 이상 증가하게 된다. 그리고 원전과 노후석탄 화력 중단으로 LNG 발전이 폭증하고 있다. LNG에서 쏟아져 나오는 이산화탄소는 과연 25.7% 감축 범위 안에 들어가 있는 것인지 확실하지 않다.

에너지 믹스에는 두 가지 측면이 있다. 하나는 발전 부문의 믹스다. 여러 가지 발전 방법이 있는데 그것을 어떻게 합리적으로 조합할 것인가의 문제이다. 다른 하나는 1차로 석유 및 석탄과 전기를 어떤 비율로 섞어 쓸 것인가의 문제이다. 2000년대 들어와서 전기 과소비 관행이 굉장히 심각해졌다. 이 관행을 어떻게 개선할 것인가, 석유화학 산업을 어떻게 발전시킬 것인가가 고민이다.

에너지 믹스의 합리성을 판단할 때에는 다음과 같은 여섯 가지 기준을 생각해야 한다. 첫째, 기술력에 대한 냉정한 평가가 있어야 한다. 우리가 어떤 기술을 가지고 있고 어떤 기술을 확보할 수 있는가, 타임 프레임에 따라 우리가 어떻게 준비할 수 있는가에 대한 냉정한 평가이다. 원전은 현재의 기술이다. 신-재생에너지는 미래의 기술이다. 미세먼지와 온실가스 문제 때문에 환경성도 중요하다. 둘째, 안전성 기준이다. 위험하다고 피해갈 것이 아니라 안전하게 관리할 수 있고 운영할 수 있는 능력을 키우는 자세가 필요하다. 셋째, 경제성. 이 역시 매우 중요한 기준이다. 넷째, 사회적 기대치와 수용성이다. 우리 국민들의 기대치가 의외로 불합리할 정도로 높다. 다섯째, 국민의 기대치를 합리적으로 해결하려는 노력도 필요하다. 그리고 마지막 여섯째는 급변하는 에너지 환경에 대비하는 것이다.

독일과 프랑스의 '에너지 믹스' 사례[75]

2010년 3월, 일본 대지진으로 후쿠시마 원전에서 대규모의 방사능 누출 사고가 발생하였다. 세계적으로 각국의 에너지 공급에서 원자력 발전의 역할이 증가하던 때였다. 이 사고의 여파로 원자력 발전의 안전성 문제에 대한 논란과 함께 원전에 대한 회의적인 시각이 팽배해졌다. 원전의 역할이 매우 중요한 우리나라에서도 원전 가동의 안전성과 신규 원전 건설에 대한 논란과 함께 에너지 정책의 전반적인 검토가 필요한 상황이 된 것이다.

그동안 원자력 발전은 기후변화 대응과 관련한 온실가스 감축에서 중요한 역할을 해왔으며, 저렴하고 안정적인 에너지 공급원으로 각광을 받아왔다. 그러나 일본의 원전 사고를 계기로 원전 확대 정책에 대한 우려의 목소리가 높아지고, 이를 대체할 수 있는 에너지 자원의 개발에 많은 관심이 집중되고 있는 것이 사실이다. 특히 신-재생에너지원에 대한 관심이 더욱 높아지고 있다. 우리나라도 마찬가지로 원전을 포함한 에너지 믹스 정책 전반에 대한 검토가 필요하게 되었다. 이를 위해서는 해외 선진국들의 사례를 살펴보는 것이 중요한데, 독일과 프랑스가 그 적절한 사례가 될 수 있을 것이다. 독일과 프랑스는 이웃 국가이면서도 원전 정책을 포함한 에너지 믹스와 관련된 정책에서 많은 차이를 보이고 있다. 양국 모두 원전이 국가 에너지 믹스 정책에 큰 영향을 미치고 있는 바, 기존의 에너지 믹스 현황과 정책, 그리고 에너지 시장에 대한 동향을 파악해보는 것이 중요하다.

프랑스의 경우 발전원 중 원자력발전이 약 76%를 차지할 정도로 원전 편향적인 정책을 취하고 있는 반면, 독일은 원전의 비중이 프랑스보다 훨씬 낮고, 상대적으로 신-재생에너지에 대한 비중이 비교적 높은 특징을 가지고 있다. 이 밖에도 양국은 에너지 믹스 정책에 있어서 여러 차이가 있지만, 이웃 국가이기 때문에 계통 연계에 따른 전력 거래를 통하여 전력 공급 부족을 완화할 수 있다는 점이 상호 간에 이익이 되고 있다. 그래서 독일과 프랑스 양국에 대한 에너지 믹스 정책을 분석함으로써 국내 에너지 믹스 정책을 진단해보고, 향후 에너지 믹스 정책의 방향을 제시하고자 한다.

에너지 믹스 정책 현황

에너지 수급 및 전원 구성

독일과 프랑스의 에너지 믹스는 1차 에너지 공급 구조를 살펴봄으로써 확인할 수 있다. 2009년 양국의 1차 에너지 총 공급은 독일이 프랑스에 비해 높게 나타나고 있다. 독일의 1차 에너지 공급은 석유의 비중이 가장 높고, 다음으로 가스 및 석탄의 비중이 높으며, 원자력과 신-재생에너지의 비중 순으로 이루어져 있다. 이에 비해 프랑스의 1차 에너지 공급은 원자력의 비중이 가장 높고 다음으로 석유의 비중이 높으며, 가스, 신-재생에너지, 석탄의 비중 순으로 높게 나타나고 있다.

양국의 에너지 공급 구조를 보면, 석유 비중은 양국이 비슷하나 석탄 및 가스의 비중은 독일이 프랑스에 비해 높고, 원자력 비중은 프랑스가 월등히 높으며, 신-재생에너지 비중은 독일이 약간 높지만 프랑스는 수력의 비중이 높게 나타나고 있다. 양국은 모두 석유의 비중이 여전히 높지만 독일은 다양한 에너지원이 분산되어 있는 반면, 프랑스는 원자력 의존도가 높은 성향을 보이고 있다.

이와 같은 독일과 프랑스의 에너지원별 공급 패턴은 1970년대 이후 확연한 차이를 보이며 변화하여왔다. 독일은 석탄과 석유 공급이 점진적으로 줄어든 반면, 가스는 점차적으로 증가하고 있다. 원자력은 1980년대를 거치면서 확대되었으나 2000년대 중반 이후 감소 추세를 나타내고 있는 반면 신-재생에너지는 2000년대 이후 증가 추세에 있다. 이에 비해 프랑스는 과거 석유 의존도가 매우 높았으나 1980년대 이후 석유 의존도가 하락하기 시작하면서 원자력이 급격하게 증가하였으며, 가스는 점진적으로 증가하고 있다. 반면 신-재생에너지는 일정 수준을 유지해오고 있다.

한편, 양국의 전력 생산량은 1차 에너지 공급과 마찬가지로 독일이

| 표 22 | **독일과 프랑스의 1차 에너지 공급구조(2011)**

*단위: 백만 TOE, %

구분	석탄	석유	가스	원자력	신재생	총계
독일	72.6 (22.7)	103.9 (32.5)	76.4 (23.9)	35.2 (11.0)	31.9 (10.0)	319.0 (100.0)
프랑스	10.0 (3.9)	79.6 (31.1)	38.5 (15.1)	106.8 (41.8)	20.4 (8.0)	255.2 (100.0)

*출처 : IEA, Energy Balances of OECD Countries 2010, 2011
* 주: 1) 수력은 생-재생에너지에 포함됨. 2) 1차 에너지 총계에 전력은 제외됨.

프랑스보다 크며, 발전원별 비중에서 독일은 석탄 비중이 상당히 높고, 프랑스는 원자력 발전의 비중이 압도적으로 높다. 독일의 경우, 원자력의 비중도 작은 편은 아니지만 신-재생에너지의 비중이 높은 특징을 보이는 반면 프랑스는 원자력 외에 화석연료 비중은 전반적으로 낮으며 신-재생에너지 발전의 약 81%를 수력이 차지하여 사실상 태양광, 풍력 등 신-재생에너지 발전은 미미하다고 할 수 있다.

양국의 발전원별 전력 생산은 1970년대 후반 2차 오일쇼크 이후에 큰 차이를 나타내고 있는데, 독일은 석탄 발전의 비중이 높은 가운데 원자력발전의 비중이 증가 추세에서 최근 주춤하고 있는 반면, 프랑스

| 표 23 | **독일과 프랑스의 발전원별 전력생산량 현황(2011년)**

*단위: TWh, %

구분	석탄	석유	가스	원자력	신재생	총계
독일	264.5 (44.3)	12.5 (2.1)	77.0 (12.9)	134.9 (22.6)	107.8 (18.1)	596.8 (100.0)
프랑스	27.7 (5.1)	5.9 (1.1)	22.3 (4.1)	409.7 (75.6)	76.1 (14.0)	541.7 (100.0)

*출처 : IEA, Energy Balances of OECD Countries 2010, 2011
* 주: 수력은 신-재생에너지에 포함됨

는 1980년 초반 이후 원자력발전의 비중이 급격하게 증가하였으며 수력발전도 일정한 수준을 유지해오고 있다.

에너지 정책 현황

양국의 에너지 정책 기조는 원자력을 중심으로 에너지공급의 안정성에 중점을 두었으나 정책적 의견 수렴과 국민적 정서의 차이로 변화하게 되었다. 독일은 원자력에 대해 전향적 입장에서 점차 신-재생에너지에 대한 확대 정책으로 전환하고 있는 반면, 프랑스는 석유 위기 이후 에너지가 국가 안보와 직결됨을 인식하고, 부족한 에너지 자원의 극복을 위하여 원자력을 근간으로 하는 에너지 정책을 수립하였다.

독일과 프랑스는 수십 년에 걸쳐 원자력발전에 대한 시각이 변화되어오면서 정책 기조도 변화를 보였다. 과거 독일은 원자력을 안정적이고 미래지향적 에너지원으로 인정하고 총 전력의 약 30%를 원자력에 의존했으나 1986년 체르노빌 사고 이후부터 원자력에 대한 시각에 변화가 발생하였다. 그리고 1992년 리우회의를 계기로 기후변화가 중대한 문제로 대두되어 원자력을 둘러싼 독일 원자력 업계와 환경단체의 대립은 더욱 거세졌다.

원자력발전을 포기하기 위해서는 에너지 효율 향상, 환경 친화적인 석탄 이용 및 신-재생에너지의 보급 확대가 필수적 문제로 부각되었다. 그때까지는 전력회사들이 1991년 1월에 발효된 「전력매입법」에 따라 신-재생에너지인 풍력, 태양광 발전 전력을 판매량의 5%까지 의무적으로 구입하도록 되어 있었다. 그 이전인 1988년 4월 「에너지법」

이 발효되어 전력 시장이 자유화되면서 그 이후로는 발전 차액 지원을 통하여 신-재생에너지 발전을 지원하는 정도였다.

반면에 프랑스는 지난 수십 년 동안 국가가 에너지 정책을 주도적으로 결정하여왔다. 그러나 EU 정책에 의한 제약으로 국가의 에너지 정책 수립에 대한 고려사항이 증대되었다. 중앙 집중화되어 있던 에너지 정책이 다른 EU의 국가들처럼 점차 EU의 지침에 의하여 통제받는 상태가 된 것이다. EU는 『2006 Green Book』을 발간하며 유럽 에너지 정책에 근거를 제공하였다.

강력한 정부 개입을 통한 국가 에너지 모델, 발전원으로 원전의 비중 유지, 공공서비스로서의 에너지 개념 등을 유지했던 프랑스는 기존의 '골칫덩어리' 이미지에서 벗어나 점차 EU의 에너지 지침 아래에서 유럽의 전체적인 에너지 정책에 보조를 맞추고 있으며, 이에 따라 전력과 천연가스 부문의 경쟁 도입도 그 일정에 맞추고 있다.

에너지 협력과 교역

독일과 프랑스의 에너지 자원 수출입 현황을 살펴보면, 우선 원유 및 석유 제품의 경우 독일이나 프랑스 모두 원유의 국내 생산이 거의 전무하며 대부분을 수입에 의존하고 있다. 독일의 최대 원유 수입국은 러시아이고, 나머지는 노르웨이와 영국에서 북해산 원유를 수입하며, 중동으로부터의 수입은 상대적으로 적은 편이다. 프랑스의 경우도 원유의 최대 수입국은 러시아이고, 그 외에 노르웨이, 영국 등 북해지역 등에서 수입하고 있다. 독일과 프랑스 양국 간에 원유 수출입은 거의 없거나 미미하며, 석유 제품의 교역량은 많지 않다.

천연가스는 독일과 프랑스 모두 국내 소비의 대부분을 수입에 의존하고 있다. 독일의 천연가스 수입은 전량 파이프라인을 통해서 도입되고 최대 가스 수입국은 러시아이며, 나머지는 노르웨이와 네덜란드에서 수입하고 있다. 반면, 프랑스의 천연가스 수입은 파이프라인과 LNG로 이루어지고 있다. 프랑스의 최대 천연가스 수입국은 노르웨이이고, LNG의 최대 도입국은 알제리이다. 양국 간의 천연가스 교역량은 없는 것으로 나타나고 있다.

석탄은 독일이 풍부한 매장량을 바탕으로 세계 8위의 생산국이지만 수출은 거의 하지 않으며 국내 생산과 석탄 수입을 통해서 국내 수요를 충당하고 있다. 석탄 수입은 발전용 연료탄의 경우 러시아에서, 제철용 원료탄은 호주에서 가장 많이 수입하고 있다. 프랑스도 석탄의 대부분을 수입에 의존하며, 발전용 연료탄은 남아공에서, 제철용 원료탄은 미국과 호주에서 주로 수입하고 있다. 양국 간 석탄 교역량은 20만 톤 내외의 소량이다.

한편, 전력의 경우는 다른 에너지원과 달리 유럽 내에서 수출과 수입을 통하여 유럽 국가들과의 계통 연계에 따른 편익을 얻고 있다. 독일의 주요 수출 대상국은 네덜란드, 오스트리아, 스위스 등이며 유럽의 최대 전력 순수출국인 프랑스로의 수출량은 소량이다. 독일은 2008년 총 41.7TWh의 전력을 수입했으며, 이 중에서 프랑스로부터의 수

| 표 24 | **양국 주요 에너지원의 수입 현황(2011)**

구분	원유 및 석유제품(천톤)	천연가스(백만㎥)	석탄(천톤)	전력(GWh)
독일	98,035	94,557	32,026(6,448)	41,670(1,170)
프랑스	71,334	37,052(10,068)	10,861(3,584)	10,683(58,689)

*출처 : IEA, 2010
*주: 1)PNG, 2)LNG, 3)발전용 연료탄, 4)제철용 원료탄, 5)전력수출량(2008)

입이 가장 많아 총 전력 수입량의 약 25%를 차지하였다.

독일의 전력망은 인접국인 오스트리아, 체코, 스위스, 프랑스, 네덜란드, 덴마크, 폴란드, 스웨덴 등과 연결되어 있어 이를 통하여 전력을 수출입하고 있다. 반면 프랑스는 유럽 1위의 전력 수출국으로 2008년 전력 총 순수출량은 4만 8007GWh을 기록했다. 프랑스의 주요 전력 수출국은 영국, 이탈리아, 독일 등이며 독일로의 수출은 2008년 수출량의 약 18%인 1만 888GWh을 기록했다.

또한 2008년 12월에 설립된 유럽 송전계통운영자네트워크ENTSO, European Network of Transmission System Operators for Electricity에서 내놓은 10개년 유럽송전망 개발 계획TYNDP, Ten-Year Network Development Plan[76]에는 EU의 에너지 정책 목표에 맞게 송전망 개발 계획이 포함되어 있다. 국경 간 전력 교류에 관한 EU 규정에 맞추어 2년마다 수정되는 이 계획은 34개 회원국 송전계통운영자들의 투자 안을 담고 있으며, 2015년까지 500개 가까운 투자 프로젝트로 총 230~280억 유로 규모의 투자가 이루어질 것으로 예측되었다. 따라서 2020년까지 유럽 전역의 신-재생에너지 발전 비중을 약 20%로 확대하려는 유럽의 에너지 정책과 송전망 혼잡 완화를 통하여 단일 전력 시장 형성을 촉진하고 유럽 회원국

| 표 25 | **독일과 프랑스 양국 간의 전력 교역 현황(2011)**

*단위: GWh

구분	국내생산량	국내소비량	수입	수출
독일	598,916	578,817	對프랑스 10,572	對프랑스 867
프랑스	549,572	501,565	對독일 1,189	對독일 10,888

* 자료: IEA, Energy Balances of OECD Countries 2010, 2011
* 주: 독일과 프랑스의 국내 전력 소비량은 각각 유럽 1위와 2위 수준

들의 전력 공급 안보를 제고할 것으로 전망된다.

유럽의 에너지 시장 자유화

EU는 에너지의 공급 안정성과 산업 경쟁력 제고를 목표로 단일 에너지 시장을 형성하기 위하여 EU 회원국의 에너지 시장 자유화와 회원국 간의 자유로운 전력 및 천연가스 교역을 추구하는 노력을 지속하여왔다. 역내 단일 에너지 시장을 통하여 경쟁을 촉진하여 소비자 측면에서 합리적인 가격으로 가스 및 전력공급 회사를 선택하는 기회를 제공하고 에너지원의 다양화와 에너지 시장의 효율성을 제고하고자 한 것이다.

유럽의 에너지 시장 자유화는 유럽의 에너지 기업들에게 경쟁에 따른 도전과 해외진출을 통한 성장의 기회를 동시에 제공하였다. 아직 완전한 유럽 역내 단일 에너지 시장의 형성에는 미치지 못하고 있지만 소비자들의 에너지 공급자 선택권이 강화됨으로써 원칙적으로 국내뿐

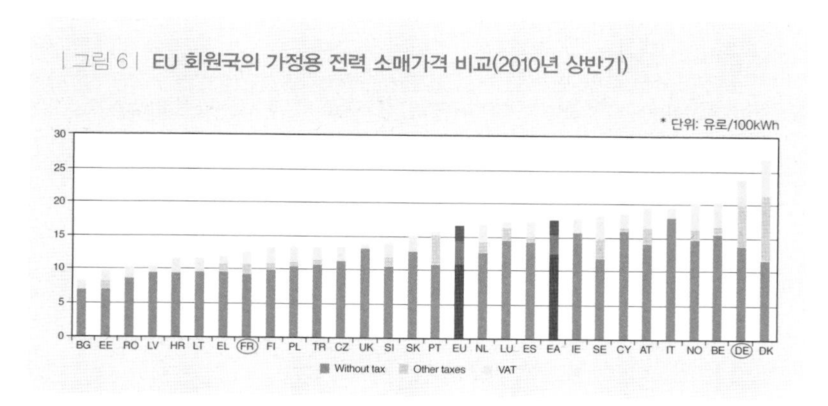

| 그림 6 | **EU 회원국의 가정용 전력 소매가격 비교(2010년 상반기)**

*출처 : European Commission, '2009–2010 Report on progress in creating the internal gas and electricity market', 2011
*주: 원은 각각 프랑스와 독일을 표시

만 아니라 국외의 에너지 공급업자로부터 전력 및 가스를 공급받을 수 있는 가능성이 열리게 되었다. 또한 EU의 국경지대 송전망 혼잡 완화를 위한 전력망 확대 정책, 가스 파이프라인 건설 등으로 에너지 교역 인프라는 확대되었고 앞으로도 지속적으로 확대될 전망이다.

하지만 여전히 완전한 의미에서의 역내 단일 에너지 시장 형성은 이루어지지 않았다. 각국의 고유 에너지 정책과 에너지 자원 부존의 차이로 발생하는 전력 및 가스 가격의 국가 간 차이로 인하여 에너지 교역의 동인은 유지되어왔다. 프랑스는 전력과 가스 모두 규제 가격의 완전 철폐가 이루어지지 않고 있으며 높은 원전 비중으로 경쟁력 있는 전력 가격을 유지하고 있다. 이에 비하여 독일은 전력, 가스 가격이 완전 자유화되었으며 유럽 내에서도 높은 전력 가격을 유지하고 있다.

그러나 에너지 시장 자유화로 자국 내의 소비시장을 중심으로 독과

점을 형성하고 있던 대형 에너지기업들은 국내에 머물지 않고 해외로 진출하는 모습을 보였다. 국내에서 치열해진 경쟁을 국외시장을 개척함으로써 만회하고 해외시장 확대 및 타에너지원으로의 확장을 시도하여 해외 투자 및 해외 매출이 늘었다. 이는 사실상 국경을 초월한 자본 및 설비 투자로 이어졌다. 초국경적인 에너지 생산 및 공급 가치사슬을 형성하고 여러 국가에서 직접 사업을 운영함으로써 외국 에너지 시장의 정보력이 크게 신장되었다.

이와 같이 유럽의 에너지 시장 자유화는 유럽의 국가 간 에너지 교역이 세계 다른 지역에 비하여 훨씬 활성화될 수 있는 기반을 제공하였다. 이러한 환경은 독일과 프랑스의 에너지 믹스 정책과도 연관성이 있는데, 양국의 크게 다른 에너지 믹스 구조가 교역을 통해서 안정적으로 완충될 수 있도록 한다는 점이다.

이렇게 자국의 에너지 여건 및 정서에 맞는 에너지 믹스가 국가마다 차이가 나더라도 유럽 전역에 걸친 송전망 및 가스 수송 인프라를 통하여 교역이 이루어짐으로써 유럽 에너지 시장이라는 역내 광역 시장 안에서 국가 간 분업 구도가 가능하게 된 것이다. 특히, 독일과 프랑스는 유럽대륙 중앙에 위치하고 있어 인접한 국가가 많아 에너지 수출입에 유리하고, 유럽 내에서 가장 많은 에너지를 생산·소비하여 수급 측면에서 교역의 필요성이 큰 국가들이다.

향후 유럽 에너지 시장의 자유화가 보다 진전될 경우에는 거대 에너지기업을 보유한 독일과 프랑스는 유럽 전역을 판매시장으로 할 수 있는 여건이 마련되어 에너지 교역은 보다 확대될 가능성이 높다. 한편,

단일 에너지 시장 형성으로 인한 국가 간 에너지 가격 차이가 줄어들게 되더라도 여전히 계절적 피크 수요에 의한 에너지 교역 유인은 존재할 것이다. 이러한 측면에서 양국은 자국의 특성에 맞는 에너지 믹스를 추구하면서도 이를 통하여 유럽 에너지 시장 환경을 활용한 경제적 효과까지 극대화할 수 있었다.

에너지 믹스의 정책적 배경

에너지 자원 부존 및 자연 조건

에너지 믹스 정책은 기본적으로 자국의 에너지 자원 보유의 정도에 영향을 받을 가능성이 크다. 자국의 부존 에너지 자원이 풍부하다면 이를 바탕으로 저렴한 생산비용으로 에너지를 확보할 수 있고 공급에 있어서도 안정적일 수 있기 때문이다. 이러한 관점에서 양국을 살펴보면 우선 독일은 2010년 기준으로 미국, 러시아, 중국, 호주, 인도 다음으로 많은 석탄 자원량을 보유하고 있다. 석탄 매장량의 세계 점유율이 27.6%로 1위인 미국에 비하면 상당한 차이가 있으나 독일의 석탄 매장량 점유율은 세계의 4.7%에 달하여 상당히 석탄이 풍부한 국가라고 할 수 있다. 그러나 생산량을 살펴보면 2010년 기준 세계 생산량의 2.5%로 1995년 3.3%와 비교할 때 그 비중이 하락하고 있는 추세를 보이고 있으며, 과거보다는 석탄 산업이 쇠퇴하고 있는 상황이다.

독일은 석탄 외에도 미미하지만 석유와 천연가스 등의 자원도 보유하고 있어서 프랑스에 비해서는 화석연료 사용에 유리한 것으로 나타나고 있다. 사실상 석유는 대부분 수입에 의존하고 있지만 천연가스의 경우 러시아 가스에 대한 의존도를 낮추기 위하여 새로운 가스공급처를 발굴하려는 노력을 하고 있다.

이에 반하여 프랑스는 에너지 부존자원이 부족하여 석탄, 석유, 천연가스 등의 화석에너지를 해외에서 대부분 수입하는 등 에너지의 해외 의존도가 높다. 석탄의 경우 프랑스는 1973년에 1차 에너지 소비의 약 60% 내외를 국내 생산으로 충당했으나 매장량이 빈약하고, 2004년 라후브La Houve 광산의 폐쇄 이후부터 국내 생산은 중단되었다.

| 표 26 | 독일의 화석연료 매장량 및 생산량(2011)

구분	석탄(백만톤)	석유(백만톤)	천연가스(매량량: 조㎥, 생산량: 십억㎥)
화석연료 매장량	40,699(4.7%)	-(-)	0.1(0.05%)
화석연료 생산량	182.3(2.5%)	-(-)	10.6(0.3%)

*출처 : BP, Statistical Review of World Energy, 2011
*주: 괄호 안 수치는 전 세계에서 차지하고 있는 비중임.

결과적으로 양국은 화석연료 자원의 부존량에 있어서 큰 차이를 보이면서 에너지 정책에 큰 영향을 미치게 되었다. 양국의 에너지 자급률을 비교해보면 독일은 약 40%를 나타내고 있고, 프랑스는 약 50%를 나타내고 있으나, 이는 1차 에너지 국내 생산분에 원자력이 포함되어서 나타난 수치이다. 따라서 원자력을 제외한 양국의 1차 에너지 자급률은 독일 약 30%와 프랑스 약 9%로 현저한 차이를 나타내고 있다. 이렇게 볼 때 프랑스는 에너지 자원의 부존량이 거의 없는 상황에서 원자력 확대 정책으로 에너지 자립도를 높여왔음을 알 수 있다.

에너지 자원의 부존량 외에 자연 조건도 에너지 믹스 정책에 일정 부분 영향을 미치고 있다. 우선 독일은 국토의 2분의 1이 농지로 이용되고 있으며, 어느 농가에서나 가축을 사육하고 사료 작물을 만들고 있어 바이오매스 생산에 유리하다. 그리고 산지가 적고 평야가 많아 육상 풍력 발전에 적합한 자연 조건을 가지고 있다. 한편 독일은 영국이나 프랑스, 스페인 등에 비하여 바다에 접하는 면적이 작아서 대량의 냉각수를 필요로 하는 원자력발전에서 다소 불리한 측면이 있다.

반면에 프랑스는 지정학적으로 유럽 중앙에 위치해 있으며, 국토 면적이 55.2만km^2로 EU 27개국 중 가장 넓은 국토를 보유하고 있다. 이와 같이 국토 면적이 크며 지중해, 대서양, 영국 해협을 따라 긴 해안선을 보유함으로써 원자력 발전을 통한 전력 생산에 유리한 입지를 가지고 있다. 이와 함께 프랑스는 스페인, 이탈리아, 벨기에, 독일, 스위스 등 여러 이웃 국가들과 국경을 접하고 있어 전력 생산을 통한 수출이 용이하였으며, 이것이 발전 비용이 낮은 원자력을 선호하게 된 하나의 이유가 되기도 하였다.

| 표 27 | **양국의 1차 에너지 자급률 비교(2011)**

*단위: 백만 TOE

구분	국내생산(A)	순수입(수입 · 수출)	총공급(=총소비)(B)	자급률(A/B)
독일	128.26	202.71	319.9	40.1%(29.1%)
프랑스	128.8	132.7	255.2	50.5%(8.6%)

*자료: IEA, Oil · Natural Gas · Coal · Electricity

* 주: 1) 총 공급량에는 국내 생산분 및 수출입량 외에 재고 등 기타요인 포함. 2) 괄호의 수치는 1차 에너지 국내 생산에서 원자력 제외 시 자급률.

경제적 측면

2009년 기준으로 독일은 1차 산업 및 서비스 산업의 비중이 프랑스보다 작은 반면, 제조업 등 2차 산업의 비중은 높은 특징을 보인다. 즉 석탄 광산을 기반으로 하는 광공업과 기계 및 장치 산업이 발달한 독일에서는 2차 산업이 보다 큰 비중을 차지하고 있다. 독일의 경우 농림 · 어업은 1995년 1.3%에서 더욱 줄어들어 0.8% 수준이고, 제조업은 32.1%에서 26.5%로 하락하였다. 서비스업의 비중은 증가하였으나 제조업 비중이 20% 미만인 프랑스와 비교하면 전반적으로 이전과 동일한 산업 구조를 유지하고 있다. 이와 같이 독일은 프랑스보다 에너지 소비량이 많은 제조업의 비중이 높다는 특징이 있으며, 에너지의 해외 의존도도 약 70%에 이르고 있다.

프랑스는 역사적으로 강력한 공공서비스 전통을 가지고 있고 에너지 부분에서도 역시 정부의 역할이 중요하며, 항공 · 이동통신 · 에너지 산업에 대한 국가 소유의 역사가 긴 유럽에서도 가장 중앙집권적인 국가이다. EU는 회원국의 에너지 산업에 대한 민영화를 요구하고 있으나 프랑스는 에너지 산업의 민영화를 늦추려는 '골칫덩어리Black Sheep' 이미지를 구축하고 있다. 프랑스 정부는 EU의 자유화 정책에 맞추어 민영화를 추진하긴 하였으나, 여전히 가스와 전력 부문의 거대 공기업인 GDF Suez의 지분 35.6%, EDF의 지분 84.5%를 보유하여 에너지 부문에서 강력한 정부 통제력을 보유하고 있다. 따라서 정부의 강력한 통제력을 바탕으로 원자력 중심의 에너지 믹스 정책의 추진이 비교적 용이할 것이다.

| 표 28 | **양국의 산업별 GDP 비중(2011)**

구분	농림어업	제조업	서비스업
독일	0.8%	26.5%	72.7%
프랑스	1.7%	18.8%	79.4%

*출처 : World Bank DB

한편 산업 육성 정책을 살펴보면, 독일은 신-재생에너지에 대한 전략적 육성 정책을 추진함으로써 프랑스 등 여타 국가들에 비해 상대적으로 신-재생에너지가 차지하는 비중이 높다. 특히 독일의 광산 도시들은 석탄의 고갈에 따른 도시의 쇠퇴 문제를 극복하기 위하여 신-재생에너지 산업을 전략적으로 육성하였다.

2010년 한 해 독일에서 신-재생에너지에 투자된 금액은 266억 유로였으며, 독일 내 신-재생에너지와 관련한 일자리 수는 2010년 기준 약 37만 개로 이 중 「재생에너지법」에 의한 투자 확대로 창출된 일자리는 2004년부터 2010년까지 약 26만 2000개이다. 또한 이러한 재생에너지 부문의 고용 증가가 상당 부분 농촌 지역과 중소기업에서 이루어졌다. 신-재생에너지 중에서는 주로 풍력, 태양광, 바이오매스 등의 역할이 큰 것으로 나타났다.

우선 풍력은 2010년 기준으로 발전 설비 용량은 2만 7204MW이며, 발전량은 37.8TWh를 기록하고 있다. 독일은 지속적인 풍력 기술과 설비 확대로 세계적인 풍력 설비 용량 증대에 선도적 역할을 담당하고 있으며, 미국과 함께 선두 그룹을 유지하고 있다. 2030년에는 해상 풍력을 활용한 발전이 독일 전체 발전량의 약 15%까지 확대될 전

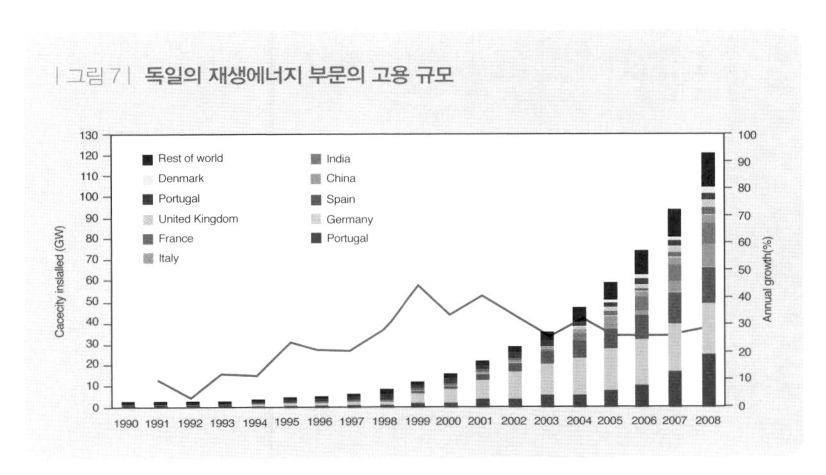

| 그림 7 | 독일의 재생에너지 부문의 고용 규모

*출처 : BMU, Renewably employed-short and long-term impacts of the expansion of renewable energy on the German labour market, 2011

망이다.

다음으로 태양광은 독일이 발전 설비 용량 규모에서 세계 1위 수준을 유지할 정도로 발전되어 있는 분야이다. 태양광 발전 설비 용량은 2010년 기준으로 1만 7320MW, 발전량은 11.7TWh를 기록하였으며, 전력망 연계 지역뿐만 아니라 전력망 비연계 원격지에도 설치되어 운영 중이다. 한편, 태양열에너지는 주로 가정용 온수 공급과 난방용으로 사용되며, 최근에는 업무용 건물, 아파트, 호텔 등 상업 부문에 활용하기 위하여 노력하고 있다.

바이오매스는 바이오 연료 및 바이오 가스와 하수구 및 매립가스, 폐기물 바이오매스를 포함하여 총 설비 용량이 2010년 기준으로 6610MW이며, 발전량은 33.3TWh이다. 바이오가스는 주로 메탄으로 농업용 또는 고효율 열병합 발전에 사용하고 있으며, 고체 바이오매스

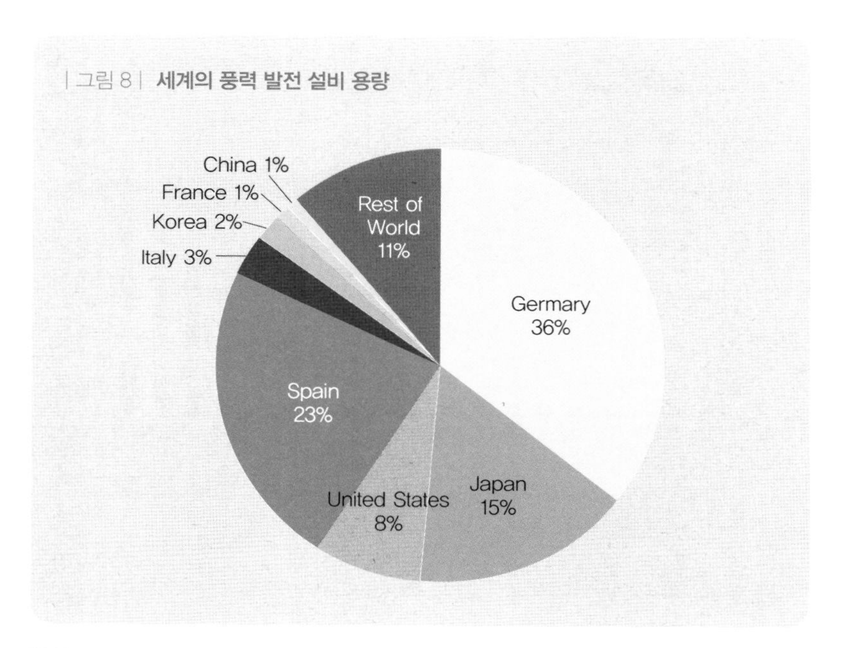

*출처 : IEA, Energy Technology Perspective, 2010

활용 기술 역시 지속적으로 발전하여 고효율의 난방용 또는 가스화를 거쳐 열병합 발전에 사용하고 있다.

이에 비하여 프랑스에서는 '저렴한 전력의 공급을 통하여 산업 생산을 확대한다'는 거시경제 정책에 따라서 원자력발전을 정책적으로 확대하여왔다. 또한 국내 산업 생산의 활성화를 위한 저렴한 전력의 공급뿐만 아니라 생산된 전력 자체를 수출 상품화 한다는 전력 산업의 정책적인 목표도 있었다.

프랑스 정부는 에너지의 가격, 품질 및 가용성Disponibility을 프랑스 기업들의 생산 활동과 이에 따른 고용 증가에 결정적인 요소로 인식하

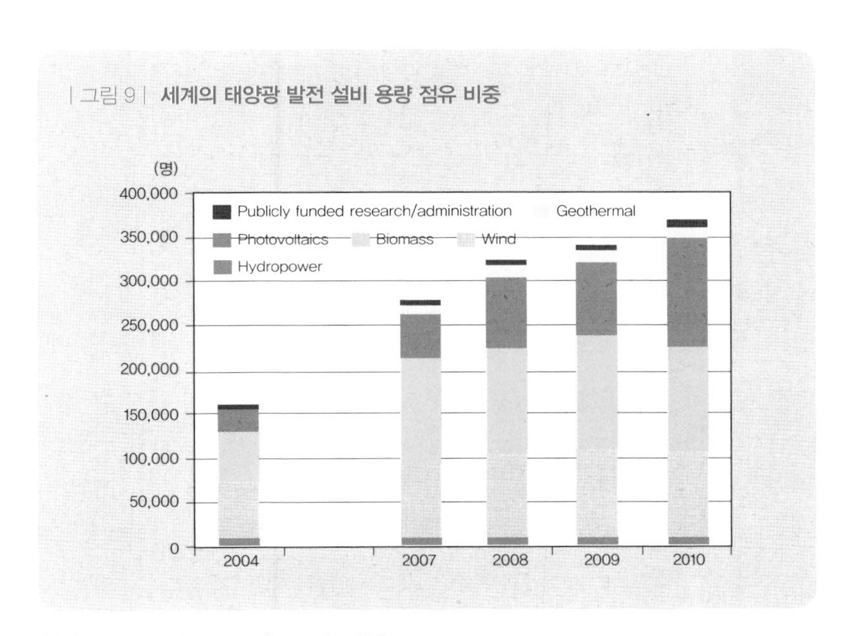

| 그림 9 | **세계의 태양광 발전 설비 용량 점유 비중**

*출처 : IEA, Energy Technology Perspective, 2010

였는데, 특히 전력 부문에 있어서 이러한 점을 많이 고려하였다. 따라서 프랑스는 경제의 해외 의존도를 낮추고 경제 및 산업 활동을 촉진하기 위하여 원자력 발전을 확대한다는 결정을 했으며, 1950년대부터 일관되게 원자력 정책을 추진하여왔다. 이러한 결과로 오늘날 프랑스는 유럽 제일의 전력 수출국일 뿐만 아니라 세계 최고 수준의 원전 산업 경쟁력을 갖게 되었다. 프랑스의 기업들은 세계의 여러 국가에 원자로 등 원전을 수출하여 건설 및 운영을 하고 있다. 프랑스의 아레바AREVA는 세계 최대의 원전기업으로 2001년 핵연료기업인 코제마COGEMA와 원자로 생산기업인 프라마톰Framatome의 합병으로 탄생하였다. 아레바는 핵연료 공급 및 처리, 원자로 생산, 원자력발전소 건설까지 원자력과 관련된 모든 솔루션을 제공하는 세계 유일의 기업이다.

원자력발전으로 풍부한 전력의 수혜를 받아온 프랑스에서 신-재생 에너지 부문은 아직까지 미미한 수준이다. 그러나 향후 신-재생 부문의 확대는 프랑스 산업 정책과 함께 맞물려 있다. 태양광 발전이 현재 높은 비용에도 불구하고 미래 전략 산업의 하나로 선택되었는데, 이는 프랑스 정부가 국가적으로 태양광 산업을 육성할 기회를 포착하고 이에 대한 의지를 가지고 있기 때문이다. 이와 유사한 맥락에서 프랑스 정부는 고체바이오매스, 풍력, 바이오연료 등에도 집중 투자할 계획이다.

향후 양국의 에너지 믹스 정책 방향

일본 원전 사고의 영향

독일과 프랑스는 일본의 원전 사고 이후 기존의 원전 정책에 대하여 각국 나름의 정책적 결정이 내려지고 있다. 원전 사고 이후 원전 가동 및 신규 원전 건설에 대한 국민적 여론의 추이를 예의주시하는 한편, 정치적 역학관계에 따라 어느 정도 에너지 믹스 정책의 선택도 변화가 가능할 것이다.

독일은 일본의 원전 사고 이후 원전 수명연장 조치를 3개월간 중단하고 원전의 안전 점검을 실시했다. 독일에서 가장 노후화된 원전 7기의 가동을 안전 점검 결과가 나올 때까지 중단하기로 결정하였고 2011년 7월부터는 크륌멜Krümmel 원전도 영구 해체되어 총 8기의 원전 가동이 중지되었다. 그리고 나머지 원전 9기도 순차적으로 폐지하여 2022년까지 독일 내 모든 원전을 폐지한다고 발표하였다.

2010년 말 메르켈 집권 연합은 녹색당과 사민당 연립의 전 정부가 수립한 원전 폐쇄 정책을 취소하고 원전 수명을 평균적으로 12년 연장하는 방침을 결정하였다. 그러나 2011년 3월 일본 원전사고 이후 원전 수명 연장 정책을 취소하고 원자력발전에 대한 폐지를 신속하게 검토한 것이다. 이는 원전에 대한 반대 여론이 높고 신-재생 발전에 대한 신뢰가 높은 독일의 여론을 감안하더라도 매운 신속하고 파격적인 조치로 받아들여지고 있다.

한편 세계 원전 관련국에 대한 글로브스캔Globescan 사의 여론조사에 따르면, 독일에서는 '원전은 위험하며, 모든 원전을 가능한 한 빨리 폐지하여야 한다'고 응답한 비중이 약 52%로 나타나 원전 운영 국가 중에서 가장 높은 원전 반대 비중을 보여 독일 국민의 원전에 대한 부정적 인식이 상당함을 알 수 있다.[77] 그러나 집권당의 원전 중단 결정에 대한 비판적 여론도 만만치 않은 상황이다.

특히 독일 내 전력회사로 원전을 운영하는 기업인 RWE와 E.ON은 노후 원자력 7기 가동의 중단 결정에 대한 소송을 제기하거나 준비하고 있다. 양사는 특히 독일 정부의 원전 폐지 결정으로 운영 중이던 원전의 폐쇄와 원전 연료세 부담으로 수입이 감소했다고 밝혔다. 원전 연료세Federal tax on unclear rods는 2010년 말 메르켈 정부가 원전 수명 연장을 결정하면서 원전 운영사로부터 이에 대한 반대급부로 납부하도록 한 것인데, 2011년 6월 30일 원전 수명 연장을 백지화하고 2022년까지 모든 원전을 폐지한다는 법안을 통과시키자 원전 운영사들이 원전 연료세의 위헌 가능성을 제기한 것이다.

이에 대해 2011년 9월 뮌헨 및 함부르크 조세법원은 이 원전 연료세의 적법에 의문을 표시하고 최종 판결까지 원전 연료세를 납부하지 않아도 된다고 판결하였고 기 납부한 원전 연료세는 환급 조치하였다. 원전 연료세의 적법성에 대한 최종 판결은 독일연방헌법재판소나 유럽재판소에서 내려질 것으로 알려졌다.[78] 또한 또 다른 기업인 Vattenfall, EnBW는 2010년 17기 원자로의 수명 연장 결정에 대한 보상으로 재생에너지 사용을 장려하기 위한 환경기금 출연을 중단하겠다고 발표하였다.

한편 도이치뱅크Deutsche Bank에 의하면 독일의 피크 수요가 75GW를 초과하기 않을 것으로 예상하지만, 만약 원자로들이 재가동되지 않아서 전력 공급 부족 사태가 발생하면 석탄과 가스 화력발전이 이를 대체할 것으로 전망하고 있다. 이와 같은 상황은 독일연방 에너지 및 수자원관리협회의 발표에서도 나타나는데, 독일이 7기 원자로를 일시 가동 중단하기 전인 3월 초에는 전력 수입량이 수출량을 초과하지 않았지만 3월 17일 가동 중단 이후 인접국인 프랑스와 체코로부터 약 20GWh/d의 전력을 수입함으로써 전력 수입량이 2배 이상으로 증가하였다. 이미 독일의 주요 발전사업자들은 가스 및 석탄 화력발전 건설을 위한 움직임을 시작했다. 실제로 RWE는 러시아의 가즈프롬Gazprom과 독일, 영국, 베네룩스 국가에 가스 및 석탄 화력발전소 건설을 위하여 전략적 협력을 하기로 하고, 향후 이 사업을 수행할 합작

법인Joint Venture의 구성 방법을 논의하기로 한 MOU를 2011년 7월 14일에 체결하고, 2011년 말까지 비공개 협상을 지속하였다.[79] 러시아의 가즈프롬은 독일의 원전폐지 정책으로 독일 내 가스 발전 수요가 증가함에 따라 독일 에너지 시장에 본격적으로 진출할 수 있는 기회로 삼고자 하는 것이며, RWE는 원전 폐지에 따른 탄소배출권 구매 의무 부담과 자사의 신용 등급 및 이익 하락을 만회하고자 하는 의도가 있다.

독일은 발전원 구성의 약 14%가 소규모 가스 화력발전 용량이며, 향후 독일의 주요 전력회사인 E.ON과 RWE가 LNG 수입터미널을 건설할 가능성은 높지 않아서 가스 발전만으로 원자력발전의 손실을 보충하기는 쉽지 않을 것이다. 이에 따라 석탄 화력발전에 대한 의존도 더욱 증가할 가능성이 높아 675MW 규모의 신규 석탄 발전용량이 가동되고, 2011년 하반기에 추가로 무연탄 675MW, 갈탄 2.1GW 용량이 운영되었다.[80]

현재 프랑스는 원전 58기를 보유하고 있으며, 세계 최대의 원자력발전에 의한 전력 수출국이다. 2011년 사르코지 전 프랑스 대통령은 원전 사고의 위험성이 늘 존재하지만, 그리고 일본의 원전 사고에도 불구하고, 기존의 원전 정책에서 크게 벗어나는 에너지 정책을 취하지는 않았다. 오히려 프랑스는 전반적으로 유럽에서 나타나고 있는 반원전 조류에 상반되는, 원전에 대한 투자를 지속적으로 추진한다는 계획을 발표하였다. 이미 2006년 6월에 프랑스는 「원자력 안전법」 안의 제정으로 체계적 관리를 시행하고 있으며, 위기예방 대책으로 2005년부터 원자력안정청의 주관으로 긴급상황 대처 방안을 마련하는 등 대규모 준비대책반이 창설되었다. 이와 함께 원자력안전연구소는 대기 중의 방사능 유출 여부를 지속적으로 관리하여왔다.[81] 또한 일본의 원전 사고 이후 원자력 발전에 대한 안전성 조사를 실시하여 설비의 안전성 평가를 수행하는 등 원전 안전 점검에 총력을 기울였다.

특히, 프랑스의 피용 전 국무총리는 일본 원전 사고로 해외 원전 기술 수출에 대한 규제를 더욱 강화할 방침이라고 언급하는 등 원자력 발전에 대한 폐지보다는 원전의 안전성 강화에 더욱더 중점을 두었다. 그러나 원전시설물에 대한 스트레스 테스트 결과 안전성이 의심되는 원전에 대해서는 폐쇄가능성도 언급한 것으로 알려졌다.

이와 같이 프랑스의 원전 안전 요건이 강화되어 원전 수명 연장을 위한 비용이 상승할 수 있다. 시장조사 기관인 Aurel BGC에 따르면 원전의 수명 연장을 위한 투자 규모가 평균 GW당 5.5억 유로 수준에서 추후 GW당 7.5억 유로로 상승할 수 있다고 분석하였다. 특히, 2012년 5월 대선에서 사회당의 올랑드 대통령이 집권하게 됨으로써 원전정책은 큰 변화를 맞을 것으로 예상되었다. 이미 대선 공약으로 2025년까지 전력 공급에서 원자력이 차지하는 비중을 약 50%까지 축소하겠다는 방침을 내놓은 바 있는 올랑드 대통령은 2012년 11월, 지난 6개월간의 국정 성과를 평가하면서 에너지 정책을 둘러싼 논란에 대해서도 당초의 입장을 재확인하였다.

향후 에너지 믹스 정책 전망

독일의 에너지 믹스 정책은 일본 원전 사고의 영향으로 2022년까지

원자력을 완전히 폐지하고, 신-재생에너지를 지속적으로 확대할 계획이다. 그 일환으로 신-재생에너지 비중 확대에 대한 상당히 도전적인 목표치를 담고 있다. 1차 에너지 중 신-재생에너지의 비중을 2030년 약 30%로 확대하고, 2050년에 약 60%로 확대하는 것으로 계획하고 있다. 전력의 경우에는 신-재생에너지를 통하여 2020년에 약 35%, 2030년에 약 50%, 2050년에 약 80%의 전력을 충당할 계획이다. 신-재생에너지 중에서는 해상풍력, 태양광 및 태양열, 바이오에너지 등을 집중적으로 육성하여 보급할 예정이다. 이와 함께 「재생에너지법」 개정을 통하여 선택적 시장 프리미엄 제도를 도입함으로써 전력 저장장치의 지원을 강화할 계획이다. 그리고 신-재생에너지의 확대에 따른 전력 가격 상승이 예상되기 때문에 프랑스를 비롯하여 인접 국가들에게 낮은 가격으로 전력 수입을 확대해나갈 것이다. 이뿐만 아니라 2013년부터 전력회사들이 거래소를 통한 탄소배출권의 유상 구매가 시작되었는데(원전을 대체해 가스 및 석탄 발전에 의한 전력 생산이 증가함에 따라 탄소배출권의 구매 가격도 상승할 것이므로) 그 가격 상승분은 소비자들에게 전가될 것이다. 한편, 에너지 수요 측면에서는 2020년까지 전력소비의 약 10% 절감을 유도하도록 계획하고 있는데, 노후 건물의 단열을 위한 리모델링 지원금 지급과 세액 공제에만 연간 30억 유로의 비용이 들 것으로 추산되고 있다.

이상에서 살펴 본 바와 같이 향후 독일의 에너지 믹스 정책은 원전에서 탈피하여 중장기적으로 신-재생에너지를 확대하는 방향으로 추진하되, 당분간 원전을 대체하는 석탄 및 천연가스 등 화석연료의 사용을 늘리고, 전력 가격의 상승에 대비하여 이웃 국가들로부터 저렴한 전력을 수입하는 방식으로 이루어질 것으로 전망된다. 따라서 독일이 원전을 포기하는 대신 신-재생에너지로 이를 대체하기 위해서는 전력 가격 상승(원전 폐지 결정 이전에도 재생에너지 확대에 따라 5년간 전기요금이 26% 상승하였다. 독일에너지공사에 의하면, 원전 폐지에 따른 향후 전기요금은 매년 20% 상승할 것으로 추정된다)이라는 비용 증가를 감수해야 하는 상황에서 에너지 믹스 정책을 추진해나가야 할 것으로 보인다.

이와 함께 향후 원전 폐지와 신-재생에너지 및 대체 발전 확대, 에너지 절약 중심의 에너지시스템으로의 전환이 계획대로 이루어지기 위하여 필요한 비용 또한 중요한 관건이다. 시장조사기관인 트렌드리서치Trendresearch 사의 분석에 의하면 원전 폐쇄가 완료되는 시점까지 신-재생에너지와 원전 대체 화력발전소 건설을 위한 투자비용이 1960억 유로에 달할 것으로 전망되었다. 2022년까지 에너지 전환을 위한 투자 비용으로 가스 및 석탄 화력발전소 건설에 420억 유로, 태양광과 풍력에 각각 757억 유로, 578억 유로, 바이오가스 및 바이오매스와 지열에 각각 140억 유로, 14억 유로의 투자 비용이 소요될 것이라는 전망이었다. 이외에도 전력망 및 에너지 저장시설과 에너지 효율 및 난

| 표 29 | **독일 신-재생에너지 비중 목표(2011)**

목표		2020	2030	2040
신재생 에너지 비중	최종에너지 총 소비량 대비	18%	30%	45%
	총 전력소비량 대비	35%	50%	65%

*출처 : BMU, Energy Concept and its accelerated implementation, 2011.10

| 표 30 | **독일 에너지절약 목표(2011)**

목표		2020	2050
에너지 절약	1차 에너지소비	2006년 대비 20%↓	50% ↓
	전력 소비	10% ↓	20% ↓
	건물 열소비	20% ↓	-

*출처 : BMU, Energy Concept and its accelerated implementation, 2011.11

방 분야에도 대규모의 자금이 필요하다. 독일의 국영개발은행인 KfW에서도 2022년까지 에너지 전환의 성공적인 수행을 위해서는 2500억 유로의 투자 비용이 소요될 것으로 전망함으로써 독일 정부의 에너지 전환 정책의 달성이 쉽지 않은 목표라는 인식을 보여주었다.[82]

이러한 직접적인 설비투자 비용 외에도 산업 부문의 전력 가격 인상 부담, 정부의 발전 차액 지원 부담, 탄소배출권 구입을 위한 추가 부담, 조기 원전 폐쇄로 인한 원전 사업자들의 손실 등 직간접적인 제반 비용들을 감안할 때 독일 정부가 이러한 이슈들을 어떻게 극복하느냐에 따라서 향후 독일의 에너지 믹스 정책의 성패가 좌우될 것으로 전망된다.

프랑스는 전체적으로 천연가스와 신-재생에너지의 비중이 증가할 것이며, 석유의 비중과 원자력의 비중은 조금 감소할 것으로 전망된다. 발전 부문에서 천연가스 수요는 증가할 것이며, 가정 및 상업 부문에서의 소비는 에너지 효율 향상으로 감소할 것으로 기대된다.

올랑드 정부의 원자력 축소 정책이 실제로 추진될 경우 장기적으로 원전 비중은 감소할 수밖에 없을 것이다. 그러나 이러한 원전의 급속한 축소가 가능하려면 신-재생에너지 등 원전을 대체할 에너지원의 비중 증대가 필수적이다. 올랑드 정부는 환경 문제에 대한 해결책이 나오기 전에는 셰일가스 개발에도 부정적인 입장을 보이고 있어, 원전 축소 시 이를 대체할 전원은 주로 신-재생에너지가 될 것으로 보인다.

2011년 9월 「프랑스 전력수급전망 보고서」는 "2030년에 모든 시나리오 측면에서 봐도, 전원 믹스에서 차지하는 원전 비중은 축소가 될 것"으로 전망했다. 특히, '저원전 시나리오Nouveau Mix'에서 원전 비중은 2025년 약 50%, 2030년 48.7%로 정부의 원전 축소 방안을 고려한 시나리오임을 짐작할 수 있다. 모든 시나리오에서 공통적인 현상은 원전의 축소만큼 상대적으로 신-재생 전원 비중의 증가를 전망하고 있는바, 이는 원전을 대체할 에너지원으로 신-재생에너지를 가정하고 있다고 보아도 무방할 것이다. 다만 신-재생에너지원의 실질적인 기여도 증가를 위해서는 막대한 설비 투자와 신-재생 전원의 간헐성을 통제할 수 있도록 전력네트워크 인프라 투자와 저장 기술 등이 필요하다는 점에서 프랑스 전원 믹스의 장기적인 변화는 신-재생에너지원을 얼마나 현실적으로 증가시킬 수 있느냐에 달려 있다고 할 수 있다.

또한 '고수요 시나리오Consommation forte'의 경우 원전 발전 비중은 2030년에 다소 감소할 것이지만 원전 발전량은 오히려 약간 증가할 것으로 전망하고 있는 바, 이는 원전 설비의 절대적 축소에 의한 것이 아니라 신-재생에너지 증가에 따른 원전 비중의 상대적 감소로 보아야 할 것이다. 이는 경제회복 등 전력 수요가 증가할 경우 이를 충족하기 위한 원전의 역할이 여전히 중요할 수밖에 없음을 반증한다.

결론 및 시사점

독일과 프랑스의 에너지 믹스 정책은 서로 이웃 국가이면서도 부존자원 및 자연조건, 산업 구조, 정치 및 국민 정서적 성향 등에 따라 현저한 차이를 보이고 있다.

우선 독일은 자국 내 풍부한 석탄을 바탕으로 원자력과 신-재생에너지 등 다양한 에너지의 활용 여건하에서 석탄의 비중이 높지만 다른 화석연료, 원자력, 신-재생에너지 등 에너지원별 비중이 비교적 고르게 분포된 에너지 믹스 정책이 추진되었다. 그러나 원자력에 대한 정치적 성향 및 국민 정서적 갈등으로 전반적인 에너지 정책 방향의 변화가 나타나고 있는데, 특히 일본의 후쿠시마 원전 사고 이후 가장 큰 변화를 보이고 있다.

반면에 프랑스는 열악한 에너지 부존자원 및 자연조건과 에너지 정책에 대한 비교적 순조로운 국민적 합의를 바탕으로 원자력 중심의 에너지 정책 방향이 최선의 대안이었다. 에너지 부존자원의 빈약으로 인한 에너지의 대외 의존도를 줄이기 위하여 취해진 원전 중심의 에너지 믹스 정책은 지속적으로 원전의 비중을 높이는 결과를 가져왔다. 이에 따라 사르코지 전 대통령은 일본의 원전 사고 이후에도 기존의 원전 정책에서 크게 벗어나는 에너지 정책을 취하기는 사실상 어려웠기 때문에 원전 안전성을 강화하는 데 초점을 맞추었다. 그러나 2011년 올랭드 대통령은 2025년까지 전원 믹스에서 차지하는 원전 비중을 약 50%까지 축소할 계획을 세웠다. 이 계획의 실제 추진 정도에 따라서 원전의 역할은 다소 변화가 있을 것으로 보인다.

양국 모두 에너지 믹스 정책에 공통적으로 영향을 미치는 또 다른 중요한 요인은 상호 에너지의 교류가 활발하게 이루어짐으로써 각국에서 에너지 공급의 부족분이나 잉여분을 효율적으로 해결할 수 있다는 점이다. 즉 프랑스의 저렴하고 풍부한 원전 생산 전력이 독일로 수출되고, 프랑스의 전력 피크 시간 대의 부족분을 독일의 화력발전으로부터 전력을 수입하여 충당하는 등 상호 간의 필요에 따라 보완할 수 있다.

양국의 에너지 정책 방향은 이러한 상황하에서, 일본의 원전 사고 이후 안전 문제 논란으로 국민적 수용성과 정치적 역학관계에 따라 영향을 받았다. 특히 독일은 기존의 원전 정책에서 벗어나 원전 폐지와 함께 신-재생에너지를 확대하는 방향으로 에너지 정책을 추진할 계획을 발표하였다. 이에 비하여 프랑스는 안전성 기준을 강화하고 장기적으로 원전 비중을 점차 줄이는 에너지 정책을 추진할 것으로 보인다.

양국이 어떤 원전 정책을 선택하더라도 원전 안전성에 대한 논란으로 원전에 대한 수용성이 저하될 가능성이 클 것이다. 그러나 대체 화석연료의 사용 증가, 온실가스 감축, 신-재생에너지의 경제성 확보와 전력 공급 안정성 등의 문제를 감안한다면 여전히 원전의 메리트가 있다. 단기적으로 석탄 및 천연가스 등의 화석연료 사용이 증대하고, 장기적으로 신-재생에너지를 확대한다고 하더라도 에너지 공급 비용의 급격한 증가와 당면한 온실가스 감축 목표 달성에 비추어 원전을 폐지하는 것이 현실적으로 가능하지 않다. 그럼에도 불구하고 독일의 경우

현 연립 정부의 원자력 포기 결정은 원자력 발전에 대한 국민들의 거센 반발과 정치적 계산에서 비롯된 에너지 정책의 변화로 보인다. 그러나 이와 같은 정치 및 국민 정서적 측면과는 별도로 에너지 공급 여건과 공급 안정성, 효율성 향상, 환경 문제 고려 등에 따라 향후에도 양국의 에너지 믹스 정책은 기존의 기조를 유지하거나 변화될 수 있으므로 지속적으로 주목할 필요가 있다.

이상에서 살펴본 독일과 프랑스의 에너지 믹스 정책을 토대로 우리나라의 에너지 여건과 에너지 믹스 현황을 비교해보면, 다음과 같은 시사점을 도출할 수 있다. 우리나라의 부존자원이나 자연 조건은 프랑스와 유사하지만 산업 구조와 원자력에 대한 국민적 합의 측면에서는 독일과 유사하다. 현재 우리나라 에너지 믹스 정책은 1차 에너지 공급이나 전원 믹스에 있어서 원자력에 상당한 비중을 차지하고 있는 프랑스보다는 다양한 에너지 공급이 혼합되어 있는 독일에 가까운 형태를 보이고 있다.

그러나 전력 수급의 경우, 전력 교류를 통하여 어느 정도 수급 균형을 달성하는 양국과는 달리 국내에서 자체적으로 해결해야 하기 때문에 전력 공급이 부족할 경우 문제가 발생될 소지가 크다. 또한 신-재생에너지의 경우 이를 확대하는 데 있어서 양국에 비하여 상대적으로 불리한 여건을 가지고 있다. 즉, 우리나라는 신-재생에너지의 확대 보급에 있어 현재의 기술 수준에 비추어 전력 공급 비용이 여전히 높다는 점을 차치하고라도, 협소한 국토 면적과 자연 조건상 재생에너지 자원이 풍부하지 못하기 때문에 신-재생에너지의 보급 확대에 걸림돌이 되고 있다.

한편, 기후변화협약에 대응한 온실가스 감축 목표의 달성과 저렴한 에너지 공급 비용의 추진 차원에서도 당분간 원자력발전 외에는 별다른 대안이 없는 상황이다. 그러나 일본의 원전 사고 이후 원전 설비의 안전성 확보와 원만한 국민적 합의를 전제하지 않고는 지속적으로 원전을 확대하기는 어려운 상황이다.

향후 우리나라 에너지 믹스 정책은 에너지 여건을 바탕으로 공급의 안정성과 효율성 향상이라는 전제하에 추진될 필요가 있다. 우리나라의 에너지 여건을 종합적으로 고려하면, 저렴한 에너지를 안정적으로 공급하기 위해서는 당분간 원자력 중심의 에너지 정책이 대안일 것이다. 화석연료의 가격이 상승하는 추세에 있고, 신-재생에너지를 확대하기에는 당분간 경제성 및 전력 공급의 안정성 문제, 전력 요금의 상승 등 여러 제약 요인이 있으므로 기존의 에너지 정책 기조를 변화시키는 데에는 어려움이 있다. 따라서 단기적으로 일정 수준의 원자력 운영 정책의 틀을 벗어나기는 어려울 것이며, 원자력 발전 설비의 안전성 확보와 국민적 여론 수렴을 통하여 공감대를 형성하도록 노력할 필요가 있다.

5장

미래 세대를 위한 길

인류는 지구 생태계를 지킬 수 있을까?

유엔이 1987년 '브룬트란트 보고서'를 내면서 세계가 '지속가능한 발전'을 본격적으로 논의하기 시작한 지 30년이 넘었다. 당시 노르웨이의 총리였던 브룬트란트는 세계환경개발위원회의 위원장으로 「우리 공동의 미래Our Common Future」라는 보고서를 통하여 지속가능한 발전의 정의를 발표했고, 이를 오늘날 국제 사회에 널리 통용되게 했다.[83] 이에 따르면 "지속가능한 발전이란 미래 세대의 필요를 충족시킬 능력을 저해하지 않으면서 현재 세대의 필요를 충족시키는 발전"을 의미한다. 즉, 인류가 계속 살아가려면 자연환경과 자원을 수탈적Exploitation으로 소모해서는 안 되고 생존에 필요한 수준을 계속 유지해야 한다는 것이다.

그리고 30여 년 전 국제 사회에서 제기된 '지속가능성'이라는 개념은 전통적인 경제성장 중심의 개발 모델과 사고에 익숙해진 사람들에게 신선한 충격을 던졌다. 환경 파괴가 이대로 진행되면 경제성장은 물론 인류의 생존조차 어렵다는 현실 진단을 토대로, 세대 간 형평과 정의의 원칙에 입각하여 인류가 지구상에서 장기적인 목표를 공유할 수 있도록 발전시킨다는 것이었다. 이를 위하여 새로운 거버넌스 체제를 만들고 이 목표를 공동으로 실천하자는 제안과 문제의식이 대두되었고, 이는 개발과 경제성장에 대한 기존 관념을 흔들어놓았다. 세계가 달라지고는 있지만 30여 년 전에 제기된 문제의식은 여전히 유효하다는 사실을 재확인한 것이었다. 또한 환경 파괴가 지구적 규모에서 계속되고 있으며, 이는 분쟁과 빈곤, 식량 문제와 결부되어 있다는 점도 확인하였다.

오늘날 정치 · 경제 · 문화적 환경에 맞춰 브룬트란트 당시의 문제의식을 다음 6가지 핵심 이슈로 정리하였다. 이는 오늘날 유엔을 비롯하여 국제적으로 합의된 내용이라고 할 수 있다.

| 표 31 | **지속가능한 발전에 관한 6대 이슈**

• 국제분쟁	• 빈곤
• 성장 중심적 사고	• 에너지와 기후변화 문제
• 식량문제	• 도시팽창

* 출처: European Sustainability Berlin 2007

유럽 국가들은, 특히 기후변화 문제에 대해서는 미국의 불참에도 불구하고 온실가스 감축 의무를 독자적으로 설정하여 준수하고 있다. 국제 사회는 유럽처럼 에너지 사용 제한 목표를 가시적으로 설정하고 실천할 것을 주장하고 있다. 2018년 5월, 제15차 유엔 지속가능발전위원회 총회에서도 명시적 목표 설정이 강력하게 요구되어 미국과 개도국 77그룹 등과 첨예하게 맞섰으나 합의를 이끌어내는 데는 실패하였다.

지구 환경이 인간 활동을 더 이상 지탱할 수 없게 될 것이라는 주장이 설득력을 얻고 있다. 그런데도 국제 사회의 노력이 이러한 문제의 해결에 턱없이 부족하다는 것이 일반적인 견해이다. 뿐만 아니라 아마존 유역 개발 등에서 보는 것처럼 오히려 환경 파괴가 기술 진보에 따라 더 대규모로 일어나는 곳도 있다. 시간이 흐를수록 파괴된 환경을 복구하는 데 들어가는 비용은 더욱 커지고, 더 이상 회복 불가능한 상태에 가까워질 것이라는 예측도 나오고 있다.

이러한 문제의 주된 원인은 현재 세계의 경제를 주도하는 나라들의 자원 남용, 에너지 낭비, 화학물질 배출 등을 꼽을 수 있다. 그런데 이 문제들로 인하여 가장 큰 피해와 고통을 겪는 사람들은 가난한 개도국 주민들이다. 이들은 생존 수단이 빈약하고, 기술적 지원 없이 자연재해에 노출되어 있다. 이들이 주요 생활 수단을 의지하고 있는 자연 생태계가 인위적 변화에 취약한 데다 인구 증가율은 높고 특히 인구의 도시 집중은 빠르게 진행되고 있다. 더욱이 이들의 가난이 자연을 수탈적으로 이용하도록 하여 환경 파괴를 재촉하고, 그래서 더 가난해지는 악순환이 생겨나고 있다.

이러한 생태계와 인류 생존에 대한 압력은 앞으로 수십 년 사이에 매우 높아질 것이다. 『통섭』의 저자인 에드워드 윌슨Edward Wilson 은 이 시기를 인류 생존의 '병목Bottleneck '이라고 예측하고 있다. 윌슨에 따르면 2100년이면 아마도 세계의 인구는 안정 혹은 점진적 감소 추세를 보일 것이며, 인류가 환경 친화적인 기술 시스템에 힘입어 자연과 공존하면서 살 수도 있을 것으로 보고 있다. 그러나 문제는 이 병목 기간을 어떻게 넘길 수 있는지에 달려 있다. 이미 시작된 지구온난화와 기후변화, 이에 따른 세계 곳곳의 대규모 환경 변화,[84] 특히 사막화 현상의 가속화, 풍수해의 대형화와 빈발 현상은 인류에게 충분한 시간적 여유가 있을지 의문을 갖게 한다. 현재의 기술 수준과 경제 구조가 상당 기간 지속되고, 이에 따라 온실효과를 비롯하여 환경 파괴와 자원 고갈은 당분간 계속될 것이다. 인류는 이 기간을 최대한 줄이고 새로운 환경 친화적인 경제 구조와 생활양식을 만들어 정착시켜야 할 과제를 안고 있는 것이다.

그렇게 하기 위해서 향후 수십 년 이내에 과학적 진보가 기대하는 만큼 이루어져야 하고, 여기에 더해 기술 개발과 보급, 지정학, 경제학 등 여러 조건을 아우르는 복합적 · 사회적 프로세스가 원만하게 잘 진행되어 세계의 모습이 획기적으로 달라져야 한다. 인류가 이 병목을 통과할 수 있을지에 대한 지구 사회의 의견은 낙관과 비관으로 갈린다. 양측 모두 세계가 심각한 문제를 안고 있다는 점에는 동의하지만 결론은 다르다. 비관적인 쪽은 세계화와 인구 증가, 자원 고갈, 환경 재해 등으로 인해 갈수록 희소성이 높아지는 자원을 둘러싸고 갈등이 커지고 문화적 충돌도 격화되어 세계가 분열될 것으로 보고 있다. 그렇다면 군사력을 강화하여 갈등과 충돌에 대비해야 한다는 결론에 도달할 것이다. 미국은 연간 4500억 달러를 국방에 투입하는 것으로 보아 대체로 이러한 결론에 따라 움직이는 것으로 판단된다.

과학자들은 대체로 낙관적인 쪽이다. 지난 2004년 UN의 빈곤퇴치 프로그램의 일환으로 컬럼비아 대학교 지구연구소Earth Institute에서 '지구 현황 평가State of the Earth' 회의가 열렸다. 여기에 참석한 과학자들은 경제적 후생과 환경적 지속가능성을 조화시킬 수 있는 여러 가지 기술적 방안을 제시하였다.

그러나 이 방안들을 실현하는 데 필요한 과학과 기술을 개발하고 실용화하기까지는 오랜 시간이 걸리고, 막대한 공공 R&D 투자, 그리고 원활한 세계적 거버넌스의 정착이 전제되어야 한다. 그 실현가능성에 대해서는 누구도 자신 있게 장담하지 못했다. 과학자들은 다만 그렇게 하지 않으면 인류가 생존할 수 없다는 점에서 결국 이 방향으로 나가게 될 것이라는 희망을 피력한 것이다.

과학기술의 역할: 기술 개발과 사회적 대화

과학기술은 산업화를 이끌어 인류의 생활 수준을 향상시키는 데 핵심적인 요소였다. 한편으로 과학기술의 발전은 산업화를 위한 천연자원 채취와 대규모 환경 파괴를 수반하는 개발을 낳았다. 산업화는 물, 공기, 토양 등 가장 기본적인 환경자원을 오염시켰고, 새로운 화학물질의 출현으로 사람과 생태계에 미치는 영향이 오랜 기간에 걸쳐 그리고 미처 예측하지 못한 곳까지 광범위하고 다양하게 진행되었다. 과학기술 발달의 부정적인 측면이다.

전통적인 환경 문제에 대한 접근 방식은 발생한 오염물질이 환경으로 흘러들어가지 않도록 분리, 무해화, 감량하고 환경에서 격리시키는 사후 처리가 중심이었다. 여기서 문제 해결의 핵심은 과학과 기술이었다. 그래서 환경 문제를 대기오염, 수질오염, 토양오염, 폐기물, 유해화학물질 관리와 같이 구분해서 접근하여왔다. 문제의 주요 원천은 산업의 생산 활동이었고, 따라서 핵심은 경제적으로 타당한 환경공학 기술의 개발과 보급이었다. 선진국들은 그동안의 환경보호 정책과 기술 개발에 힘입어 일반적으로 산업 활동에 따른 환경오염은 크게 문제가 되지 않을 정도로 관리하는 데 성공하고 있다. 여기서 과학기술의 발달과 과학자들의 발언이 핵심적인 역할을 하였다.

선진국에서는 최근 생활폐기물, 생활에서 배출되는 화학물질, 자동차 배기가스로 인한 도시 대기오염의 비중이 커지고 있다. 여기서도 문제 해결의 핵심은 과학기술이지만, 문제를 풀기 위해서는 근본적인 경제 시스템과 시민들의 소비 패턴과 같은 생활양식을 바꾸어야 한다. 사회문화적 요소와 기술적 요소가 결합되어 있다는 점에서 문제의 해결 방법도 산업공해 문제보다 더 복합적이다.

그렇다면 여전히 기술적 측면에서 과학기술의 중요성을 인정하되 과학기술 문제에 접근하는 방법은 전통적인 기술 중심의 시각을 벗어나 사회와의 소통, 사회의 요구를 수용한 과학기술 정책의 수립과 집행이 중요해지고 있다고 할 수 있다.

환경과학은 환경에 존재하는 물리적, 화학적, 생물학적, 그리고 사회적 요소들의 상호작용을 연구한다. 여기에는 기후변화, 생태계 보전, 종의 다양성, 지하수 및 토양오염, 자연자원 이용, 폐기물 관리, 대기오염, 소음공해 등 여러 이슈가 두루 포함된다. 대상이 이처럼 여러 학문 분야에 걸쳐 있다 보니 환경과학에는 자연히 여러 자연과학 분야를 포함해서 공학, 사회과학 등을 넘나드는 학제 간 연구가 필요하다.

자연과학의 기초 분야인 물리학은 물질과 에너지의 흐름과 상호작용을 이해하기 위하여 물리적 현상을 수학 모델로 구성한 것이다. 화학은 자연계에서 분자 수준의 상호작용을, 생물학은 동식물 세계의 현상에 대한 기초적인 이해를 위한 학문이다. 그리고 물리적, 화학적, 생물학적 현상을 생태계 차원에서 체계화하는 학문이 생태학이다.

공학은 넓게 보아 기초과학을 직접 인간 생활 환경에 적용하고 복리증진을 위하여 기술을 실현시키는 분야이므로 환경에 직접 접촉하기 때문에 환경과학과 관련을 가진다. 좁게는 환경오염의 저감과 처리에 직접 관련된 기술 분야가 지금까지 환경과학의 중심을 이루어왔다. 사회과학은 환경과 인간 활동 사이의 상호작용을 이해하는 데 필수적인 학문이다.

이처럼 관련된 모든 영역을 포함시킬 경우 '환경과학'의 경계가 모호해져서 환경과학을 정의하려는 의도가 실종되는 문제가 생긴다. 이 때문에 환경과학의 범위를 좁혀 기상학, 대기화학, 토양화학, 수질화학 등 공해 문제를 연구하고 인위적 영향이 생태계에 미치는 영향을 다루는 과학을 지칭하기도 한다. 환경 기술 또는 녹색 기술이란 환경과학을 자연환경과 자원을 보전하는 데 적용하여 인간 활동의 부정적 영향을 완화시키는 기술을 지칭한다.

어떻게 구분하든지 환경 기술은 궁극적으로 지속가능한 발전을 지향한다. 환경 분야에서 지속가능한 발전에 기여하기 위해서는 문제의 해답이 사회적으로 수용 가능해야 하고, 경제적으로 타당하며 환경적으로 안전해야 한다. 이러한 환경 기술의 예로는 청정생산기술Cleaner production, 자원재활용, 정수, 하수처리, 토양오염 복원, 배기가스 정화, 폐기물관리, 대체 에너지 등이 대표적이다. 이들 대기과학, 생태학, 지구과학 등 주요 환경과학 분야도 세부적으로는 환경을 중심으로 학제 간 융합연구를 수행하는 경우가 대부분이다.

지속가능성의 과학

지속가능성의 과학은 자연과 인간사회의 역동적인 상호작용에 초점을 둔다. 지금까지의 환경과학과 사회학을 결합시킨 연구를 통하여 이에 대한 이해가 확장되고 있다. 환경과학이 '인간 활동이 환경에 미치는 영향'과 '환경이 인간 활동에 미치는 영향'을 연구에 결합시키고 있는 것처럼 사회과학 쪽에서도 사회와 개발에 관한 연구에 환경적 영향을 고려하거나 학제 간 연구 그룹을 형성하는 사례도 늘어나고 있다.

그러나 아직도 이러한 학제 간 접근이 아직 원활하게 각 분야에서 받아들여지지 않고 있다. 특히 사회, 경제 영역에서는 아직도 환경을 자기 분야의 연구와 지적 담론의 타당성을 검증하는 데 필수적인 요소로 수용하는 단계에 이르지 못하고 있다. 경제학과 사회학 등 주요 사회과학 분야가 아직 충분히 학제 간 연구에 참여하지 않은 것이 현재 지속가능성의 과학의 취약점이라 하겠다.

2000년 UN이 채택한 '새천년개발목표'를 보면, 8대 목표 중 일곱 번째로 '환경적 지속가능성 확보'를 꼽고 있지만 이는 인구증가 억제, 빈곤 퇴치, 불평등 완화, 공중보건 향상 등 다른 목표들과 병렬적으로 나란히 제시하고 있다. 이들 문제를 보다 통합적이고 '통섭'적인 관점에서 아우르는 노력이 절실히 요청되고 있다.

지속가능한 발전을 위한 과학자 그룹의 등장

이러한 문제의식에 기초하여 국제적으로 많은 과학자들이 기업과 시민사회 지도자들을 포함하여 시민들과의 보다 긴밀하고 체계적인 대화 기회를 마련하고 있다. 다양한 이해관계자들이 과학에 근거하여 문제를 공통적으로 인식할 수 있도록 묶어내는 역할을 수행하고 있는 것이다. 대표적인 예가 UN 지속가능발전위원회의 과학자 그룹이다. 지난 1992년 리우회의에서 생겨난 지속가능발전위원회UNCSD는 '의제 21'를 통하여 과학기술자들이 지속가능한 발전에서 담당하는 역할을 기술했고, 이후 제15차 회의까지 과학자들의 의견을 반영하고 있다.

이 위원회는 국제과학협의회ICS, International Council for Science와 세계공학자조직연합WFEO, World Federation of Engineering Organizations이 주도하고 있다. 국제과학협의회는 2005년 「지속가능한 발전을 위한 과학, 기술 및 혁신」이라는 보고서에서 지속가능한 생산과 소비 체계, 사회-생태계 시스템의 취약성과 저항력 제고 등 지속가능성 연구 개발을 위한 우선과제를 제시하는 등 여러 분야에서 관련 연구와 제안을 내놓고 있다.

세계공학자조직연합은 회원단체들의 지속가능한 발전 관련 활동을 공유하고 유엔에 전문적 자문을 제공한다.

한편 앞서 언급한 '지구 현황 평가' 회의는 지구 환경 문제를 둘러싼 각 분야의 세계적 전문가들이 컬럼비아 대학교의 지구연구소Earth Institute에 모여 과학기술계가 해야 할 일을 논의하는 세계적인 행사이다. 이 회의는 2004년, 2006년에 각각 '빈곤과 환경', '지속가능한 발전이 가능한가?'를 주제로 토론을 벌였다. 2004년 회의에서는 문제의 해결이 가능하다고 긍정적인 결론을 내리면서 이를 위하여 과학자들이 합의한 다음과 같은 조건의 제안을 내놓기도 했다.

1. 부유한 나라들은 가난한 나라들이 가난의 덫에서 빠져나오도록 국제적 원조와 협력의 의무를 다해야 한다. 이 첫 단계는 유엔이 2000년에 결의한 새천년개발목표Millennium Development Goals를 만족시켜야 한다. 새천년개발목표는 빈국들이 가난에서 벗어나려면 부국들이 GNP의 0.7%를 빈국에 대한 공격개발원조로 제공해야 한다고 권고한 바 있다.

2. 부국과 빈국은 공히 과학적 교훈을 받아들이고 아직 미개발 혹은 미활용되고 있는 기술의 이점을 충분히 살려야 한다. 우리는 세계가 에너지 시스템, 식량 생산, 보건, 물 관리 분야에서 기술적 돌파구를 여는 데 과학적 · 기술적 노력을 배가해야 한다. 우리는 가난한 나라에 기술적 지원을 제공하는 노력뿐만 아니라 이들 나라에 과학적 역량을 배양하고 유지하는 노력을 게을리 하지 말아야 한다.

3. 모든 이해관계자들은 이 문제들에 접근하는 데 있어 협력적이고 존

중하는 정치적 환경, 인권과 빈곤 퇴치 및 환경보호를 위한 국제적 약속과 법적 의무를 이행하는 데 한 목소리를 내야 한다. 자유시장과 이윤 동기만으로는 불충분하다. 지속가능한 발전은 정부의 리더십을 요구한다. 사회적 비용과 편익의 균형을 맞추기 위하여 공해와 같은 사회적 '악'에는 새로운 세금을 부과하고 새로운 기술의 연구 개발과 같은 사회적 '선'에는 보조금을 지급하고, 정부 간 협력 및 시민사회의 참여, 기업의 사회적 책임을 장려해야 한다.

4. 이 문제들은 국경을 넘어 지구적 해결책을 요구하므로 다자간 접근이 필요하고 강력한 유엔 시스템을 필요로 한다.

빈곤과 환경 문제를 해결하기 위한 과학기술의 역할이 정치 · 사회적인 차원을 갖고 있음을 분명히 인식하고 국제 사회가 이 조건을 충족시키도록 요구하고 있는 것이다. 지속가능성의 개념은 '통합'이 핵심이다. 일반적으로 지속가능한 발전이란 사회 · 경제 · 환경 분야를 통합적으로 고려하여 균형 있게 발전시키는 것을 목표로 한다. 지속가능성의 과학도 여러 분야의 과학적 성취를 인류의 지속가능성을 목표로 통합해 어느 한편에 치우치지 않고 장기적으로 최적의 결과를 도출할 수 있는 정책으로 구체화하는 것을 목표로 한다. 그런데 '통합'은 아직 과학적인 개념과 도구로 충분히 구체화되지 않았고, '과학'의 이름을 붙일 단계에 이르지 못했다는 의견도 제기되는 등 아직 성숙 단계에 이르렀다고 말하기 어렵다. 같은 맥락에서 '지속가능한 발전' 혹은 '지속가능성'에 대해 회의적인 견해를 나타내는 과학자들도 있다.

혹자는 30여 년 전, 지속가능한 발전의 개념이 국제 무대에 화려하게 등장했지만 아직도 과학적 체계를 정립하지 못한 채 오히려 구체적인 현안을 대표하는 환경 문제를 희석시키는 부작용이 발생하고 있으므로 구체적인 환경 문제로 돌아가야 한다고도 주장한다. 여기서 핵심은 '통합'이 각 분야별 학문의 엄밀한 과학성을 희생시켜서는 안 된다는 점이다.

통합성과 일관성의 문제를 해결하기 위하여 지금 세계는 국가 단위의 '지속가능한 발전 전략'에 주목하고 있다. 전략적인 접근 방법은 지역 단위에서 문제의 통합적 접근이 가능하고, 특히 일반적 이론이 아닌 지역적 특수성에 착안한 문제의 통합적 접근이라는 점에서, 과학적 엄밀성과 통합성의 괴리를 상당 부분 보완할 수 있는 방법이라고 할 수 있다. 유엔은 기후변화 대응 문제를 각국의 지속가능한 발전 전략 내에 녹여내려고 시도하고 있다. 유럽연합과 경제개발협력기구OECD 역시 정책의 일관성과 통합성을 위하여 지속가능한 발전 전략의 개발과 보급에 본격적으로 뛰어들고 있다.[85]

그러나 이와는 다른 시각에서 아직 논란이 되고 있는 문제가 있다. 과학적 완결성의 문제를 보는 관점의 차이가 그것이다. 과학적 진실은 1%의 의문점도 허용하지 않는 엄밀성을 요구하는 데 비해서 과학을 현실에 적용할 때 100% 확실성이란 없다. 예를 들어 과학적으로 가능성이 90%라면 현실에서는 거의 확실한 것으로 간주해야 한다.

과학적 엄밀성과 통합성에 관한 논란에서 과학자들이 어떤 입장을 취하는 것이 바람직한지를 살펴보는 데는 IPCC의 보고서가 내놓은 결론이 시사하는 바가 크다. IPCC의 제4차 보고서에는 기후변화 문제에 대해 과학적 엄밀성을 논거로 과거에는 과학적 '확실성'이 없다고 판단하고 무대책, 무대응을 합리화하기도 했고, 확률이 90%에 이른 지금도 나머지 10%의 불확실성을 문제 삼아 온실가스 감축에 반대하는 이가 있는 실정이다.

미국의 생물학자 개럿 하딘Garrett Hardin의 「공유지의 비극Tragedy of the Commons」이라는 불후의 논문이 나온 지 50여 년, 브룬트란트 보고서 발표 후 30여 년, 리우회의 개최 후 27년이 지난 오늘까지 지속가능한 발전이란 이념이 각국의 정책과 인류 공동의 행동으로 확고하게 뿌리내리지 못한 것은 '과학적 엄밀성' 과 '통합성' 그리고 '사전주의' 원칙에 대한 이러한 태도의 차이에 기인한다 할 것이다. 그러나 이러한 태도의 차이가 나타난 이유는 과학을 엄밀하게 해석하려는 학문적 동기에서 비롯되기보다는 현실 이익을 옹호하기 위하여 과학을 최대한 유리하게 해석하려는 이기적 동기 때문이라고도 할 수 있다.

이제는 우리나라에서도 기후변화 문제에 대해 소극적이고 방어적인 태도로 일관해온 정책 결정 논란에 대해 여러 분야의 과학자들이 적극적으로 참여하여 보다 진지한 논의를 벌여야 할 때가 왔다.

녹색 소비를 위한 '탄소성적표'

'탄소성적표지제'는 일상 생활용품, 가정용 전기기기, 서비스 등 모든 제품의 생산, 운송, 사용, 폐기 등 전 과정에서 발생하는 온실가스 발생량을 이산화탄소 발생량으로 환산해 라벨 형태로 제품에 부착하는 것을 말한다. 저탄소 소비문화 확산을 위한 녹색성장 정책의 일환으로 도입된 것으로, 산업 부문의 원료채취-제품제조와 비산업 부문의 사용-폐기 등의 전 과정을 통하여 에너지 사용의 이산화탄소 배출량을 인증하는 제도이다. 인증은 친환경상품진흥원KOECO이 하고 전체적인 운영기관은 환경부가 시행하고 있다. 기업과 시민교육은 환경보전협회KEPA에서 담당하고 있고, 소비자단체로는 녹색소비자시민연대GCN 등이 소비자 교육을 하고 있다.

탄소성적표지제 인증은 현장 심사와 병행하며 인증 심의를 거쳐 최종 결정하게 된다. 인증 유효기간은 3년으로 되어 있다. 저탄소상품에 대한 지원으로는 친환경 상품으로 포함시켜 공공구매를 활성화시키는 것이다. 환경부가 시행하고 각 지자체에서 현재 운영하고 있는 탄소 포인트Carbon point 제도와 연계하여 저탄소 제품을 구매하는 소비자에게 인센티브를 부여하여 민간 소비를 활성화시키는 것을 목적으로 하고 있다. 탄소 포인트 제도는 가정이나 상업 부문에서 전기 · 수도 · 도시가스를 절감하면 환경부 · 지자체 · 한국환경공단이 인센티브를 제공하는 제도를 말한다.

국제 사회의 '탄소 라벨링' 동향

탄소성적표와 같은 '탄소 라벨링'은 탄소발자국Carbon footprint(개인 또는 기업, 국가 등의 단체가 활동이나 상품을 생산하고 소비하는 전체 과정을 통하여 발생시키는 온실가스, 특히 이산화탄소의 총량을 의미)과 라벨링Labeling이 통합된 개념으로, 제품에 탄소배출량 정보를 표시하여 소비자들에게 탄소 배출이 적은 제품을 선택할 수 있는 기회를 제공하는 데 목적이 있다. 탄소 라벨링 제도는 2007년 영국을 시작으로 일본, 스위스, 캐나다 등 세계 12개 국가에서 운영하고 있으며 지속적으로 확산되고 있다. 탄소 라벨링 제도를 시행하는 국가들은 일반적으로 자발적인 인증 기준을 채택하거나 ISO14040, ISO14044, ISO14025 등의 국제 표준을 토대로 제품의 탄소발자국을 산정한다.

유럽연합의 대표적인 제품 환경규제인 통합제품정책IPP, Integrated Product Policy이 생산과 소비의 효율적인 연계에 초점을 맞춘 지속가능한 소비 · 생산Sustainable Consumption & Production 정책으로 방향을 전환하고 있다. 유럽연합은 지속가능한 소비 · 생산을 위하여 2000년도부터 자발적 환경 라벨링 제도인 에코플라워Eco Flower 제도를 시행하고 있다. 에코플라워 제도는 환경오염을 덜 일으키거나 자원 · 에너지를 절약할 수 있는 제품에 환경마크를 부여하는 것으로 친환경 제품에 대한 품질 인증 제도이다. 소비자가 제품 구매 시 제품의 친환경성을 선택 기준에 추가하도록 유도하여 기존의 소비 패턴을 녹색 소비 패턴으로 전환하고자 하는 것이다.

2011년까지 28개 제품군 약 1만 7000여 개의 제품이 에코플라워 인증을 받을 만큼 기업의 참여도가 높으며 소비자의 관심 또한 매우 높다. 또한 유럽연합 정부가 나서서 정부 조달 분야에서 환경 라벨 부여 품목을 우선적으로 구매하도록 관련 회원국에서 권고하고 있어 향후 환경 라벨링 프로그램은 더욱 활성화될 전망이다. 최근에는 다양한 기관들과 협력하여 에코플라워 기존 범위에 온실가스 배출량 평가의 적용 가능성 관련 연구를 진행하고 있다.

한편, 유럽연합 진행위원회는 'EU 2020 전략' 정책적 조치의 일환으로 자원 효율적 EU 건설을 위한 로드맵Roadmap for Resource-Efficient Europe을 발표하고, 제품과 기업 활동 전 과정의 환경 성과를 자발적으로 평가, 확인, 벤치마킹할 수 있도록 하고 있다. 또한 탄소 배출량을 포함한 환경 정보를 등급화하여 표시하는 제도의 도입을 추진하여 녹색 소비가 활성화될 수 있도록 노력하고 있다. 국제 사회 각 국가의 동향은 다음과 같다.

영국의 '탄소 감축 라벨'

영국은 제품의 원료 채취부터 생산, 수송, 사용 및 폐기 등의 전 과정에서 발생하는 온실가스 배출량을 이산화탄소 배출량으로 환산하여 라벨 형태로 제품에 부착하는 탄소 감축 라벨Carbon Reduction Label 제도를 운영하고 있다. 이 제도는 정부의 지원을 받는 비영리단체인 카본트러스트Carbon Trust 사가 관리하며, 해당 제품에 라벨링을 부착함으로써 2년 이내에 제품에 대한 온실가스 배출량을 저감할 것을 약속하는 의미를 내포하고 있다.

또한 카본트러스트 사는 영국 환경식품농촌부Defra와 영국표준협회BSI와 협력하여 제품 전반에 대한 탄소 라벨링 지침인 PAS 2050의 업데이트 버전(PAS 2050:2011)을 2011년 가을에 발표하였다. PAS 2050은 제품 전 과정의 온실가스 배출을 평가하기 위하여 공개적으로 이용 가능한 설명서Publicly available specification로 분야별 특성에 맞는 추가 지침을 지속적으로 발행하여 기업이 제품의 정확한 온실가스 배출량을 산정 및 평가할 수 있도록 지원하고 있다.

스웨덴의 '기후 선언'과 '기후 라벨'

스웨덴은 제품 및 서비스의 전 과정에서 발생하는 환경 영향 중 기후변화 측면만을 고려한 기후 선언Climate Declaration 제도를 시행하고 있다. 이 제도는 2007년 스웨덴 환경경영협의회Swedish Environmental Management Council와 스웨덴 환경연구소Swedish Environmental Research Institute에 의해 채택되었으며 2011년 말 기준 97개 제품이 인증을 받았다. 이와는 별도로 식품 및 화훼에 대한 탄소라벨 제도인 기후 라벨Climate label 도 2009년 10월 도입하였다. 이 제도는 식품 분야의 대표적인 두 친환경마크 인증기관인 크라브KRAV 와 Svenskt Sigill이 2007년부터 공동으로 식품공급망의 탄소 라벨링 제도의 제정 작업을 실시한 결과이다. 이 제도는 소비자가 식품을 구매할 시 건강뿐 아니라 환경까지도 고려하여 제품을 선택할 수 있는 기회를 제공하고 있다.

스위스의 '클리마톱 라벨링'

스위스의 탄소 라벨링 제도는 비영리기관인 클리마톱Climatop 에 의해 2008년부터 시행되었다. 클리마톱 라벨링은 제품의 탄소배출량에 대한 정보를 소비자에게 제공하는 것이 아니라 기업의 동일한 제품군과 비교하여 최소 20% 미만의 온실가스를 배출하는 제품에 대하여 인증을 주고 있다. 따라서 기후변화 측면에서 기준 제품에 비하여 상대적으로 우수한 제품에 대한 정보를 소비자에게 제공하고 있다. 인증 후에는 최대 1년 동안 제품에 부착이 가능하며, 2년이 지난 후에는 라벨 연장을 추가로 신청해야 된다. 우리나라 기업에서는 LG전자가 2012년 11월에 드럼 세탁기 모델로 인증을 취득한 바 있다.

프랑스의 탄소 라벨링

프랑스는 대표적인 유통업체인 카지노 그룹Casino Group 에 의해 자사의 자체상표PB, Private Brand 제품에 부착하는 'Induce Carbon' 라벨링을 자발적으로 시행하고 있다. 이 제도는 일반 소비재 제품을 중심으로 이산화탄소 배출량 정보뿐 아니라 재활용 가능성 등의 정보도 함께 제공하고 있다. 한편, 프랑스 정부는 2010년 6월 제정된 「Grenelle II 법」에 의해서 소비자에게 제품의 환경성 정보를 의무적으로 제공하는 것을 추진하고 있다. 2011년 7월부터 제도 영향 평가 차원의 시범 사업을 진행하였으며, 본격적인 의무화를 준비하고 있다. 최근에는 벽재, 바닥재, 페인트 등 건축 자재의 휘발성 물질에 환경 라벨 표기를 의무화하였다.

일본의 '신 탄소발자국 제도'

1998년에 제정된 「지구온난화 대책 추진법」을 2009년에 개정하여 탄소 라벨링에 대한 법적 근거를 마련하였으며, 경제산업성 주도로 탄소발자국 시범 사업을 실시한 바 있다. 2012년 4월부터는 민간기업인 일본산업환경관리협회JEMAI, Japan Environmental Management Association for Industry 주도로 '신(新) 탄소발자국 제도'를 본격적으로 시행하였다. 이 제도의 대상 제품 범위는 일용품, 공업제품, 소비재, 식품, 농림수산업제품, 서비스 등을 포함하며 최종소비재 뿐만 아니라 중간재도 포함한다.

태국의 탄소 라벨링 제도

태국은 2008년에 설립된 천연자원 · 환경부 산하의 정부기관인 태국온실가스관리기구TGO, Thailand Greenhouse Gas Management Organization 에서 탄소 라벨링 제도를 시행하고 있다. TGO는 태국의 국가지정기구[Designated national authority]로 온실가스 감축 업무를 실시하는 기관이다. 제품 탄소발자국 시범 사업은 2009년부터 온실가스관리기구[TGO]와 금속 재료기술 연구센터[MTEC], 국가과학기술개발청[NSTDA]이 협력하여 수행했다. 2012년 5월까지 총 77개 제품별 탄소발자국 작성 지침이 개발되었고 농식품, 인쇄, 호텔 서비스, 건축자재 4개 분야에 대한 작성 지침의 개발이 진행 중이다. 또한 TGO에서는 태국환경연구원[TEI, Thailand Environment Institute]과 협력하여 탄소 감축 라벨[Carbon Reduction Label] 제도를 시행하고 있다. 탄소 감축 라벨 제도는 제품 제조공정에서 2002년을 기준년도로 하여 12개월 동안 발생한 온실가스 배출량 10% 감축, 바이오매스나 폐기물로 생산된 전기 사용, 에너지 효율이 높은 기술 채택 중 하나의 기준을 충족하면 탄소 감축 라벨 워킹그룹[Working Group] 평가를 거쳐 인증을 받을 수 있다.

대만의 탄소 라벨링 제도

대만은 환경부 산하 기관인 환경관리협회[EMA, Environmental Management Association]에서 2008년부터 제품 탄소 라벨링 제도를 운영하고 있다. 2008년 지속가능한 에너지 정책 지침이 통과됨에 따라 에너지 절약 및 탄소 배출 감축 목표를 수립하여 국민 1인당 하루에 1kg의 탄소를 줄이는 것을 목표로 설정하였다.

미국의 탄소 라벨링 제도

미국은 비영리기관인 Climate Conscious에서 2008년부터

'Climate Conscious 제품 라벨Product Label' 제도를 운영하고 있다. 이 제도는 동일한 제품군 간 비교하여 최소 10% 미만의 온실가스를 배출하는 제품에 대하여 배출량 정도에 따라 동, 은, 금Bronze,Silver,Gold 등급으로 나누어 라벨을 부여하고 있다. 한편, 미국은 정부 공공구매 시 탄소 배출량 정보를 공개한 제품과 저탄소 제품을 우선 구매한다는 정책을 2011년 공표하고 법안 제정을 추진하고 있다.

이와는 별도로 캘리포니아 주 의회에서는 2008년 2월 제품에 자발적인 탄소 정보를 공개하는 법안인 「AB2538The Carbon Labeling Act of 2008」이 공화당 의원인 아이라 러스킨Ira Ruskin에 의해 제안되었으나 상원 세출위원회에서 부결된 바 있고, 2009년에 다시 제출된 「AB19The Carbon Labeling Act 2009」 법안이 하원을 통과하여 현재 상원 세출위원회에 계류 중이다. 탄소 라벨링 제도의 체계적인 추진과 기반 조성을 위하여 실리콘밸리의 투자자로부터 자금을 지원받아 'Carbon Label California'이 설립되기도 했다. 이후 교수, 환경운동가, 사업가, 정책 입안자 및 상 · 하원의원들이 참여하여 캘리포니아 제품들에 탄소 라벨 적용을 추진하고 있다. 향후 탄소 라벨링 평가, 인증, 방법론, 검증 방법 등의 내용을 포함하고 있는 「탄소 라벨법」이 통과되면 캘리포니아는 「AB32The Global Warming,Solutions Act of 2006」 법안에서 의무화하고 있는 '2020년까지 온실가스 배출량 25% 감축'에 기여할 것으로 전망된다.

캐나다의 탄소 라벨링 제도

캐나다는 2007년 「교토의정서 이행법」 제정을 통하여 이산화탄소 배출 저감 계획 수립 및 이행 평가 체제 수립 의무화를 추진하였다. 주 정부 차원에서는 알버타 주의 「기후변화 및 저감관리법」을 추진하여 산업계에 온실가스 저감 의무를 부여하고 벌금 제도를 도입하였다. 토론토, 온타리오의 비영리법인인 카본 카운티드Carbon Counted 사는 2007년부터 'Carbon Counted Label'을 운영 중이며 사업장의 온실가스 감축량을 개별 제품에 분배한 결과를 표기하고 있다. 이 제도는 기업, 컨설턴트, NGO, 정부를 대상으로 하는 탄소발자국 네트워크이며 인증 현황은 비공개되어 있다.

호주의 탄소 라벨링 제도

호주는 2010년 호주환경단체인 플래닛 아크Planet Ark가 영국의 카본 트러스트Carbon Trust와 협정을 맺고 영국의 탄소 감축 라벨을 도입하여 운영하고 있다. 영국과 마찬가지로 제품의 전 과정에서 발생하는 온실가스 배출량을 이산화탄소 배출량으로 환산하여 라벨 형태로 제품에 부착하고 있으며 2년 이내에 제품의 온실가스 배출량을 저감해야 한다. 2년마다 탄소 감축 라벨이 붙은 제품은 재평가되어 감축이 실제로 이루어지지 않는 경우에는 라벨을 제거한다.

한편, 호주 와인제조연합Winemakers' Federation of Australia과 남호주 와인산업연합The South Australia Wine industry Association 등이 협력하여 와인 양조업자들을 위해서 와인 탄소 계산기를 개발하기도 하였다. 이 프로젝트는 2009년 4월에 시작되어 호주의 와인 생산자가 자신들의 탄소발자국을 측정할 수 있도록 돕고 있다.

녹색 정책과 녹색 소비생활

녹색 정책의 목표

온실가스의 감축 목표는 2005년 5억 9400만t 배출량 대비 4% 감축된 5억 6900만t, 배출 전망BHU 대비 30% 감축으로 정하고 있다. 신-재생에너지 공급 목표는 2012년 약 3%에서 2020년 5.9%, 2030년 11.0%를 공급할 계획으로 되어 있다. 공공 부문의 선도적 역할의 강화와 이용 의무화의 확대도 계획되어 있다. 의무화 시설은 학교시설, 군부대 등으로 확대돼 연면적 1000m^2 이상으로 그 대상이 증가될 것이다.

특히 민간 부문에서 친환경인증제 강화, 신-재생에너지 이용 건축물 인증제 도입과 인센티브를 강화하여 2030년까지 가정, 수요의 최대 15%를 대체하는 확대 방안을 갖고 있다. 대기업과 발전사 그리고 금융권을 공동으로 한 보증펀드 조성하고, 유망 중소기업과 중견기업에 특별보증 지원을 계획하여 투자세액공제 및 세제지원 확대 방안도 세우고 있다.

추진 전략

저탄소형 사회 기반 강화를 위하여 건물의 에너지 설계 기준 강화와 에너지 효율 등급제를 시행하고 신-재생에너지 보급 비율이 단계적으로 확대될 것이다. 지속가능한 교통 체계 확립으로 경차 보급 활성화를 위한 인센티브 확대(세제, 주차요금 등 감면), 친환경 교통 체계 구축과 대중교통 이용 확대도 추진된다.

가정 · 상업 부문에서는 에너지 효율 등급에 따른 차등세율 적용과 전기 · 가스 · 난방사용량의 탄소포인트 제도 등 시민 참여 활성화가 필요하다. 산업 부문에서는 기업의 자율적 온실가스 감축을 유도하고 고효율 · 저배출 기술 보급 확대로 에너지 수요 절감을 달성해야 한다.

철강 · 석유화학 · 섬유산업 부문에서 친환경 소재 공급의 시장 창출과 친환경 공정개선도 요구된다. 그리고 자동차 · 조선 · 기계 부문에서는 수송으로 인한 이산화탄소 문제 해결과 녹색 산업을 위한 투자 극대화가 필요하다. 또한 반도체 · 디스플레이 · 가전 부문에서는 대체 에너지 부품 개발과 선진국 친환경 시장 공략 등이 있어야 한다.

녹색 산업에서 중요한 각 분야의 전략으로는 첫째, 녹색기술 개발 및 성장 동력화로 녹색기술(LED, 2차 전지, 하이브리드 자동차, 개량형 경수로, 연료 전지 등)을 상용화Green tech initiative 하는 것이다. 둘째, 3대 그린 IT 제품(그린 PC, TV, 서버) 개발과 수출이다. 셋째, 녹색기술 · 산업 인프라 구축으로 세계 수준의 녹색기술 정보 체계를 구축하는 것이다. 넷째, 녹색 R&D 투자 비중을 증대하는 것이다.

녹색 소비생활

녹색 소비생활이란 한정된 자원의 효율적 이용과 환경적 영향을 고려하여 지구의 위기를 구하고 자원을 보전하며 친환경 생활을 일상화 하는 것을 의미한다. 첫째, 녹색 구매생활로 충동구매를 지양하고 꼭 필요한 제품만 구매를 한다. 고효율 제품, 친환경 제품을 이용하는 것이다. 둘째, 냉난방온도를 준수하고(겨울 18℃~20℃, 여름 28℃), 사용하지 않는 플러그 뽑기, 대중교통 이용 등으로 생활에서 에너지 절약을 실천하는 것이다. 셋째, 쓰레기 감량과 발생의 억제, 분리배출과 재활용 등을 실천하는 것이다. 에너지 소비 효율 등급인 경우 1등급에 가까울수록 에너지 절약형 제품이며, 1등급을 사용하면 5등급 제품 대비 30~40%의 에너지를 절감하게 된다.

에너지 소비 효율 등급 라벨 대상 품목에는 전기냉장고, 김치냉장고, 전기밥솥, TV등 24개 품목이 있으며, 대기전력(전원을 끈 상태에서도 전기제품에서 소비되는 것으로 Power Vampire라 불리기도 한다. 우리나라 가정에서 소비되는 전력의 6%를 차지하고 있다) 경고 표지는 대기전력 저감 기준을 만족하지 못하는 제품에 대해 소비자의 경각심을 일깨우기 위하여 외적으로 표시하는 의무적인 사항이다. 라벨을 제품에 부착하는 것으로 컴퓨터, 프린터, TV, 전자레인지 및 복사기 등 19개 품목이 있다. 에너지 절약 마크는 오디오, 라디오 카세트, 유무선전화기 등 22개 품목에 부착되어 있다.

녹색 국토와 녹색 도시

녹색성장형 국토를 위하여

국토는 현재는 물론 미래에 있어서도 국민의 생활을 위한 민족 공동의 기반이다. 한국인이 이 땅의 풍토에서 수천 년 살아오며 옛 삶과 새 삶의 모습이 섞인 곳이며, 편리하고 아름답다고 인정받은 형식과 내용의 꾸러미가 고스란히 응축된 터전이라고 할 수 있다. 근대화를 이룬 60년 동안 우리나라는 끊임없는 도전과 열정으로 압축경제성장을 이루었고, '한강의 기적' '산림녹화의 세계적 성공작'을 이루었다. 이제 우리 국토는 에너지 · 기후 시대, 장수 · 고령화 시대, 문화르네상스 시대를 맞아 새로운 전환점을 맞고 있다.

에너지 · 기후 시대의 국토는 녹색성장의 터전이며 녹색성장의 전시장이다. 이러한 점을 인식하고 현재 세대 및 미래 세대가 쾌적한 삶을 영위할 수 있도록 녹색성장형 국토를 조성해야 한다. 녹색성장형 국토는 건강하고 쾌적한 환경과 아름다운 경관이 경제발전 및 사회 개발과 조화를 이루는 녹색 국토를 의미한다. 녹색 국토를 조성하기 위해서는 국토의 개발 및 보전 · 관리가 조화될 수 있도록 국토종합계획 · 도시 기본계획 등 대통령령으로 정하는 계획을 「저탄소 녹색성장 기본법」 제50조에 따른 녹색 생활 및 지속가능한 발전의 기본 원칙에 따라 수립 · 시행하도록 해야 한다.

국가 · 지방자치단체 및 기업은 경제발전의 기초가 되는 생태학적 기반을 보호할 수 있도록 우리 국토의 토지 이용과 생산 시스템을 개발 · 정비함으로써 환경보전을 촉진해야 하고, 국토 · 도시 공간 구조와 건축 · 교통 체제를 저탄소 녹색성장 구조로 개편해야 한다. 국가 · 지방자치단체 · 기업 및 국민은 지속가능한 발전과 관련된 국제적 합의를 성실히 이행하고, 국민의 일상생활 속에 녹색 생활이 내재화되고 사회 전반에 녹색 문화가 정착될 수 있도록 해야 한다. 또한 생산자와 소비자가 녹색 제품을 자발적 · 적극적으로 생산하고 구매할 수 있는 여건을 조성해야 한다.

녹색 국토를 조성하기 위해서는 에너지 · 자원 자립형 탄소 중립도시 조성, 산림 · 녹지의 확충 및 광역 생태축 보전, 친환경 교통 체계의 확충, 환경 친화적인 SOC 건설과 유지 관리, 자연재해로 인한 국토 피해의 완화 등의 종합적인 시책이 필요하다(저탄소 녹색성장 기본법 제52조 2항).

전원 도시, 생태 도시, 저탄소 녹색 도시

저탄소 녹색 도시 조성을 위해서는 온실가스 배출을 최소화하거나 흡수하는 도시 공간 구조를 만들어야 한다. 이를 위해서는 도시 기능의 배치와 입지, 교통 계획, 공원 녹지 및 강 관리 등 토지 이용과 공간 계획이 필요하다. 이러한 접근의 기원은 1902년 에버니저 하워드Ebenezer Howard의 '전원 도시' 구상에서 찾을 수 있다. 하워드의 전원 도시는 산업혁명 이후 영국 런던의 급격한 인구 증가로 인한 대기오염 등의 도시 문제를 해결하기 위하여 등장한 제안으로, 도시 생활의 쾌적함과 자연환경이 결합된 저밀도의 경관도시 · 계획도시로 사회 · 경제적 측면까지 포함하는 도시 개념이다.

전원 도시 이후 탄생한 '생태 도시'는 1975년 미국 캘리포니아 버클리의 리처드 레지스터Richard Register 등이 자연과 균형을 이루는 도시를 만들기 위하여 도시생태라는 비영리단체를 설립하면서 정립된 도시 개념이다. 도시의 환경 문제를 해결하고 환경 보전과 개발을 조화시키기 위한 하나의 방안으로 도시개발 · 도시계획 · 환경계획 분야에서 새롭게 대두된 것이다. 도시를 하나의 유기적 복합체로 보아 다양한 도시 활동과 공간 구조가 생태계의 속성인 다양성 · 자립성 · 순환성 · 안정성 등을 포함한다. 인간과 자연이 공존할 수 있는 환경 친화적인 도시를 의미하는 것이라 할 수 있다.

'저탄소 녹색 도시'는 온실가스 배출에 따른 기후변화 문제에 적극적으로 대응하기 위하여 도시의 탄소 발생을 저감시키거나 흡수하고

| 표 32 | 전원 도시, 생태 도시, 저탄소 녹색 도시의 개요

구분	배경	개념	적용 사례
전원 도시 (1920년대)	• 1920년 영국 하워드에 의해 주창됨 • 산업혁명 후 영국의 도시 문제 해소 차원	도시 생활의 쾌적함과 자연환경이 결합된 저밀도의 경관 도시 · 계획 도시로서 물리적인 도시 시설뿐 아니라 사회경제적 측면까지 포함하는 유토피아	• 영국 레치워스 • 영국 웰윈 등
생태 도시 (1970년대)	• 지구의 환경 문제를 해결하고 환경 보전과 개발을 조화시키기 위하여 새롭게 대두	도시를 하나의 유기적 복합체로 보아 다양한 도시 활동과 공간 구조가 생태계의 속성(다양성 · 자립성 · 순환성 · 안정성 등)을 포함하는, 인간과 자연이 공존할 수 있는 환경 친화적인 도시	• 브라질 꾸리찌바 • 독일 슈트트가르트 • 영국 밀턴 케인즈 등
저탄소 녹색 도시 (2000년대)	• 온실가스 배출에 따른 지구의 기후변화 문제에 적극적으로 대응	온실가스 중 기후변화에 가장 영향이 큰 이산화탄소 완화를 위하여 이산화탄소 배출량을 가능한 저감하고 최대한 흡수하고자 계획한 도시	• 영국 토트네스 • 독일 프라이부르크, 보봉 • 일본 기타큐슈

*출처 : 국토교통부 녹색 도시 활성화 방안(2015)

자 하는 개념이다. 기존의 전원 도시, 친환경 생태 도시, 지속가능한 도시에 탄소 저감과 흡수, 신-재생에너지가 결합된 도시라고 할 수 있다.

저탄소 녹색 도시 실현을 위해서는 에너지 소비가 최소화되는 에너지 절약형 토지 이용과 교통 계획, 주거 계획, 도시 기반 구축 등의 통합적 접근이 필요하다. 우리나라는 주무부서인 국토교통부를 통하여 '인간 · 자연 · 기술이 조화된 세계 인류 저탄소 녹색 도시' 구현을 비전으로 에너지 절약형 도시 계획 수립, 자원 순환형 도시 기반 구축, 생태형 도시 공간 창출을 주요 추진 과제로 제시한 바 있다.

| 표 33 | **저탄소 토지 이용 계획 관련 이론**

구분	내용
스마트 성장 (Smart Growth)	• 환경보전을 부분적으로 희생하거나 환경보전을 위하여 인구 유입을 막거나 경제성장의 속도를 늦추고자 했던 과거 계획 패러다임의 한계를 극복할 수 있는 새로운 패러다임
뉴어바니즘 (New Urbanism)	• 도시의 물리적 환경 개선에 초점을 두고 자동차에 점령당하기 전으로 돌아가야 한다고 주장. 1980년대 후반에 정립한 도시 계획 및 설계 원리
압축 도시 (Compact City)	• 기존의 도심이나 역세권과 같은 특정 지역을 주거, 상업, 업무 기능 등이 복합된 시설물로 개발하여 주민들의 사회 · 경제적 활동을 집중시켜 활성화

*출처 : 국토교통부 녹색 도시 활성화 방안(2015)

국내외 저탄소 녹색 도시 사례

저탄소 녹색 도시의 국내 사례는 기존 도시 중에는 아직 없고, 도시 개발계획에 일부 저탄소 기술이 적용되고 있다. 행정중심복합도시인 세종시에는 태양광주택 5000가구, 빗물 재이용, 간선급행버스체계(Bus Rapid Transit : BRT) 등이 도입되고 있고, 평택소사벌지구는 태양광주택 1만 5000가구가 계획되어 있다. 검단신도시에는 제로에너지타운 3000가구가 계획되어 있다.

해외 사례에는 기존 도시와 신도시에서 에너지 효율성 제고 및 신-재생에너지 활용을 통한 녹색 도시 조성을 적극 추진 중에 있다.

국내외 녹색 도시 사례를 살펴보면 정형화된 녹색 도시 개념은 없지만 녹색 교통, 저탄소 주택, 물자원 순환, 생태 녹지 등을 녹색 도시의 핵심 요소로 하여 도시 특성에 맞게 다양하게 추진되고 있다. 따라서 저탄소 녹색 도시가 활성화되기 위해서는 기본적으로 녹색 에너지, 녹색 교통, 물 순환, 자원 재활용, 녹색 산업, 녹색회랑, 녹색 시민운동 등 7대 요소가 도시 특성에 맞게 정착되어야 한다.

저탄소 녹색 도시가 활성화되기 위해서는 기본적으로 녹색 에너지, 녹색 교통, 그린건축물, 그린홈 등 에너지 절약형 건물을 권장하고 태양광, 지열 등 신-재생에너지 활용을 통하여 에너지 소비 저감 정책을 추진할 필요가 있다. 교통 · 보행자 중심의 녹색 교통 체계를 구축하기 위하여 BRT, 노면 전차 등을 활용한 대중교통 체계를 활성화하고 보행로 및 자전거 도로를 확충할 필요가 있다.

도시 하천의 생태와 유량을 복원하고 자연정화 능력을 활용한 우수 재이용, 빗물 이용 등 물자원 순환 시스템 구축 등도 필요하다. 폐기물 에너지 활용, 폐기물 재활용, 폐기물 감량 등 자원 재이용과 갯벌, 둘레길 등 지역 자연자원 및 역사문화자원 등을 활용한 '에코투어리즘'을 통한 녹색 산업 활성화도 필수적이다. 지역 내 강과 산 등 자연환경을 보전하고 산을 연계한 광역 녹지축의 '그린네트워크' 구축과 하천 · 호소(湖沼) 등을 연계한 블루네트워크를 구축하여 도시생물 다양성을 제고하고, 옥상 녹화, 벽면 녹화 등 생태 면적율을 높이는 작업도 필요하다.

무엇보다도 녹색 도시 조성을 위한 지역사회 전반적인 노력과 참여가 중요하다. 화석연료 정점 이후의 자원 순환형 녹색 도시 조성의 필요성을 주민 개개인이 인식해 지역주민들이 환경 보전 실천에 적극 참여하는 '그린휴머니즘' 형성과 이를 통한 '그린거버넌스' 체계 구축이

| 표 34 | **저탄소 녹색 도시 7대 추진 요소**

구분	녹색 도시 추진 요소
녹색 에너지 (Green Energy)	재생에너지 집단공급시설, 그린건축물, 그린홈, 패시브하우스
녹색 교통 (Green Commuting)	자전거, BRT, 철도, 저공해 자동차, 대중교통 전용지구, 교통카드
물 순환 (Green Oasis)	도시하천 생태 · 유량 복원, 빗물 이용, 중수도 재활용, 친수 공간
자원 재활용 (Green Recycle)	폐기물 에너지 활용, 폐기물 재활용, 폐기물 감량
녹색 산업 (Green Industry)	에코투어리즘, 에코타운, 해외협력 및 수출
녹지 회랑 (Green Corridor)	광역 녹지축, 생태 공간, 도시생물 다양성 제고, 옥상녹화, 벽면녹화
녹색 시민운동 (Green Humanism)	시민 생활양식의 변화, 민관협의, 환경교육, 환경체험 프로그램

*출처 : 녹색운동연합회, 환경부(2015)

필요하다.

녹색 도시의 구현을 위해서는 인구 규모 및 지역 특성 등을 고려할 필요가 있다. 인구 100만 이상의 대도시에서는 교통 수요 관리 측면에서 교통시스템의 변혁(청정에너지 자동차, 경전철[LRT], BRT 도입), 에너지 이용 구조의 변혁(신-재생에너지의 이용, 하수도 · 쓰레기 등 미 이용 에너지의 이용), 거주 구조의 변혁(에코하우스, 히트펌프), 자연환경을 살린 도시기반 조성(옥상녹화, 바람 길) 등의 추진이 필요하다.

지방 중소도시에서는 주변 교외부와 제휴한 압축 도시의 실현(도시 기능이 집적된 걷기 좋은 지역 만들기), 공공 교통체계의 정비(LRT 등 공공 교통시스템의 유효 활용에 의한 교통 수요의 조정) 등의 추진이 필요하다. 농 ·

산 · 어촌 등에서는 풍요로운 자연환경 활용의 시점에서 자연 · 재생에너지의 활용(태양광, 풍력, 바이오매스 등 이용), 지역 자원의 활용(산림자원 및 녹지 등) 등이 요구된다.

우리나라는 종합적으로 녹색 도시를 조성하기보다는 부처별로 다양한 녹색 도시 조성을 추진하고 있다. 환경부에서 추진한 기후변화 대응 시범 도시의 경우 도시 특성 고려 및 기업과 시민 참여 기반 없이 정부 · 목표 중심으로 고비용 · 저효율 구조로 추진되고 있어 그 실효성을 담보하기 어려운 실정이다.

이러한 지적을 고려하여 정부는 2010년부터 도시와 도농통합지역, 농촌과 산촌에 부처별로 특성을 살린 '저탄소 녹색 마을'을 시범적으로 만들어 2020년까지 600개로 확대한다는 계획을 세우고, 2012년까지 4개 마을을 대상으로 시범 사업을 진행하였다. 선정된 4개 마을에서는 1~2년 사이에 50~146억 원 규모의 사업비가 지원되지만 마을 주민의 참여 없이 시설 중심으로 고비용 체제로 추진되었다.

농림축산식품부가 추진하는 전북 덕암마을의 경우 49가구 규모에 146억 원 투자가 계획되었다. 바이오가스, 태양광, 우드펠릿 보일러, 소수력 발전기 등 재생가능 에너지 시설이 모두 들어서는 종합전시장을 계획한 것이다. 마을 주민들이 1년 동안 사용하는 전력량은 157MW인데 생산예상전력은 1612MW이었다. 주민 참여와 운영 관리 계획 없이 과잉 투자된다는 지적이 있어 정부의 '저탄소 녹색 마을' 추진에 대한 우려가 많았던 것이 사실이다.

저탄소 토지 이용 정책

글로벌 녹색 국토 조성 계획

2020년을 목표로 수립된 제4차 국토계획 재수정계획(2011년 2월)에서는 대한민국의 새로운 도약을 위한 '글로벌 녹색 국토'를 계획 비전으로 제시하였다. 정주 환경, 인프라, 산업, 문화, 복지 등 전 분야에 걸쳐 국민의 꿈을 담을 수 있는 국토 공간을 조성하고, 저탄소 녹색 성장의 기반을 마련하는 녹색 국토 등을 실현한다는 것이다. 이를 위하여 자연친화적이고 안전한 국토 공간 조성, 쾌적하고 문화적인 도시 · 주거 환경 조성, 녹색교통 · 정보 통합네트워크 구축 등의 추진 과제를 제시하였다. 개별 지역이 통합된 광역적 공간 단위에 기초한 신 국토 골격을 형성하여 지역 특화 발전 및 동반 성장을 유도하고, 경제성장과 환경이 조화되며 에너지 · 자원 절약적인 친환경 국토를 형성하도록 한 것이다. 특히 기후변화로 인한 홍수 · 가뭄 등 재해에 안전한 국토를 구현하도록 하였다.

교통-에너지-토지의 혼합 이용

에너지 절약을 위한 경제 · 사회 구조로의 전환이 촉진되고 있는 가운데, 국토 · 도시 분야에서도 교통-에너지-토지의 혼합 토지 이용Mixed land use 기반 마련이 요구되고 있다. 우리나라는 국토 공간 구조와 교통체계가 에너지 과소비형으로 되어 있어 수송 부문의 에너지 소비가 전체에너지 소비의 22%를 차지한다. 연평균 8.1%가 증가하고 있고, 향후 30%까지 증가될 가능성이 있는 것으로 전망된다. 특히 비자족적 도시의 증가와 직주불균형의 도시 확산은 수송 부문 에너지 소비를 지속적으로 증가시키는 요인의 하나로 지적되고 있다. 토지 이용의 변화는 교통 수요와 공급의 변화를 초래하고, 이는 바로 에너지 소비 증가로 이어지고 있기 때문이다. 따라서 경제적 · 기술적 접근과 함께 토지 이용 계획에 기반을 둔 교통-에너지-토지 이용의 통합적 접근이 요구된다.

유럽연합과 일본은 이미 국가적 주도와 사회적 호응하에 지속가능한 개발과 지구온난화 대책의 일환으로 에너지 절약적인 국토 공간 · 도시 공간 구조 개편 논의를 진행 중에 있다. 우리나라도 2005년부터 국토교통부를 중심으로 자원 · 에너지 절약형 국토 관리 추진 방안을 모색해오고 있다. 즉, 역세권을 중심으로 한 다핵분산형개발, 자원절약형 신도시계획 기법 및 지침 등을 시행해오고 있다.

만약 대중교통 중심축을 중심으로 분산 집중형 중생활권 규모로 공간 구조를 개편하면 통행 발생과 총 자동차 통행거리를 감소시켜 에너지를 절약할 수 있다. 따라서 고속도로, 철도 결절지에 경제 · 문화 · 교육 기능이 연계된 완결형 직주근접의 자족형 중소도시를 육성 · 정비하고 이들 자족형 중소도시들을 철도, 도로 등 대중교통 수단으로 연결하여 지역 내와 지역 외의 접근성을 높일 수 있도록 지역개발 계획과 교통 계획이 상호 연계되는 통합 체계를 구축할 필요가 있다. 교통 계획과 토지 이용 계획의 연계 등 부문별, 시설별, 수단별 통합 체계를 정비하여야 한다.

공원 · 녹지 확충

도시 내 공원 · 녹지는 집약적 도시 구조의 실현, 이산화탄소의 저장과 흡수, 바이오매스 공급, 도시 열섬효과 완화 등의 기능을 한다. 현재 우리나라 국민 1인당 공원 · 녹지 면적은 7.4m^2로 도시관리계획 수립 지침 1인당 공원 확보 면적 기준(WHO 권장기준)인 6m^2를 넘고 있다. 주요 도시들은 도시의 쾌적한 환경과 이산화탄소 흡수 능력을 제고하기 위하여 향후 12m^2 이상을 목표로 공원 녹지 확충에 열심이다.

이제는 공원이 단순히 공원 기능만이 아니라 녹색성장의 테스트베드[Testbed], 이산화탄소 흡수원, 기후변화에 따른 재해 피난처 역할을 할 수 있도록 녹색성장형 공원 녹지 조성이 필요하다. 일본 오이타 시는 이산화탄소 감소를 위하여 토지 이용의 적정 관리 유도, 시가화 구역 내 녹화 추진, 근교림의 보전과 유효 활용 등의 정책을 도입해오고 있다.

| 표 35 | **일본 오이타 시의 저탄소 녹색 도시 조성 정책**

정책	주요 내용
적정관리를 유도하는 토지 이용구분	• 기업에 의한 도시 내 녹지의 창출 · 보전, 유지 관리 • 도시생활자의 농업 체험, 삼림 체험에 의한 농지 · 수림지의 보전
시가화 구역 내 녹화 추진	• 녹화지역 제도에 의한 녹피율 향상(인공피복면의 개선) • 기존 녹지 보전과 시설계 녹지의 정비에 의한 녹색의 네트워크 형성
조정 구역 내 전원 거주환경 정비	• 도시근교 농지, 수림지 등의 녹지를 유지 · 관리하는 도시생활자 거주 환경 정비 • 바이오매스 에너지 등의 자연 에너지를 이용한 환경 공생형 거주
근교림의 보전과 유효 활용	• 도시의 허파로서 이산화탄소 흡수, 바이오매스 연료의 공급원으로 활용

*출처 : 일본 오이타 시 국토연구원(2015)

기후변화 시대를 위한 녹색 국토

저탄소 녹색성장 관점에서 볼 때 우리 국민의 90% 이상이 살아가고 있는 도시는 '저탄소 녹색성장'을 실질적으로 구현하는 장소로서 중요한 의미를 가진다. 도시에 따라 다소 차이가 있지만 에너지 소비의 75%는 도시 지역에서 이루어지고 있어 온실가스 배출량 감축을 위해서는 지역 · 도시 분야의 역할이 중요하다. 도시 공간 구조뿐만 아니라 주거 및 교통 시스템, 생활방식 등을 근본적으로 재구조화해야 한다.

이미 세계 주요 도시들은 에너지 · 자원 자립형 탄소 중립도시, 즉 녹색 도시 조성에 열심이다. 도시의 자연 특성과 인구 규모, 경제사회적 특성 등을 고려하여 고유한 녹색 도시 모델을 만들고, 세계에 전파해오고 있다. 브라질의 꾸리찌바, 일본의 기타큐슈, 독일의 프라이부르크와 보봉, 영국의 토트네스, 스웨덴의 말뫼, 아랍에미리트의 마스다르, 우리나라의 세종시 등이 대표적인 녹색 도시들이다.

우리나라는 제4차 국토계획 재수정계획에서 대한민국의 새로운 도약을 위한 '글로벌 녹색 국토'를 계획 비전으로 제시하고, 녹색 국토 실현을 위한 자연친화적이고 안전한 국토 공간 조성, 쾌적하고 문화적인 도시 · 주거환경 조성, 녹색교통 · 정보 통합네트워크 구축 등의 추진 과제를 제시하고 있다. 향후 우리 국토 및 토지 이용 실정에 맞는 토지 이용 · 교통 · 에너지의 통합 관리 방안, 중소 규모의 압축 도시 조성 방안, 산림자원 및 녹색 성장형 공원 · 녹지 확충 방안 등이 정립되어 에너지 기후 시대를 선도해야 할 것이다.

자원과 에너지 절약

기후와 환경 문제의 가장 우선적인 해법

낭비를 막아 환경 보호와 기후변화 예방

지구온난화 현상은 그동안 우리 인류가 에너지와 자원을 과도하게 사용하면서 대기 중의 이산화탄소 농도를 높여온 것에 기인한다. 예를 들어 휘발유 1L가 연소될 때마다 약 3.4kg의 이산화탄소가 배출된다. 이 중 2.3kg은 배기관에서, 1.1kg 정제 · 수송 · 급유 과정에서 발생한다. 만일 우리가 휘발유 1L를 절약한다면 그만큼의 온실가스 배출을 줄일 수 있다.

그러므로 에너지와 자원을 절약해야 한다. 꼭 필요한 곳에 적당한 양의 자원과 에너지를 이용하는 것이 기후변화와 환경 문제에 대한 가장 우선적인 대응책이 된다. 다른 말로 온실가스 배출을 줄일 수 있는 가장 가까운 기회는 에너지 효율을 높이는 것에 있다고 할 수 있다.

2007년 11월 미국 맥킨지Mckinsey 사의 계산에 의하면, "올바른 정책적 인센티브를 제공하고 즉각 행동에 나서기만 한다면 2030년까지 배출될 것으로 예상되는 온실가스를 절반으로 줄일 수 있다"고 한다. 감축량의 40%는 비용을 충당할 수 있음은 물론 순수익도 가져올 것이라고 한다. 효율 증가로 얻을 수 있는 감축 효과는 전체 감축 효과의 3분의 1이나 된다.

'작은 것이 아름답다'

1973년 E. F. 슈마허Ernst Friedrich Schumacher란 독일학자가 『작은 것이 아름답다』라는 불후의 명저를 저술하여 많은 사람들에게 깊은 감명을 주었다. 슈마허에 의하면 인간들은 조금만 불편함을 느껴도 자연을 개발하고 파괴하면서 크고 많고 빠르고 편안한 것을 추구하여왔다. 그 결과 공기와 물 그리고 흙의 오염을 초래하였고, 인류 생존 자체마저도 위협받는 상황에 이르렀다. 앞으로 우리 인류는 여유로운 삶 그리고 작은 것에서 행복을 얻는 새로운 문명을 가꾸어야 한다고 그는 주장하였다. 남과 나누고 배려하며 자연과 조화를 이루는 삶의 설계가 중요하다는 것이다. 이를 위하여 인간 중심의 기술, 중간 기술을 개발하고 활용하는 새로운 경제체제를 구축해야 한다고 말한다. 중간 기술은 값이 싸고 누구나 이용 가능하며 그 지역의 자연환경을 최대한 잘 활용하는 기술을 말한다.

슈마허의 이러한 비전을 '불교의 경제학'이라고도 한다. 화려함과 풍요로움을 좇기보다 검소하고 아끼는 생활, 그리고 대량생산을 통한 물질적인 풍요보다는 필요에 맞게 조금만 생산하며 정신문화를 충실하게 하는 것 등 불교가 주장하는 경제사회의 모습과 지향점이 비슷하기 때문이다.

효율적인 전기 생산과 이용

전기의 역사와 에너지 효율

현대사회에서 가장 중요한 에너지 이용 방법 중의 하나가 전기이다. 전기가 없는 현대 문명과 기계 이용은 생각할 수 없다. 전기는 1893년 시카고 만국박람회에서 새로운 문명 시대를 알리는 태양처럼 등장하였다. 이 전기의 등장으로 시카고 만국박람회는 구스타브 에펠Gustave Eiffel이 설계한 에펠탑으로 세계를 경탄시킨 1889년의 파리 만국박람회를 능가하는 것으로 평가받았다. 그래서 시카고 박람회는 미국인에게는 자부심이기도 하다.

전기는 에너지 전환 장치로써 다양한 생태 · 경제적 효과를 가져왔다. 석탄과 석유를 이용한 전력 생산과 수력발전 그리고 원자력발전 등 다양한 전력 생산 기술은 그 특성에 따라 각기 다른 사회 · 경제적 그리고 환경적인 영향을 미치고 있다. 그러나 에너지 전환 장치로서의 전력은 매우 비효율적인 에너지 이용 방식으로 현대적 에너지 문제를 초래하는 원인이 되었다.

사실 대부분의 에너지 전환 장치는 비효율적이라고 할 수 있다. 참고로 백열전구의 에너지 효율은 5% 수준에 불과하다. 전구가 쓰는 전기 에너지의 95%가 열로 날아가기 때문이다. 전기 에너지 생산에 사용하기 위하여 석유를 추출하고 운송하는 데 들어간 에너지까지 따지면 백열전구의 에너지 효율 2%에도 못 미친다. 자동차 엔진이 변환기로써 내는 에너지 효율은 보통 20%에 불과하다. 원유를 추출하고 정제하고 배달하기까지의 에너지 효율은 50% 정도이다. 따라서 자동차를 굴리는 데 들어가는 에너지는 원래 유전에 매장되었던 화학 에너지의 10%에 불과하다.

향후 전 세계 에너지 소비는 2030년까지 60% 정도 증가할 것으로 예상되고 있다. 전력도 2004년에 비해 2030년에는 두 배 이상 증가할 것으로 전망되고 있다. 막대한 전력 생산을 위한 에너지원 확보가 매우 중요한 과제가 되고 있는 것이다.

그린 IT

그린Green IT란 친환경적인 IT기기나 IT를 뜻한다. 일반적으로 전력을 적게 소모하고 고효율을 내게 하는 저전력 고효율 설계나 재활용성을 한 단계 상승시킨 IT 제품을 총칭한다. 또한 IT 부문의 녹색화와 IT와 융합에 의해 다른 분야의 오염 저감, 에너지 절약 등 녹색화를 만드는 것을 의미한다.

스마트그리드

발전, 송전, 배전 등의 전력 기술에 정보통신 기술을 접목하여 전력

시스템과 전기기기의 디지털화 및 지능화를 통하여 전력 서비스를 고부가가치화 하는 것이 스마트그리드Smart grid이다. 전기기기의 효율을 높이고 전력 이용 효율의 극대화를 통하여 시스템 전체의 효율을 높일 수 있는 전력망을 뜻한다.

스마트그리드는 기존 전력망에 IT를 접목해 전력 공급자와 소비자가 실시간으로 서로 정보를 교환해 에너지 효율을 최적화하는 차세대 전력망이다. 국내에서의 지능형 전력망 사업은 지능형 전력망, 지능형 신재생, 지능형 소비자, 지능형 운송, 지능형 서비스 등 5개 주요 분야로 나누어 추진되고 있다.

절약을 위한 시민 운동

물자소비 10분의 1 줄이기 운동

세계는 땅 속의 다양한 자원을 채굴하고 파쇄하는 과정을 거쳐 매년 5000억 톤 이상의 원료를 만든다. 이 중 1% 이하의 원료만이 제품으로 생산되어 6개월간 판매된다. 나머지는 모두 폐기물이다. 이러한 생산 및 소비 방식은 지구 생태계를 크게 위협한다.

그러므로 물건을 적게 사용하면서 인간 욕구를 충족시키고 편익을 증가시키며 지금보다 높은 수준의 삶을 제공할 수 있어야 한다. 소비를 줄이려는 노력과 함께 환경보호 차원에서 자원의 효율성을 높이고, 폐기보다는 순환을 통하여 자연을 닮아가는 발전 모델이 정립되어야 한다. 이렇게 하여 생태 효율이 높은 사회를 구축해나가야 한다.

'쿨비즈'와 '웜비즈' 운동

2005년 여름, 일본의 환경성은 넥타이를 매지 않는 등 옷을 좀 더 시원하게 입음으로써 에너지를 절약하고 업무 효율을 높이자는 취지로 쿨비즈cool biz 운동을 전개하여 새로운 의류 문화를 정착시켰다. 이 운동에 공무원은 물론 일본 경제단체연합회 소속 대부분의 기업(93%)이 참여하여 대성공을 이뤘다. 쿨비즈 캠페인이 성공하자 겨울에는 내복과 조끼를 입고 외출 시에는 모자와 머플러 등을 착용하자는 웜비즈warm biz 운동도 등장하였다. 이처럼 옷을 껴입고 실내 온도를 18~20℃ 정도로 낮춤으로써 에너지를 절약하고 이산화탄소 배출을 줄이자는 운동도 점차 확산되고 있다.

요람에서 요람까지: 제품의 수명 연장

1976년 제네바 바텔연구소Battelle Memorial Institute의 월터 스타헬Walter Stahel은 제품을 재활용하여 새로운 수명을 갖게 하는 프로그램을 시작하였다. 이 프로그램에는 '요람에서 요람까지From Cradle to Cradle'라는 명칭이 붙었다. 수명이 다한 제품을 폐기 처분하지 않고 다른 제품의 재료로 재활용하면 엄청난 양의 자원을 절약할 수 있다는 취지이다. 스타헬에 의하면 기계나 건물 등과 같은 최종 제품 생산에는 25%의 에너지만 사용되고, 나머지 75%의 산업 에너지는 강철이나 시멘트 등과 같은 기본 재료 생산에 이용된다. 반면, 재생 원료를 광업과 같은 고부가가치 제품으로 전환하기 위하여 3배나 많은 노동력이 사용된다. 그러므로 오래된 설비를 재조정하여 사업의 종류를 늘리면 에너지를 대신하여 노동력을 사용하게 된다는 것이었다.

친환경 교통의 활성화

기후변화와 교통 부문

교통 부문은 전 세계 에너지 사용량의 27%를 차지하여 온실가스 배출 비중도 비슷하다. 이는 인류가 사용하는 전체 에너지의 약 4분의 1이 사람과 물자의 수송에 이용되고 있다는 의미이기도 하다. 교통 부문에서의 탄소 배출 감축은 대부분의 선진국에서 고민하고 있는데 산업 부문에서 감축하는 것은 국제 경쟁력을 감안할 때 한계가 있기 때문이다. 참고로 유럽연합은 2030년까지 교통 부문 온실가스 배출량을 20% 감축할 것을 목표로 하고 있다.

교통 부문에서 에너지 사용이나 온실가스 배출은 교통수단에 따라 크게 차이가 난다. 교통 부문 중에서 온실가스 배출량이 가장 많은 분야는 도로 교통 부문이다. 도로 교통 부문은 교통 부문 온실가스 배출량의 약 70%를 차지한다. 해운과 항공이 각각 14%와 11%로 그 뒤를 잇고 있다. 그래서 교통 부분은 교통수단의 변경, 교통 수요 감소 그리고 친환경 교통수단 개발 등을 중심으로 대응하게 된다.

친환경 교통 체계의 구축

온실가스 배출량에는 교통수단별로 커다란 차이가 있다. 단위 수송에 있어서 온실가스 배출 비중이 가장 큰 것은 항공기와 승용차다. 특히 개인 승용차의 비중은 매우 크다. 반면 철도, 지하철, 버스, 해운 등은 온실가스 배출 비중이 매우 작다. 대중 교통수단을 활용하는 만큼 교통 부문에서의 온실가스 배출이 줄어드는 것이다. 따라서 교통 유발 요인을 줄이고 자동차의 운행량을 대폭 감축하는 노력이 필요하다.

자동차를 개선하는 것도 가까운 장래에 실현할 수 있는 온실가스 감축 방법이다. 자동차는 1L의 연료를 소비할 때마다 3.4kg의 이산화탄소를 대기 중에 배출한다. 그래서 자동차를 개선하여 기후변화를 완화하려는 노력이 활발히 전개되고 있다. 석유나 디젤유의 사용을 줄임으로써 이산화탄소 배출을 줄이고 연소 효율도 높이고자 개발하고 있는 자동차가 혼합 연료차와 하이브리드카이다.

향후 자동차의 내연기관을 종식시키고 전지를 주 연료로 쓰는 차가 대두될 가능성이 높다. 전기자동차는 전기의 역사만큼 그 역사가 길다. 최초의 자동차는 전기로도 운영된 바 있다. 그러나 편의성에서 뒤져서 전기차 개발은 진전이 없었다. 전기차에 화력발전소에서 생산되는 전기를 이용한다면 큰 의미가 없고 오히려 비효율적이다.

하지만 전기자동차에 신-재생에너지로 생산된 전기를 이용할 경우 큰 효과를 볼 수 있다. 전기자동차의 핵심은 배터리이다. 충분한 에너지 저장 용량을 가지면서 가볍고 부피가 작은 배터리가 개발된다면 전기자동차가 미래를 지배하게 될 것이다.

지능형 교통과 물류 기술

최첨단 기술을 응용하여 교통 혼잡을 줄이고 아울러 시민의 안전성을 증진시킬 수도 있다. 지능형 교통체계ITS, Intelligent Transport Systems는 도로, 차량, 육상, 철도, 해상 교통 체계와 관련된 기존 교통 체계에 전자, 정보, 통신, 제어 등 첨단기술을 접목시켜 한층 향상시킨 교통 물류 개선 체계이다. 이와 함께 이동거리와 물류 수요를 고려한 최적의 물류 수송 포트폴리오를 구축하는 것도 중요하다. 장거리 수송은 철도 또는 고속철도를, 중거리는 버스 또는 승용차를, 단거리 시내 출퇴근은 교통 체증을 줄이는 도시철도 또는 지하철을 이용할 수 있도록 하는 것이다.

| 주석 |

1장 인간이 만든 위기, 기후변화

1 IPCC, 「IPCC 2011: The Scientific Basis Contribution of Working Group I to Third Assessment」, Report of the IPCC.
2 비외른 롬보르(Bjorn Lomborg), 『쿨잇』, 살림, 2018, 152~159쪽.
3 천호, 「전 지구와 한반도 기후변화 전망 국가 기후변화 시나리오」 워크숍 자료, 2011.
4 모집 라티프(Mojib Latif), 『기후의 역습』 관련 기사 참고. www.kyous.net.news.article, 2019.
5 F. Giprgi and C.Jones, 2013 Report to JSC-31, pp.5~13.
6 IPCC, IPCC 제5차 평가보고서 「기후변화 대응을 위한 시나리오 보고서」, 2011, 67~86쪽.
7 국립환경과학원, 「지구온난화에 따른 한반도 영향 평가 및 적응전략 기술개발」, 2013, 127~130쪽.
8 환경부, 「국가 기후변화 적응대책(2015~2020)」, 2015, 45~50쪽.
9 Miller, G. Tyler. Jr., Sustaining the Earth: An Integrated Approach(2nd ed.), Belmont; Wadsworth Publishing Company, 2016, pp.21~32.
10 마크 라이너스(Mark Lynas), 『지구의 미래로 떠나는 여행』, 재인, 2008, 183~186쪽.
11 슈테판 람슈토르프(Stefan Rahmstorf) · 한스 요아힘 셀른후버(Hans Joachim Schellnhuber), 『미친 기후를 이해하는 짧지만 충분한 보고서』, 도솔, 2007, 135~140쪽.
12 WMO and UNEP, Climate Change 2013: Synthesis Report: A Report of the Intergovernmental Panel on Climate Change, 2013, p.54.
13 국제환경 동향 미국 EP, 2013, CIA 보고서, 16~23쪽.
14 국제환경 동향 미국 EP, 2013, CIA 보고서, 124~129쪽.

15 World Commission on Eviroment on Develoment, 「11차 기후 에너지안보 보고서」, 2018, 47~52쪽.

16 박영숙, 『세계미래보고서 2050』, 교보문고, 2016, 226~230쪽.

2장 국제 사회는 무엇을 하고 있는가?

17 권오상, 『환경경제학』, 박영사, 2013, 38쪽.

18 녹색성장위원회 · 이영철, 『세상을 바꿀 한국의 27가지 녹색 기술』, 영진닷컴, 2009, 198~205쪽.

19 Lester R Brown, Plan B 2.0 Rescuing a Planet Under Stress and A Civilization in Trouble, New York; W.W. Norton & Company, 2016, Chap. 8.

20 UNFCCC, 2006, 7차 보고서.

21 IPCC 제5차 보고서, 스톡홀름, 2013.9.23 회의 결과내용 인용.

22 문태훈, 『기후변화와 국제 사회 거버넌스』, 2012, 전의찬 편저, 『기후변화: 25인의 전문가가 답하다』, 지오북, 2012, 144~161쪽.

23 기타무라 케이, 황조희 옮김, 『탄소가 돈이다』, 도요새, 2009, 130~136쪽.

24 문하영, '기후변화의 경제학', 매일경제신문사, 과학부 컬럼 인용, 2008.

25 UNEP, Global Environment Outlook 3: Past, Present, and Future Perspectives, London; Earthscan Publication, 2012, pp35~40.

26 장현숙, "칸쿤 기후변화회의 결과와 시사점", 국제무역연구원, 「Trade and Focus」, vol.9 no. 2010, 66~73쪽.

27 김찬우, 『포스트 2012 기후변화 현상』, 에코리브르, 2016, 47~53쪽.

28 IPBES, Aclicle, 2010:Addressing Climate Democratically. Multi.Level .Vol.18

29 IPBES, Aclicle, 2010:Addressing Climate Democratically. Multi.Level .Vol.18

30 문태훈, "환경 문제 개선을 위한 공공 접근방법의 확대: 필요성과 가능성 그리고 과제", 「한국정부학회 한국행정논집」, 2010, 제22권 3호

31 문태훈, "환경 문제 개선을 위한 공공 접근방법의 확대: 필요성과 가능성 그리고 과제", 「한국행정논집」, 2010, 제22권 3호

3장 어떻게 대응하고 적응할 것인가?

32 고재경 · 김희선, "기후변화 완화와 적응 통합에 관한 시론적 연구", 「환경정책」, 제21권 제1호, 2013, 29~58쪽.

33 신상철 외, 『기후변화 대응을 위한 탄소세 도입 방안』, 한국환경정책 · 평가연구원, 2010, 162~168쪽.
34 정회성, "기후변화의 사회경제적 영향과 정책적 대응", 기후변화가 한반도에 미치는 영향에 관한 심포지엄, 〈III. 경제와 산업 및 에너지〉, 한국과학기술연구원 주최, 2013, 29~59쪽.
35 Little, I & J. Mirrlees, Project Appraisal and Planning for Developing Countries: Oxford University Press, 2014, pp.194~215
36 The Worldwatch Institute, Vital Signs 2007-2008, The Trends that are Shaping Our Future, New York; W. W. Norton & Company, 2007, pp.321~328
37 Richardson, Sfeffen, Liverman, Climate Change; Global Risk. New York; Cambridge University Press, 2016, pp.85~89
38 Carlos Pascul & Jonathan Elkind, 『Energy Security』, Washington DC; Brookings inst press, pp.11~15
39 Carlos Pascul & Jonathan Elkind, 『Energy Security』, Washington DC; Brookings inst press, pp.11~15
40 Global Energy Institute(the United States Chamber of Commerce Foundation), International Index of Energy Security Risk: Assessing Risk In a Global Energy Market(2018 EDITION), 2018, p.324
41 http://www.iea.org/topics/energysecurity, 2010. 2. 26(검색일)
42 World Energy Council, World Energy Trilemma Index, 2018.
43 Wittenstein, Matthew, Jessse Cott, Noor Miza Muhamad Razali, Case Studies on Cross-Border Electricity Security in Europe, Insight Series 2016, IEA, p.154
44 http://www.etoday.co.kr/news/section/news, 2019. 2. 26(검색일)
45 감사원, 『주요 원자재 비축 관리 실태』, 2017.
46 https://ko.tradingeconomis.com.japan. 일본석탄수입 경제지표.
47 최연혜, 『대한민국 블랙아웃』, 비봉출판사, 2018, 286~292쪽.
48 녹색성장위원회 · 이영철, 『세상을 바꿀 한국의 27가지 녹색기술』, 영진닷컴, 2009.
49 야마모토 료이치, 김은화 옮김, 『지구온난화 충격 리포트』. 미디어윌, 2007, 224쪽.
50 녹색성장위원회, 「녹색성장 국가전략」, 2016, 16~23쪽.
51 한국정치학회, 「국제 사회의 기후변화 정책 비교 분석 연구」, 환경부, 2018.
52 한국환경경제학회, 「녹색성장을 위한 에너지 부문의 시장메커니즘 활용방안 연구」,

환경부, 2015.

53 국립환경연구원, 「지구온난화에 다른 한반도 영향평가 및 적응전략 기술개발」, 2013.

54 대한민국정부, 「기후변화협약에 따른 제3차 대한민국 국가보고서」, 온실가스종합정보센터, 2011.

55 정회성 외 4인, 『전통의 삶에서 찾는 환경의 지혜』, 서울대학교출판문화원, 2015.

56 정예모, 「기후변화: 이제는 적응」, 삼성지구 환경연구소, 2017, 48~53쪽.

57 장재연 외, 「기후변화는 우리의 삶을 어떻게 바꿀 것인가?」, 환경관리공단 · 환경운동연합, 2016, 98~102쪽.

58 한화진 외 11인, 「기후변화 영향 평가 및 적응시스템 구축 I」, 한국환경정책 · 평가연구원, 2014, 58쪽.

59 김은경, "녹색성장과 정책방향", 「과학기술 정책연구」 21호, 18~29쪽.

60 정회성, 『공존 상생의 신문명을 찾아서』, 환경과 문명, 2013, 241쪽.

61 M. B. Davis, 'Lags in Vegetation Response to Green House Warming', Climate Change(15), 2016, pp.75~82

62 European Commision's Joint Research Center & PBC Netherland Environmental Assessment Agency 2012, pp.36~48.

63 로베르 바르보(R. Barbault), 강현주 옮김, 『격리된 낙원』, 글로세움, 2009, 168~172쪽.

64 트래비스 브래드포드(Travis Bradford), 강용혁 옮김, 『태양에너지 혁명』, 네모북스, 2008, 72~76쪽.

65 앨리스 아웃워터(Alice Outwater), 이희재 옮김, 『세상에서 가장 재미있는 지구 환경』, 궁리, 2016, 158~165쪽.

66 존 험프리스(John Humphrys), 홍한별 옮김, 『위험한 식탁』, 르네상스, 2004, 28~30쪽.

4장 지속가능한 환경과 에너지복지

67 환경정의와 환경불평등에 대한 내용은 「환경정의 연구(고재경 외, 2013)」를 참고하여 정리하되, 본 연구와 관련된 연구를 찾아 보완했다.

68 윤순진, "진정한 환경복지란", 경향비즈, 환경컬럼, 2011. 11. 11.

69 UK CIP, Technical Report, 2013, pp.58~63.

70 Wilson, John C., Conserving Biological Diversity, New York : W. W. North &

Company, 2012, pp.154~163.
71 국립환경과학원, 「2050 기후친화적 안전사회 모형개발을 위한 기초연구」, 2010, 154쪽.
72 한국 에너지재단 www.koref.or.kr
73 이정전, 『우리는 행복한가』, 한길사, 2008, 89~95쪽.
74 고문현 · 정순길, 『온실가스 감축과 배출권거래제』, 도서출판 다사랑, 2017, 117~165쪽. / 고문현 · 류권홍, 『기후변화대응을 위한 에너지 · 자원법』, 숭실대학교 출판국, 2015, 20~27쪽.
75 본 데이터는 2011년 에너지경제연구원 수시 연구, 「독일과 프랑스의 에너지 믹스 정책사례 분석과 시사점」의 내용을 바탕으로 하되, 일부 최신 동향을 반영하여 재정리한 것임.
76 Entso-E, Ten-Year Network Development Plan 2010-2020, 2010.6.28.
77 GlobeScan, Opposition to Nuclear Energy Grows: Global Poll(Press release), 2011.11.25.
78 World Nuclear News, 'German utilities count cost of phaseout,' 2011.11.10.
79 RWE, RWE and Gazprom agree on Memorandum of Understanding(Press release), 2011.7.14.
80 에너지경제연구원(2011.4.15.)
81 Ministère de l'Écologie, du Développement Durable, des Transports et du Logement, 2011.6
82 Handelsblatt, Die wahren Kosten der Energiewende, 2011.7.27.

5장 미래 세대를 위한 길

83 Martin A. Nowak, Super Cooperators: Altruism and Evolution, New York: Harvard university press, 2015.
84 에릭 로스턴(Eric Roston), 문미정 · 오윤성 옮김, 『탄소의 시대: 생명과 문명과 당신의 이야기』, 21세기북스, 2011.
85 Joseph E Stiglitz, The Price of Inequality: How Today's Divided Society Endangered Our Future, New York; W. W. Norton.p, 2006, pp158~165.

| 참고문헌 |

- 국립환경과학원, 『2050 기후친화적 안전사회 모형개발을 위한 기초연구』, 2012. 9.
- 권원태, 「IPCC 5차 평가보고서 대응을 위한 기후변화 시나리오 보고서 2011」, 국립기상연구소, 2011. 10.
- 유가영, 「한반도의 기후변화에 따른 경제적 피해비용 산정」, 한국환경정책평가연구원, 2013. 12.
- 장순근, 『지구 46억년의 역사』, 가람기획, 2004.
- 정회성, "기후변화문제에 대한 과학과 정치: 융합적 접근방법을 모색하며", 동국대 생태환경연구서, 「환경생태연구」, 창간호, 2013.
- 최덕근, 『지구의 이해』, 서울대학교출판부, 2010.
- Center for Research on the Epidemiology of Disaster, The International Disaster Database, Brussel : CRED, 2013.
- 팀 플래너리(Tim Flannery), 이한중 옮김, 『기후창조자』, 황금나침반, 2016.
- 데틀레프 칸텐(Detlev Ganten) · 토마스 다이히만(Thomas Deichmann) · 틸로 슈팔(Thilo Spah), 인성기 옮김, 『지식』, 이끌리오, 2005.
- John T. Hardy, Climate Change : Causes, Effects and Solutions, New York ; John Wiley & Sons, 2013.
- 실베스트르 위에(Sylvestre Huet), 이창희 옮김, 『기후의 반란』, 궁리. 2002.
- IPCC, Climate Change 2001 : The Scientific Basis, Cambridge ; Cambridge Unverstiy Press, 2001.
- 이토 기미노리(Kiminori ltoh) · 와타나베 타다시(Tadash Watanabe), 나성은 · 공영태 옮김, 『지구온난화 주장의 거짓과 덫』, 북스힐, 2009.
- James Lovelock, The Revenge of Gaia : Why the Earth is Fighting Back-and How We Can Still Save Humanity, Sanra Barbera(California) ; Allen Lane, 2014.

- 슈테판 람슈토르프(Stefan Rahmstorf) · 한스 요아힘 셀른후버(Hans-Joachim Schellnhuber), 한윤진 옮김, 『미친 기후를 이해하는 짧지만 충분한 보고서』, 도솔, 2007.
- Katherine Richardson, Will Steffen, and Diana Liverman, Climate Change: Gobal Risks Challenges and Decisions, New York: Cambridge University Press, 2016.
- William F. Ruddiman, Plows, Plagues & Petroleum: How Humans Took Control of Climate, New Jerey; Princeton University Press, 2005.
- 국립산림과학원, 「산림의 공익기능 계량화 연구」, 2010. 12.
- 국립환경과학원, 「2050 기후친화적 안전사회 모형개발을 위한 기초연구」, 2012. 9.
- 국립환경과학원, 「지구온난화에 따른 한반도 영향 평가 및 적응 전략 기술개발」, 2012.
- 국무총리실 재난관리개선 민관합동 T/F(2013. 12. 09), 「기후변화대응 재난관리 개선 종합대책」, 재난관리 개선 종합대책 국무총리 보고회 자료.
- 기상청, 「기후변화 시나리오 이해 및 활용사례집」, 2015. 12.
- 명수정 외 4인, 「기후변화 적응 강화를 위한 사회기반시설의 취약성 분석 및 대응방안 연구 I」, 한국환경정책 · 평가연구원, 2013. 10.
- 장재연 외, 「기후변화는 우리의 삶을 어떻게 바꿀 것인가?」, 환경관리공단 · 환경운동연합, 2012. 2.
- 정회성, 『전환기의 환경과 문명: 기후, 환경과 인류의 발자취』, 지모, 2013.
- 정회성, 『공존 상생의 신문명을 찾아서』, 환경과 문명, 2013.
- 최덕근, 『지구의 이해』, 서울대학교 출판부, 2003.
- 최영경 · 전운성, 『지구촌의 마지노선 2015: 식량, 자원, 환경, 빈곤 문제를 말한다』, 강원대학교 출판부, 2015.
- 전의찬 편저, 『기후변화: 25인의 전문가가 답하다』, 지오북, 2016.
- 채여라 외, 「PAGE 모델을 이용한 기후변화의 피해 추정」, 한국환경정책 · 평가연구원, 2010.
- 한국정치학회, 「국제 사회의 기후변화 정책 비교 분석 연구」, 환경부, 2009.
- 한국환경정책 · 평가연구원, 「국가 해수면 상승 사회 · 경제적 영향평가 I」, 조광우, 2011. 12.
- 한국환경정책 · 평가연구원, 「우리나라 기후변화의 경제학적 분석 II」, 환경부, 2015.

- 한국환경경제학회, 「녹색성장을 위한 에너지 부문의 시장메커니즘 활용방안 연구」, 환경부, 2016.
- OECD, 「The Economics of Climate Change Mitigation : Policies and Options for Global Action Beyond 2012」, OECD, 2012.
- D. Pearce, G. Atkinson, and S. Susana Mourato, Cost Benefit Analysis and the Environment : Recent Development, OECD, 2016.
- D. W. Pearce, and R. L. Turner, Economics of Natural Resources and the Environment, Baltimore ; Johns Hopkins University Press, 2010.
- N. Stern, The Economics of Climate Change, New York ; Cambridge University Press, 2017.
- The World Bank, Development and Climate Change : World Development Report 2011.
- The Worldwatch institute, Vital Signs 2007-2008 : The Trends that are Shaping Our Future, W. W. Norton & Company, 2017.
- 국립환경과학원, 「2050 기후친화적 안전사회 모형개발을 위한 기초연구」, 2012.
- 김기협 외 3인, 『푸른 바다 붉은 해초』, 플러스미디어, 2007.
- 김소희, 『지구생태 이야기 생명시대』, 학고재, 2009년.
- 녹색성장위원회, 「녹색성장 국가전략」, 2018.
- 문하영, 『기후변화의 경제학』, 매일경제신문사, 2008.
- 에월드워치연구소, 생태사회연구소 옮김, 『탄소경제의 혁명』, 2013.
- 야마모토 료이치, 김은하 옮김, 『지구온난화 충격리포트』, 미디어윌, 2007.
- 녹색성장위원회 · 이영철 엮음, 『세상을 바꿀 한국의 27가지 녹색기술』, 영진닷컴, 2009.
- 이재준, 『녹색 도시의 꿈』, 상상, 2014.
- 윤순진 외, "지속가능한 발전과 21세기 에너지정책", 한국행정학회, 2015. 「한국행정학회보」 36권 5호, 2006. 147~166쪽.
- 윤순진, "사회적 일자리를 통한, 환경 · 복지 · 고용의 연결: 에너지 빈민을 위한 에너지효율 향상 사업을 중심으로", 한국환경사회학회, 「ECO」, 제10권 2호, 2006, 167~205쪽.
- 고재경 · 정회승, "환경복지개념도입에 관한 시론적 연구", 「한국환경정책」, 한국환경정책학회, 21권 3호, 2013, 23~52쪽.

- 한승준, "복지 개혁 모형의 수렴화에 관한연구-프랑스 영국을 중심으로", 한국정책학회, 「한국정책학회」, 제11권 3호, 2012, 1~20쪽.
- 정기혜, '우리나라 사회기반 강화를 위한 식품안전관리의 정책방향', 「보건복지 포럼」, 179권, 2011. 9, 51~63쪽.
- 최영경 · 전운성, 『지구촌의 마지노선 2015: 식량, 자원, 환경, 빈곤 문제를 말한다』, 강원대학교 출판부, 2015.
- 윤성호, "기후변화에 따른 농업생태계 변동과 대책", 한국환경정책 · 평가연구원 · 한국환경정책학회, 「기후변화와 생태계보전」, 환경의 날 기념세미나, 2000. 5.
- 이회성 외, 「우리나라 기후변화의 경제학적 분석(II)」, 환경부 · 한국환경정책 · 평가연구원, 2011.
- 장재연 외, 「기후변화는 우리의 삶을 어떻게 바꿀 것인가?」, 한국환경관리공단 · 환경운동연합, 2013.
- 전성우 외 3인, 「기후변화에 따른 생태계 영향평가 및 대응방안 연구 III」, 한국환경 · 정책평가연구원, 2012.
- 국립환경과학원, 「2050 기후친화적 안전사회 모형개발을 위한 기초연구」, 2012년.
- 기상청, 「지역기후변화정보: 어떻게 활용해야 하나? 기후변화 적응정책 수립을 위한 제언 중심』, 2011.
- 정회성 외 4인, 『전통의 삶에서 찾는 환경의 지혜』, 서울대학교출판문화원, 2009.
- 이공래, 「국가 연구개발 사업 조사분석 평가 DB 분석」, 과학기술정책관리, 2016, 23~27쪽.
- 이산화탄소 저감 및 처리 개발사업단, 「더워지는 지구, 그 원인과 대책」, 2015.
- IEA, Energy Technology Perspective, 2013.
- 에너지경제연구원, 「주간 세계 에너지시장 인사이트」, 제11-7호, 2011.
- 외교통상부, '독일의 원전대체 전력공급 문제논란', 「해외에너지자원정보」, 2011년.
- 이유수, 「독일과 프랑스의 에너지 믹스 정책사례 분석과 시사점」, 에너지경제연구원, 2011년 수시연구보고서, 201.
- 이제승, "유럽 연합의 공동에너지정책의 전개과정에 대한 연구: 시기적 고찰을 중심으로", 「국제관계연구」, 제16권 제1호(통권 제30호), 2011.
- 정해성, "유럽전력시장과 시사점", 「전기의 세계」, 제57권 제1호, 대한전기학회, 2008.
- 최영출 외, "프랑스, 러시아의 원자력정책의 현황과 시사점", 서울행정학회 하계 학술

대회 발표 논문, 2007.

- 최인수, "독일 재생에너지법과 바이오에너지 분야의 성장", 유기성자원학회 공동 심포지엄 및 추계학술발표회, 2007. 5. 29.
- BP, Statistical Review of World Energy, 2011 Bundesministerium für Wirtschaft und Technologie, Energie in Deutschland-Trends und Hintergrunde zur Energieversorgung, August 2010.
- BMU, Energy Concept and its accelerated implementation, 2011.
- BMU, Renewably employed-short and long - term impacts of the expansion of renewable energy on the German labour market, 2011.
- BMU, Renewable energy sources in figures - national and international development, 2011.7 Commissariat Gen`er`al au Dev`eloppement Durable, Conjoncture en`erget`ique, 2011.
- Entso-E, Ten-Year Network Development Plan 2010-2020, European Commission, 2010.
- European Commission, 2009-2010 Report on progress in creating the internal gas and electricity market, Commission Staff Working Document, 2011.
- 'Energy Infrastructure - Priorities for 2020 and beyond : A blueprint for an integrated European energy network', 2011.
- Ference L. Toth(from IAEA), 'Dealing with Public Acceptance for nuclear power', MoEN/IEA Joint workshop presentation material, 2008. 2. 17.
- Energy Policies of IEA Countries-France 2009 Review, 2009.
- Energy Technology Perspective, Electricity Information 2010.
- 정회성, 『공존 · 상생의 신문명을 찾아서; 먼 과거에서 시작한 지속가능한 미래로의 여행』, 사단법인 환경과 문명, 2013.
- 로베르 바르보(Robert Barbault), 강현주 옮김, 『격리된 낙원; 인류와 자연의 공존을 모색하는 21세기 화합의 생태학』, 글로세움, 2009.
- Richard Harvey Brown, Toward a Democratic Science: Scientific Narration and Civic Communication, New Haven; Yale University Press, 2013.
- Andrew Dessler and Edward A. Parson, The Science and Politics of Global Climate Change: A Guide to the Debate, Cambridge; Cambridge University Press, 2016.

- 리처드 뮬러(Richard A. Muller), 장종훈 옮김, 『대통령을 위한 물리학』, 살림, 2011.
- 에릭 로스턴(Eric Roston), 문미정 · 오윤성 옮김, 『탄소의 시대: 생명과 문명과 당신의 이야기』, 21세기북스, 2011.
- Jeffrey D. Sachs, The Price of Civilization, Random House, 2011.
- Joseph E. Stiglitz, The Price of Inequality: How Today's Dvided Society Endangered Our Future, W.W. Norton & Company, 2012.
- The World Bank, Development an Climate Change: World Development Report, 2015.
- 최원기, 「최근 미 · 중 기후변화 협력 현황과 전망: Post-2020 tls 기후체제 협상을 중심으로」, 주요국제문제분석, 국립외교원, 2014.
- 최연혜, 『대한민국 블랙아웃: 독일의 경고-탈원전의 재앙』, 비봉출판사, 2018.
- Stavros Afionis, The European Union as a Negotiator in the International Climate Change Regime, International Environmental Agreements, 2010.
- Government of India, National Action Plan on Climate Change, Prime Minister's Council on Climate Change, June 30, 2008.
- Katrina Harrison, The United States as Outliner: Economic and Institutional Challenges to US Climate Policy, in Katrina Harrison and Lisa McIntosh Sunstrom, eds, 2015.
- Peter Markussen and Gert Tinggaard Svendsen, Industry Lobbying and the Political Economy of GHG Trade in the European Union, 2013.
- Marc Williams, The Third World and Global Environmental Negotiations: Interests, Institutions, and Ieas, Global Environmental Politics, 2005.
- Rudiger K.W. Wurzel, and James Connelly, eds., The European Union as a Leader in International Climate Change Politics, Oxon, UK: Routledge, 2011.
- Farhana Yamin and Joanna Depledge, The International Climate Change Regime: A Guide to Rules, Institutions, and Procedures, Cambridge: Cambridge University Press, 2004.
- Robert O. Keoghane and Helen V.Milner, eds., Internationalization and Domestic Politics, New York: Cambridge University Press, 1996.
- Jane A. Leggett, China's Greenhouse Gas Emissions and Mitigation Policies, CRS Report for Congress, 2013.

- Colin Hay, Ideas, Interests and Institutions in Comparative Political Economy of Great Transformations, Review of International Negotiation, 2004.
- Adil Najam, Developing Countries and Global Environmental Governance: From Contestation to Participation to Engagement, International Environmental Agreements: Politics, Law and Economics, 2013.
- Peter S. Wenz, Environmental Justice. state Univeristy of New York Press, 2007.

KI신서 8114
어떻게 대응하고 적응할 것인가
기후변화와 환경의 미래

1판 1쇄 인쇄 2019년 5월 27일
1판 3쇄 발행 2021년 11월 19일

지은이 이승은 고문현
펴낸이 김영곤 **펴낸곳** (주)북이십일 21세기북스

출판마케팅영업본부장 민안기
출판영업팀 김수현 이광호 최명열
제작팀 이영민 권경민

출판등록 2000년 5월 6일 제406-2003-061호
주소 (우 10881) 경기도 파주시 회동길 201(문발동)
대표전화 031-955-2100 **팩스** 031-955-2151 **이메일** book21@book21.co.kr

ISBN 978-89-509-8071-9 03450
책값은 뒤표지에 있습니다.